高职高专“十四五”规划教材

电子产品设计与制作

（第2版）

尹全杰　杨代民　卢孟常　编著

北京航空航天大学出版社

内 容 简 介

本书选择直流稳压电源的设计与制作、扩音机的设计与制作和北斗时钟的设计与制作三个项目，用8个工作任务由浅入深、循序渐进地阐述电子产品的设计与制作过程。内容涉及电子产品的电路设计、原理图绘制、PCB设计与制作、焊接、装配与调试等内容，着重让学生了解电子产品从设计到制作的整个过程。

全书采用“按需讲解”的方式进行编排，书中涉及软件使用、电路分析和动手实操等诸多内容，因篇幅所限，不能全部详细讲述，因而重点放在项目设计和制作完成的过程上。

本书可作为大中专类学校教材，也可作为电子爱好者的参考书籍。

图书在版编目(CIP)数据

电子产品设计与制作 / 尹全杰，杨代民，卢孟常编著. --2版. -- 北京 ：北京航空航天大学出版社，2022.1

ISBN 978-7-5124-3682-4

Ⅰ.①电… Ⅱ.①尹… ②杨… ③卢… Ⅲ.①电子产品—设计②电子工业—制作 Ⅳ.①TN602②TN605

中国版本图书馆CIP数据核字(2021)第279011号

电子产品设计与制作(第2版)

尹全杰　杨代民　卢孟常　编著

策划编辑　周世婷　　责任编辑　蔡　喆

*

北京航空航天大学出版社出版发行

北京市海淀区学院路37号(邮编100191)　http://www.buaapress.com.cn

发行部电话:(010)82317024　传真:(010)82328026

读者信箱: goodtextbook@126.com　邮购电话:(010)82316936

北京富资园科技发展有限公司印装　各地书店经销

*

开本:710×1 000　1/16　印张:15.25　字数:325千字

2022年2月第2版　2023年7月第2次印刷　印数:1 001-2 000册

ISBN 978-7-5124-3682-4　定价:49.00元

前　言

目前,我国职业教育改革正逐步深入,教材建设是教学改革的重要内容之一。本书在编写过程中始终围绕职业教育改革的基本理念,注重“实践能力”的培养,采用“任务驱动”的教学模式,选择三个典型电子产品作为载体,用8个工作任务由浅入深、循序渐进地阐述电子产品的设计与制作过程。内容涉及电子产品的电路设计、原理图绘制、PCB设计与制作、焊接、装配与调试等内容,着重让学生了解电子产品从设计到制作的整个过程。本书内容在第1版基础上进行了修订,对内容进行了完善,尤其是对项目三进行了大篇幅修改,使内容更加切合实际、与时俱进。本书具有如下特点:

1. 不同于一般的教材。本书摒弃了冗长枯燥的大段文字叙述,而采以大量图片,用图解的方式来讲解,使得枯燥无味的阅读变得简单直观,通俗易懂,非常便于职业教育群体读者的阅读和理解。同时,书中去掉了大段的理论分析,重点突出动手能力,充分体现了职业教育以实践能力培养为导向的理念。

2. 不同于传统教材的内容编排。本书采用项目教学和典型工作任务的模式来展开,每个项目下设若干个任务,通过任务的方式将需要的内容进行讲解。本书选择稳压电源的设计与制作、扩音机的设计与制作和北斗时钟的设计与制作三个项目,采用“按需讲解”的方式进行编排,全书重点放在电路设计和制作完成的过程上,突出教学一体化和理实一体化。

3. 本书突出动手能力,内容实用。书中在对理论内容进行阐述的同时,也穿插大量实操内容,包含了电子元器件的识别与检测、手工焊接技术、电子产品手工装配技术等内容,使得学生在完成“项目任务”的学习过程中充满乐趣。

本书在编撰过程中得到了贵州航天职业技术学院的大力支持,也得到了同行教师和读者的宝贵意见和建议,在此表示感谢。

由于作者水平有限,加之时间仓促,书中难免有错误和不足之处,恳请读者批评指正。

编　者

2020年11月

目　录

项目一　直流稳压电源的设计与制作

电源是任何电子产品都不可缺少的重要组成部分。电源有交流与直流之分。对于人们实际生活中使用的大多数电子产品而言，其电路供电多为直流电源，图 1-1 所示是直流稳压电源在众多电子产品中应用的一些典型例子。

本项目通过一款简单的串联稳压电源的设计与制作，帮助读者较全面地掌握串联稳压电源的理论知识和动手操作方面的内容。

图 1-1　直流稳压电源在生活中的应用

任务 1　直流稳压电源的设计

【任务导读】

本任务系统讲解了直流稳压电源的组成、主要性能指标以及工作原理。

通过分立式串联稳压电源和集成可调式串联稳压电源的电路分析，着重介绍线性串联稳压电源电路的组成，各元器件参数的计算与电路的设计方法。同时，还简单介绍了开关电源的工作原理。

1.1　直流稳压电源的工作原理

除了由化学电池供给的直流电源外，直流电源的获得通常是将电网中的交流电压经过整流滤波电路转换成所需的直流电流或电压。但是,由于电力输配设施的老化以及设计不良和供电不足等原因造成交流电网电压并不十分稳定,不稳定的电压会对电子设备造成致命伤害或误动作,同时加速设备的老化,影响使用寿命甚至烧毁元件。因此,对于经交流电网整流滤波所获得的直流电进行稳压是非常重要的。直流稳压电源按习惯可分为线性稳压电源和开关型稳压电源。

1.1.1 线性直流稳压电源

1. 线性直流稳压电源的组成

线性直流稳压电源由变压、整流、滤波和稳压四大部分组成,如图1-2所示。

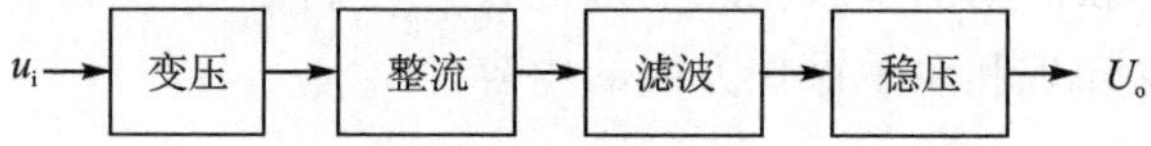

图1-2 线性直流稳压电源组成框图

(1) 变 压

变压一般是将工频交流电压变成所需的直流电压。变压通常由变压器完成,在电子产品中,变压器多用来降压。也可采用在电路中串联一只电容,由其产生的容抗来限制最大工作电流,从而达到降压的目的。

(2) 整 流

整流是将交流电压变成脉动直流电(方向不变,但大小随时间变化的直流电)。整流电路有半波整流、全波整流和桥式整流等。

(3) 滤 波

滤波是将脉动直流电压中的交流成分滤除,得到直流电压。通常采用的滤波电路有电容滤波、电感滤波和复合滤波等。

(4) 稳 压

稳压使滤波电路输出的直流电压稳定,使之在输入电压、负载、环境温度和电路参数等发生变化时仍能保持稳定的输出电压。常见的线性直流稳压电路有稳压管稳压和串联调整式稳压等,图1-3所示是典型的串联调整式稳压电源的组成结构。

2. 直流稳压电源的主要技术指标

(1) 额定负载电流

额定负载电流是指稳压电源所允许输出的最大电流,当超过额定负载电流时,会导致器件损坏。

(2) 纹波电压

纹波电压是指叠加在输出电压上的交流分量,常采用峰-峰值表示,一般为几毫伏(mV)到几十毫伏(mV),也可以用有效值表示。

(3) 电源内阻

电源内阻是指在输入电压不变的情况下,输出电压的变化量与负载电流的变化量之比。电源内阻越大,当负载电流增大时,在内阻上的压降增大,输出电压就明显

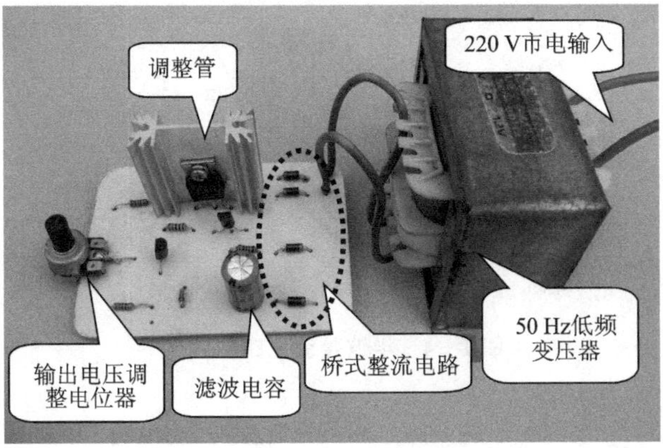

图 1-3　串联调整式稳压电源

地下降，这样，电源带负载的能力就越弱。因此，要求稳压电源的内阻越小越好。稳压电源的内阻一般为几毫欧（mΩ）到几十毫欧（mΩ）。

（4）稳定度

稳定度是指当各种不稳定因素发生变化时，对输出直流电压的影响。稳定度一般用输出电压变化的百分率来表示，又分为电压稳定度和负载稳定度。

① 电压稳定度，又称电压调整率。它是表征当输入电压变化时稳压电源输出电压的稳定程度；是指在负载电阻不变的情况下，输入电压的相对变化引起输出电压的相对变化，即在电网电压变动±10%的情况下测出输出电压的变化量。

② 负载稳定度，又称负载调整率。它是表征当输入电压不变时，稳压电源对由于负载电流（输出电流）变化而引起的输出电压脉动的抑制能力。在规定的负载电流变化值条件下，通常以单位输出电压下的输出电压变化值的百分率表示，或以输出电压变化的绝对值表示。

3. 整流电路

整流电路通常是利用二极管的单向导电性，将交流电压变成脉动直流电。下面介绍几种较常用的整流电路。

（1）半波整流

半波整流电路和波形如图 1-4 所示。其工作原理如下：

当 u_2 为正半周时，二极管 D 承受正向电压而导通。此时有电流流过负载，并且和二极管上的电流相等，即 $i_o=i_D$。忽略二极管的电压降，则负载两端的输出电压等于变压器副边电压，即 $u_o=u_2$，输出电压 u_o 的波形与 u_2 相同。

当 u_2 为负半周时，二极管 D 承受反向电压而截止。此时负载上无电流流过，输出电压 $u_o=0$，变压器副边电压 u_2 全部加在二极管 D 上。

单相半波整流电压的平均值为：$U_o=\frac{1}{2\pi}\int_0^{\pi}\sqrt{2}U_2\sin\omega t\,d(\omega t)=\frac{\sqrt{2}}{\pi}U_2=0.45U_2$。

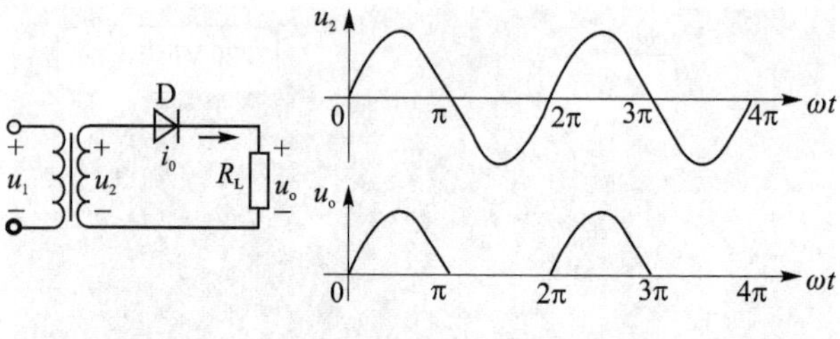

(a) 电路　　　　(b) 波形

图 1-4　半波整流电路和波形

流过负载电阻 R_L 的电流平均值为：$I_o=\dfrac{U_o}{R_L}=0.45\dfrac{U_2}{R_L}$。

流经二极管的电流平均值与负载电流平均值相等，即：$I_D=I_o=0.45\dfrac{U_2}{R_L}$。

二极管截止时承受的最高反向电压为 u_2，其最大值是 $U_{RM}=U_{2M}=\sqrt{2}U_2$。

半波整流电路虽然具有电路简单、元件少的优点，但是交流电压只有半个周期得到利用，因而一般在电流较小、整流要求不高的电路中使用。

(2) 桥式整流

桥式整流电路及波形如图 1-5 所示，它因用 4 只二极管接成一个电桥的形式而得名。为作图方便，常将桥式整流电路画成图 1-5(b)所示的简化形式。

其工作原理如下：

u_2 为正半周时，a 点电位高于 b 点电位，二极管 D_1、D_3 承受正向电压而导通，D_2、D_4 承受反向电压而截止。此时电流的路径为：$a\to D_1\to R_L\to D_3\to b$，如图中实线箭头所示。

u_2 为负半周时，b 点电位高于 a 点电位，二极管 D_2、D_4 承受正向电压而导通，D_1、D_3 承受反向电压而截止。此时电流的路径为：$b\to D_2\to R_L\to D_4\to a$，如图中虚线箭头所示。

桥式整流电压的平均值为：$U_o=\dfrac{1}{\pi}\int_0^{\pi}\sqrt{2}U_2\sin\omega t\,\mathrm{d}(\omega t)=2\dfrac{\sqrt{2}}{\pi}U_2=0.9U_2$。

流过负载电阻 R_L 的电流平均值为：$I_o=\dfrac{U_o}{R_L}=0.9\dfrac{U_2}{R_L}$。

流经每个二极管的电流平均值为负载电流的一半，即：$I_D=\dfrac{1}{2}I_o=0.45\dfrac{U_2}{R_L}$。

每个二极管在截止时承受的最高反向电压为 u_2，其最大值是 $U_{RM}=U_{2M}=\sqrt{2}U_2$。

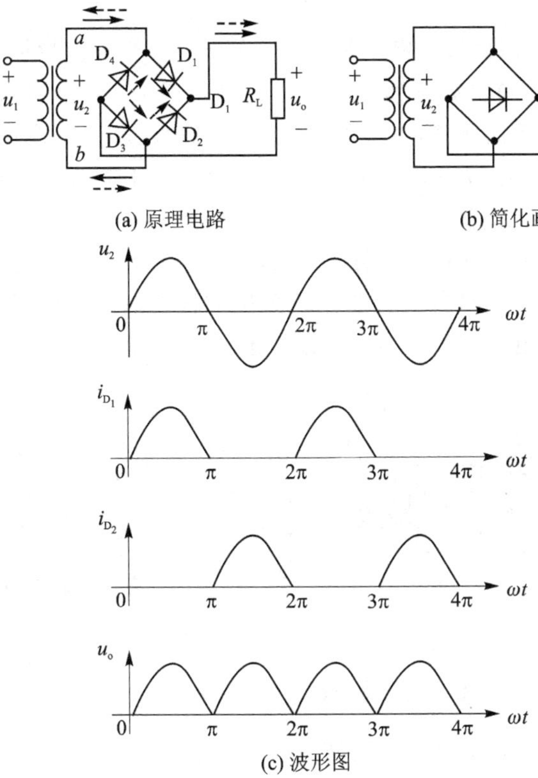

图 1－5　桥式整流电路和波形图

桥式整流电路是一种全波整流形式，充分利用了交流电压的正负两个半波，因而效率高，是目前较普遍采用的一种整流形式。

（3）全波整流

全波整流电路如图 1－6 所示。从图中可以看出，这种形式需要变压器有一个使两个次级完全对称的中心抽头，这使得变压器的制作工艺变得复杂。另外，在这种电路中，每只整流二极管承受的最大反向电压是变压器次级电压最大值的两倍，因此需用能承受较高电压的二极管。目前，这种整流形式很少采用，已被桥式整流电路所代替。

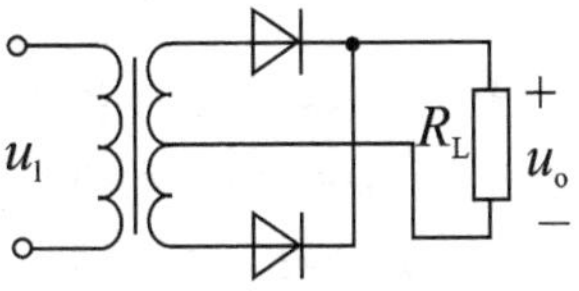

图 1－6　全波整流电路

4. 滤波电路

经过整流后输出的电流和电压都是脉动的，既含直流成分也含交流成分。要得到纯净的直流电，就需要将电路中的交流成分滤除掉，滤波电路就是为此而设计的。

(1) 电容滤波

图 1-7 所示是电容器滤波的电路和波形。假设电路接通时恰恰在 u_2 由负到正过零的时刻,这时二极管 D 开始导通,电源 u_2 在向负载 R_L 供电的同时又对电容 C 充电。如果忽略二极管正向压降,电容电压 u_C 紧随输入电压 u_2 按正弦规律上升至 u_2 的最大值。然后 u_2 继续按正弦规律下降,且 $u_2 < u_C$,使二极管 D 截止,而电容 C 则对负载电阻 R_L 按指数规律放电。u_C 降至 u_2 大于 u_C 时,二极管又导通,电容 C 再次充电……。这样循环下去,u_2 周期性变化,电容 C 周而复始地进行充电和放电,使输出电压脉动减小,如图(b)所示。电容 C 放电的快慢取决于时间常数($\tau = R_L C$)的大小,时间常数越大,电容 C 放电越慢,输出电压 u_o 就越平坦,平均值也越高。

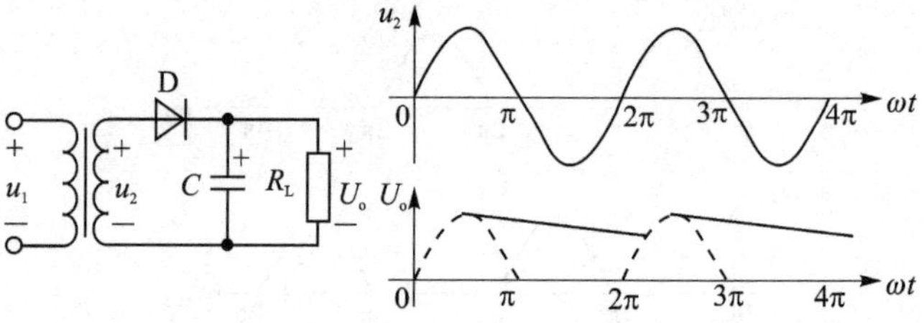

(a) 电路　　(b) 波形

图 1-7　电容滤波电路及波形

一般常用如下经验公式估算电容滤波时的输出电压平均值,即:

半波:$U_o \approx u_2$

全波或桥式:$U_o \approx 1.2u_2$

由上述分析可知,滤波电容 C 越大,对交流的旁路作用就越强,滤波效果就越好。通常选:$C > (3\sim5)/R_L f$,式中 f 是整流电路输出信号的脉动频率,T 是它的周期,$T = \frac{1}{f}$。对半波整流而言,$f = 50$ Hz;对全波或桥式整流,$f = 100$ Hz。滤波电容 C 一般选择容量大的铝电解电容。应注意,普通电解电容器有正、负极性,使用时正极必须接高电位端,如果接反会造成电解电容器的损坏。

(2) 电感滤波

图 1-8 所示是电感滤波电路。电感滤波适用于负载电流较大的场合,它的缺点是制作复杂、体积大、笨重且存在电磁干扰。

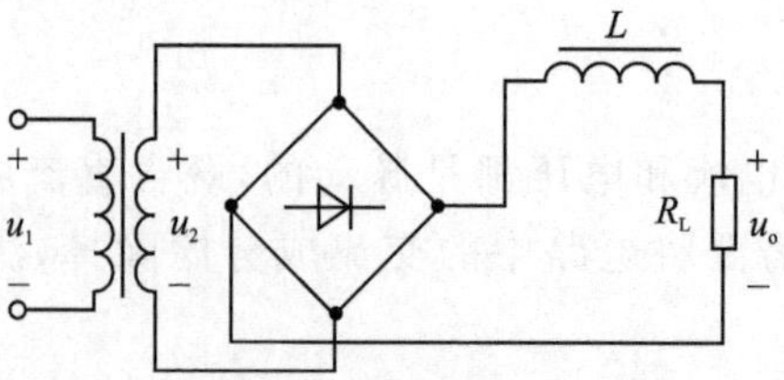

图 1-8　电感滤波电路

(3) 复合滤波

图 1－9 所示是几种典型的复合滤波电路。

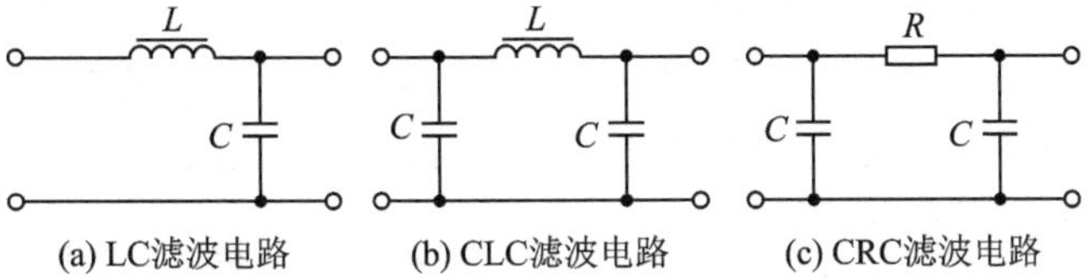

图 1－9　复合滤波电路

LC、CLC 的 π 型滤波电路适用于负载电流较大，要求输出电压脉动较小的场合。在负载电流较小时，经常采用电阻替代笨重的电感，构成 CRC 的 π 型滤波电路，同样可以获得脉动很小的输出电压。但电阻对交、直流均有压降和功率损耗，故只适用于负载电流较小的场合。

5. 直流稳压电路

(1) 稳压管稳压电路

图 1－10 所示为一个基本的稳压管稳压电路，其稳压核心元件是一个稳压二极管 D_Z，电路工作原理如下：

当输入电压 U_i 波动时会引起输出电压 U_o 的波动。如 U_i 升高将引起 U_o 随之升高，导致稳压管的电流 I_Z 急剧增加，使得电阻 R 上的电流 I 和电压 U_R 迅速增大，从而使 U_o 基本上保持不变。反之，当 U_i 减小时，U_R 相应减小，仍可保持 U_o 基本不变。

当负载电流 I_o 发生变化引起输出电压 U_o 发生变化时，同样会引起 I_Z 的相应变化，使得 U_o 保持基本稳定。如当 I_o 增大时，I 和 U_R 均会随之增大使得 U_o 下降，这将导致 I_Z 急剧减小，使 I 仍维持原有数值保持 U_R 不变，使得 U_o 得到稳定。

(2) 串联型稳压电路

串联型稳压电路是最常用的一种线性稳压电源电路结构形式，图 1－11 所示为一个输出电压可在一定范围连续可调的负反馈串联型稳压电路。

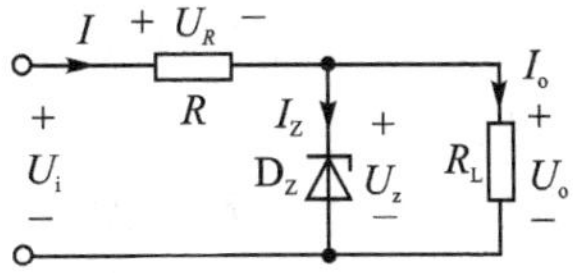

图 1－10　稳压管稳压电路

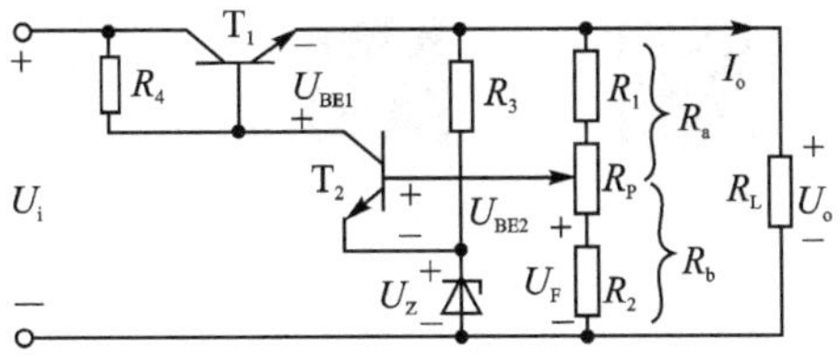

图 1－11　串联型稳压电路

该电路的组成框图如图 1－12 所示，其电路组成部分与作用如下：

① 取样电路　该电路由 R_1、R_P、R_2 组成的分压电路构成，它将输出电压 U_o 分

出一部分作为取样电压 U_F，送到比较放大环节。

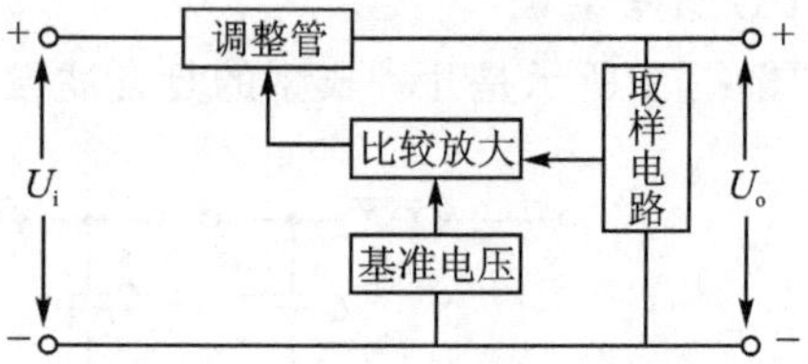

图 1-12　串联型稳压电路框图

② 基准电压电路　该电路由稳压二极管 D_Z 和电阻 R_3 构成的稳压电路组成，它为电路提供一个稳定的基准电压 U_Z，作为调整、比较的标准。

③ 比较放大电路　由 T_2 和 R_4 构成的直流放大器组成，其作用是将取样电压 U_F 与基准电压 U_Z 之差放大后去控制调整管 T_1。

④ 调整电路　由工作在线性放大区的功率管 T_1 组成，T_1 的基极电流 I_{B1} 受比较放大电路输出的控制，它的改变又可使集电极电流 I_{C1} 和集、射电压 U_{CE1} 改变，从而达到自动调整稳定输出电压的目的。

其电路工作原理如下：

当输入电压 U_i 或输出电流 I_o 变化引起输出电压 U_o 增加时，取样电压 U_F 相应增大，使 T_2 管的基极电流 I_{B2} 和集电极电流 I_{C2} 随之增加，T_2 管的集电极电位 U_{C2} 下降，因此 T_1 管的基极电流 I_{B1} 下降，使得 I_{C1} 下降，U_{CE1} 增加，U_o 下降，使 U_o 保持基本稳定。同理，

$$U_o\uparrow \to U_F\uparrow \to I_{B2}\uparrow \to I_{C2}\uparrow \to U_{C2}\downarrow \to I_{B1}\downarrow \to U_{CE1}\uparrow \to U_o\downarrow$$

当 U_i 或 I_o 变化使 U_o 降低时，调整过程相反，U_{CE1} 将减小使 U_o 保持基本不变。从上述调整过程可以看出，该电路是依靠电压负反馈来稳定输出电压的。

(3) 集成稳压电路

集成稳压器主要有两种，一种输出电压是固定的，称为固定输出三端稳压器；另一种输出电压是可调的，称为可调输出三端稳压器。两种稳压器基本原理相同，均采用串联型稳压电路。集成稳压器具有体积小、使用方便、工作可靠等特点，目前，电子产品中常使用固定输出三端稳压器。

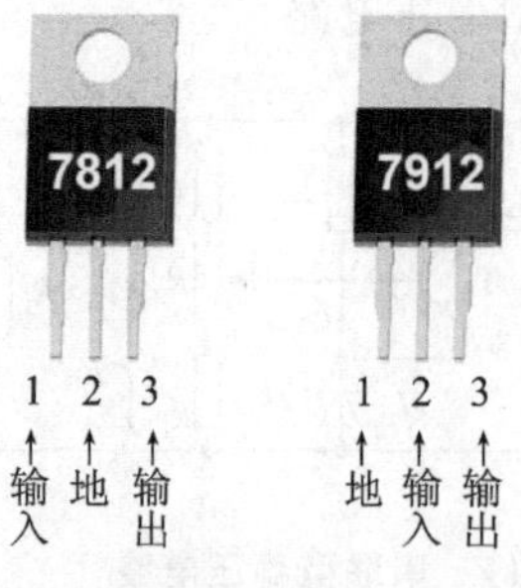

图 1-13　两种三端稳压器的引脚方位图

常用的固定三端稳压器有"78"系列和"79"系列两种。其中，"78"系列输出的是正电源。而"79"系列输出的是负电源，"78"和"79"后面所跟数字表示输出的电压值，如："7812"表示输出正 12 V 电压；"7912"表示输出负 12 V 电压。其外形及引脚功能如图 1-13 所示。此外，其输出电流常以 78(或 79)后面加字母来区分。"L"表示 0.1 A，"M"表示 0.5 A，无字母表示 1.5 A。

① 固定电压输出基本电路　图 1-14 所示是典型的两种采用固定电压输出三

端稳压器的基本电源电路。一般 C_1 采用大容量电解电容，而 C_2 采用无极性的小容量电容，容量取值一般常采用 0.1 μF、0.33 μF 等。要注意的是，为保证三端稳压器能正常工作，其输入与输出端至少要保证 3 V 以上的电压差，例如“7805”，该三端稳压器的固定输出电压是 5 V，而输入电压至少大于 8 V。

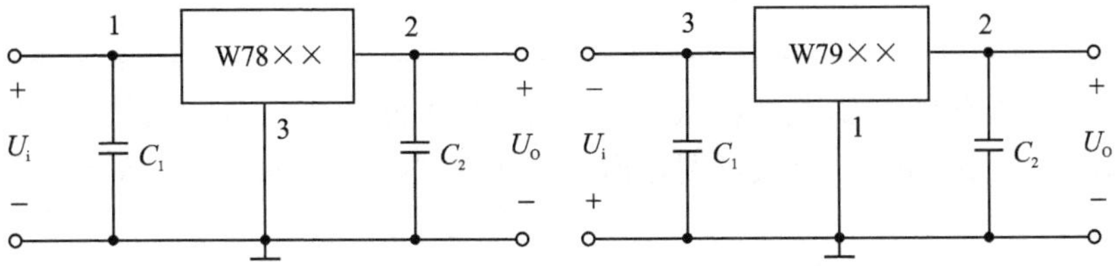

图 1－14　两种固定输出三端稳压器

② 固定正、负电压双组输出电源电路　图 1－15 所示是带正、负电压输出的电源电路。这种电路需要变压器有两个对称的次级绕组，中心抽头接地。注意两个电解电容的正负极不要接反。

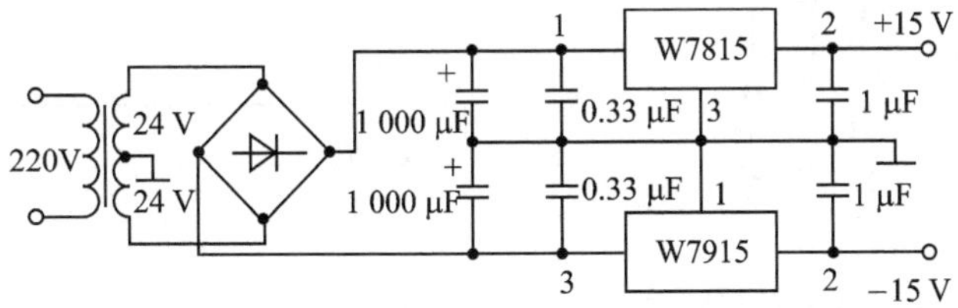

图 1－15　带正、负电压输出的电源电路

③ 可调式三端集成稳压器　可调式三端集成稳压器可以通过改变可调端实现输出电压在一定范围内变化。它的三个端子分别为输入端 U_i，输出端 U_o，可调端 ADJ。可调式三端稳压器同样分为正电压输出和负电压输出两种，图 1－16 是两种稳压器的外形及引脚功能图。根据输出电流的不同，其型号也不同，常用的可调式三端稳压型号如表 1－1 所列。

表 1－1　可调式三端稳压器分类

类　型	产品系列或型号	最大输出电流 I_{OM}/A	输出电压 U_o/V
正电压输出	LM117L/217L/317L	0.1	1.2～37
	LM117M/217M/317M	0.5	1.2～37
	LM117/217/317	1.5	1.2～37
	LM150/250/350	3	1.2～33
	LM138/238/338	5	1.2～32
	LM196/396	10	1.25～15

续表 1-1

类　型	产品系列或型号	最大输出电流 I_{OM}/A	输出电压 U_o/V
负电压输出	LM137L/237L/337L	0.1	−1.2～−37
	LM137M/237M/337M	0.5	−1.2～−37
	LM137/237/337	1.5	−1.2～−37

以 LM317 为例,可调三端稳压器的典型应用电路如图 1-17 所示。图中,C_1 和 C_2 为滤波电容,R_1 和 R_2 组成可调输出电压网络,输出电压经过 R_1 和 R_2 分压加到 ADJ 端。

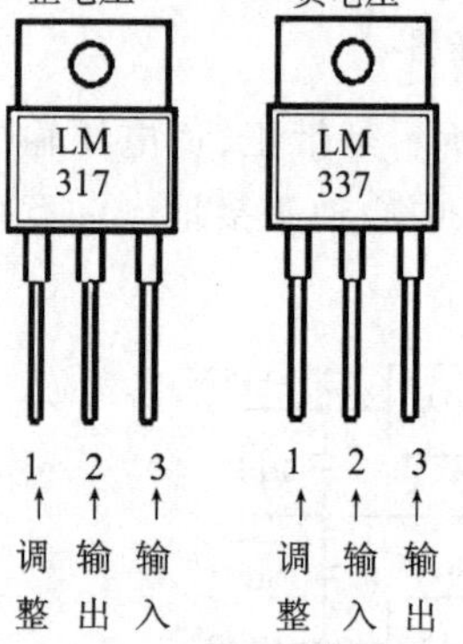

图 1-16　两种三端可调稳压引脚图

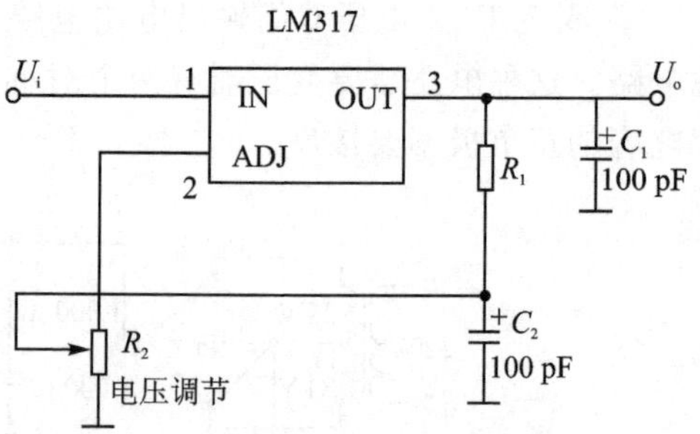

图 1-17　可调三端稳压器的应用电路

其输出电压为:$U_o=U_{REF}(1+R_2/R_1)$ V,其中 $U_{REF}=1.25$ V。R_2 为可调电阻,当 R_2 变化时,U_o 可在 1.25～37 V 之间连续可调。

1.1.2　开关直流稳压电源

开关电源的运用极为广泛,家庭常用的电器电路中几乎都可以看到它的身影。小到充电器、电动剃须刀,大到电脑、电磁炉、电视机、影碟机等几乎一律采用开关电源,图 1-18 所示为几种常见的开关电源。相对线性稳压电源而言,开关电源具有体积小,重量轻,节约材料(开关电源所用变压器重量只有线性稳压电源的十分之一)稳压范围宽等优点。它和线性电源的根本区别在于它的工作频率不再是工频,而是在几十千赫兹到几兆赫兹之间,其功率管不是工作在放大区而是饱和及截止区即开关状态,开关电源因此而得名。

开关电源的种类较多,按照分类方式的不同其种类也不同。一般地,按控制方式分可分为固定脉冲频率调宽式(PWM)、固定脉冲宽度调频式(PFM)和脉冲宽度频率混调式(PWM 调制是普遍采用的方式,而其他两种调制方式因电路复杂,现已极少采用);按激励方式分可分为自激式和它激式两种。此外,还有按与负载的连接方式分、按变换电路分等好几种不同分类。

开关电源大致是由输入电路、变换器、控制电路、输出电路四个主体组成。如果

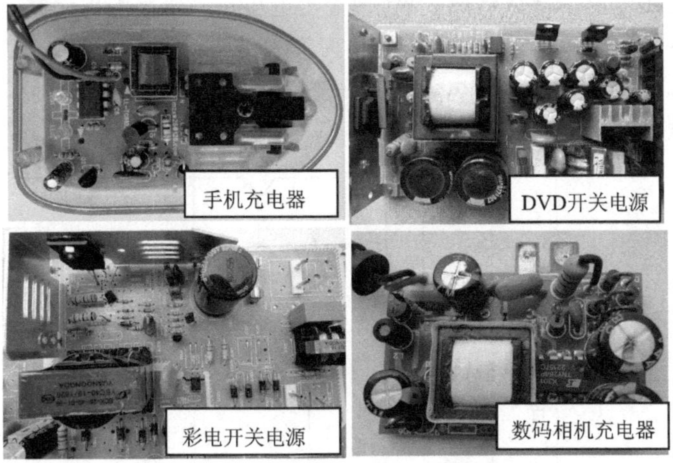

图 1-18　各种类型的开关电源电路

细致划分，它包括：输入滤波、输入整流滤波、开关电路、取样电路、比较放大、振荡器、输出整流滤波等，图 1-19 是较典型开关电源的组成方框图。其工作原理是：220 V 市电输入后直接经整流滤波变成 300 V 左右的直流电，通过高频 PWM 信号控制开关管，将直流加到开关变压器初级上，开关变压器次级感应出高频电压，经整流滤波供给负载，输出部分通过一定的电路反馈给控制电路，控制 PWM 占空比，以达到稳定输出的目的。交流电源输入时一般要经过扼流圈，过滤掉电网上的干扰，同时也过滤掉电源对电网的干扰；在功率相同时，开关频率越高，开关变压器的体积就越小，但对开关管的要求就越高；开关变压器的次级可以有多个绕组或一个绕组有多个抽头，以得到需要的输出；一般还应该增加一些保护电路，比如空载、短路等保护。

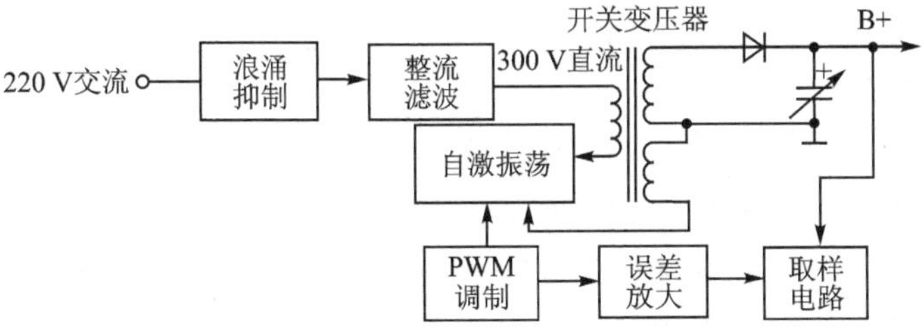

图 1-19　开关电源的组成框图

1.2　线性串联稳压电源的设计

1.2.1　分立式可调线性串联稳压电源

连续可调的串联稳压电源可通过一个电位器方便地使电压在一定范围内连续可调，电路结构简单且性能稳定，非常适合于电子产品的制作、调试和小型电器的供电。

图 1-20 所示是一个分立式可调线性串联稳压电源电路，分别由变压电路、整流

滤波电路和稳压电路三部分组成,可实现输出电压在一定范围内调整,稳压电路部分采用的是串联负反馈稳压电路。图中 T1 为降压变压器,完成 220 V 电压的降压;D_1～D_4 构成桥式整流电路;C_1 和 C_3 均是滤波电容,完成波形的平滑,C_2 用来防止电路产生自激振荡,一旦发生自激振荡可由 C_2 将其旁路掉。

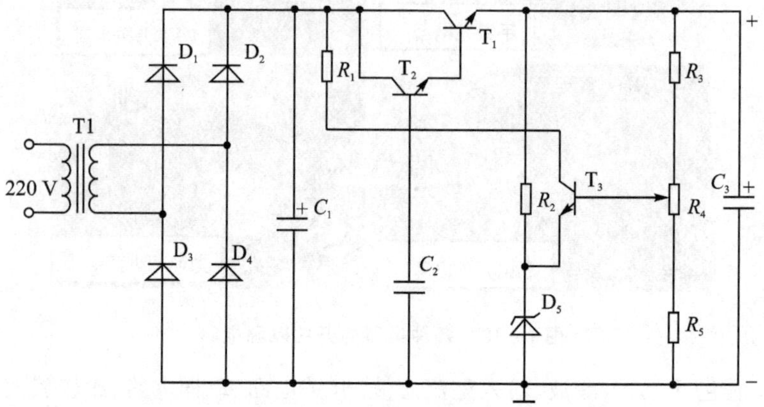

图 1-20　分立式可调线性串联稳压电源电路

稳压电路是整个电路的关键和核心部分,分别包括调整管、比较放大管、基准电压电路和取样电路。其中,调整管是由 T_1 和 T_2 组成的一个复合管,可增加输出电流,T_3 是比较放大管,R_2 和 D_5 构成基准电压电路,R_3、R_4 和 R_5 构成取样电路,调整 R_4 的阻值可以改变输出电压的大小。

以设计一个分立式可调串联稳压电压为例,其要求参数为:

- 直流输出电压 U_o:6～15 V;
- 最大输出电流 I_o:500 mA;
- 电网电压变化±10%时,输出电压变化小于±1%。

1. 变压器部分

这一部分主要计算变压器 T_1 的次级输出电压(U_{T_1})和变压器的功率 P。

一般整流滤波电路有 2 V 以上的电压波动(设为 ΔU_D)。调整管 T_1 的管压降 U_{T_1CE} 应维持在 3 V 以上,才能保证调整管 T_1 工作在放大区。整流输出电压最大值为 15 V。桥式整流输出电压是变压器次级电压的 1.2 倍。当电网电压下降 10%时,变压器次级输出的电压应能保证后续电路正常工作,那么变压器 T_1 次级输出电压 $(U_{T_1})_{o,min}$ 应该是:

$$(U_{T_1})_{o,min}=(\Delta U_D+(U_{T_1})_{CE}+(U_o)_{max})\div 1.2=(2\ V+3\ V+15\ V)\div 1.2=20\ V\div 1.2=16.67\ V$$

则变压器 T_1 次级额定电压为:$(U_{T_1})_o=(U_{T_1})_{o,min}\div 0.9=16.67\ V\div 0.9=18.5\ V$

当电网电压上升+10%时,变压器 T_1 的输出功率最大。这时稳压电源输出的最大电流 $(I_o)_{max}$ 为 500 mA。此时变压器次级电压 $(U_{T_1})_{o,max}$ 为

$(U_{T_1})_{o,max}=(U_{T_1})_o\times 1.1$，　　$(U_{T_1})_{o,max}=18.5\ V\times 1.1=20.35\ V$

变压器 T_1 的所需功率为

$$P_{T_1}=(U_{T_1})_{o,max}\times I_{o\,max}=20.35\ V\times 500\ mA=10.2\ V\cdot A。$$

为保证变压器留有一定的功率余量，确定变压器 T_1 的额定输出电压为 18.5 V，额定功率为 12 V·A。

2. 整流部分

这一部分主要计算整流管的最大电流 $I_{D_1,max}$ 和耐压 $V_{D_1,RM}$。由于四个整流管 $D_1\sim D_4$ 参数相同，所以只需要计算 D_1 的参数。

根据整流滤波电路计算公式可知，整流管 D_1 的最大整流电流为

$$I_{D_1,max}=0.5\times I_o=0.5\times 500\ mA=0.25\ A$$

考虑到取样和放大部分的电流，可选取最大电流 $I_{D_1,max}$ 为 0.3 A。

整流管 D_1 的耐压 $V_{D_1,RM}$ 在当市电上升 10% 时，D_1 两端的最大反向峰值电压为：

$$V_{D_1,RM}\approx 1.414\times(U_{D_1})_{o,max}=1.414\times 1.1\times(U_{D_1})_o\approx 1.555\times(U_{D_1})_o\approx 1.555\times 18.5\ V\approx 29\ V$$

得到这些参数后可以查阅有关整流二极管参数表，由此可以选择额定电流为 1 A、反向峰值电压 50 V 的 IN4001 作为整流二极管。

3. 滤波部分

这里主要计算滤波电容的电容量 C_1 和其耐压 V_{C_1} 值。

根据滤波电容选择条件公式可知滤波电容的电容量为 $(3\sim5)\times 0.5\times T\div R$，一般系数取 5，由于市电频率是 50 Hz，所以 T 为 0.02 s，R 为负载电阻。

当最不利的情况下，即输出电压为 15 V，负载电流为 500 mA 时，C_1 为

$$C_1=5\times 0.5\times T\div(U_o\div I_o)=5\times 0.5\times 0.02\ s\div(15\ V\div 0.5\ A)\approx 1\,666\ \mu F$$

当市电上升 10% 时，整流电路输出的电压值最大，此时滤波电容承受的最大电压为

$$V_{C_1}=(U_{T1})_{o,max}=20.35\ V$$

实际上普通电容都是标准电容值，只能选取相近的容量，这里可以选择 2 200 μF 的铝质电解电容。而耐压可选择 25 V 以上，一般为留有余量并保证长期使用中的安全，可将滤波电容的耐压值选大一点，这里选择 35 V。

4. 调整部分

调整部分主要是计算调整管 T_1 和 T_2 的集电极－发射极反向击穿电压 $(BV_{T_1})_{CEO}$，最大允许集电极电流 $(I_{T1})_{CM}$，最大允许集电极耗散功率 $(P_{T_1})_{CM}$。

在最不利的情况下，市电上升 10%，同时负载断路，整流滤波后的输出电压全部加到调整管 T_1 上，这时调整管 T_1 的集电极－发射极反向击穿电压 $(BV_{T_1})_{CEO}$ 为

$$(BV_{T_1})_{CEO}=(U_{T_1})_{o,max}=20.35\ V$$

考虑到留有一定余量,可取$(BV_{T_1})_{CEO}$为25 V。

当负载电流最大时最大允许集电极电流$I_{T_1,CM}$为

$$I_{T_1,CM}=I_o=500\ mA$$

考虑到放大取样电路需要消耗少量电流,同时留有一定余量,可取$I_{T_1,CM}$为600 mA。

这样最大允许集电极耗散功率$P_{T_1,CM}$为

$$P_{T_1,CM}=((U_{T_1})_{o,max}-U_{o,min})\times(I_{T_1})_{CM}=$$
$$(20.35\ V-6\ V)\times600\ mA=8.61\ W$$

考虑到留有一定余量,可取$P_{T_1,CM}$为10 W。

查询晶体管参数手册后选择3DD155A作为调整管T_1。该管参数为:$P_{CM}=20\ W$,$I_{CM}=1\ A$,$BV_{CEO}\geqslant50\ V$,完全可以满足要求。如果实在无法找到3DD155A也可以考虑用3DD15A代替,该管参数为:$P_{CM}=50\ W$,$I_{CM}=5\ A$,$BV_{CEO}\geqslant60\ V$。

选择调整管T_1时需要注意其放大倍数$\beta\geqslant40$。

调整管T_2各项参数的计算原则与T_1类似,下面给出各项参数的计算过程。

$(BV_{T_2})_{CEO}=(BV_{T_1})_{CEO}=(U_{T_1})_{o,max}=20.35\ V$

同样考虑到留有一定余量,取$(BV_{T_2})_{CEO}$为25 V。

$I_{T_2,CM}=I_{T_1,CM}\div\beta_{T_1}=600\ mA\div40=15\ mA$

$P_{T_2,CM}=((U_{B1})_{o,max}-U_{o,min})\times(I_{T_2})_{CM}=$

$(20.35V-6V)\times15\ mA=0.215\ 25\ W$

考虑到留有一定余量,可取$(P_{T_2})_{CM}$为250 mW。

查询晶体管参数手册后选择3GD6D作为调整管T_2。该管参数为:$P_{CM}=500\ mW$,$I_{CM}=20\ mA$,$BV_{CEO}\geqslant30\ V$,完全可以满足要求。还可以采用9014作为调整管T_2,该管参数为:$P_{CM}=450\ mW$,$I_{CM}=100\ mA$,$BV_{CEO}\geqslant45\ V$,也可以满足要求。

选择调整管T_2时需要注意其放大倍数$\beta\geqslant80$,则此时T_2所需要的最大基极驱动电流为

$I_{T_2,max}=I_{T_2,CM}\div\beta_{B1}=15\ mA\div80=0.187\ 5\ mA$

5. 基准电源部分

基准电源部分主要计算稳压管D_5和限流电阻R_2的参数。

稳压管D_5的稳压值应该小于最小输出电压$U_{o,min}$,但是也不能过小,否则会影响稳定度。这里选择稳压值为3 V的2CW51,该型稳压管的最大工作电流为71 mA,最大功耗为250 mW。为保证稳定度,稳压管的工作电流I_{D_5}应该尽量选择大一些。而其工作电流$I_{D_5}=I_{T_3,CE}+I_{R_2}$,由于$I_{T_3,CE}$在工作中是变化值,为保证稳定度取$I_{R_2}\gg(I_{T_3})_{CE}$,则$I_{D5}\approx I_{R_2}$。

这里初步确定 $I_{R_2,\min}=8\ \text{mA}$，则 R_2 为

$$R_2=(U_{R_2,\min}-U_{D5})\div I_{R_2,\min}=(6\ \text{V}-3\ \text{V})\div 8\ \text{mA}=375\ \Omega$$

实际选择时可取 R_2 为 390 Ω。

当输出电压 U_o 最高时，$I_{R_2,\max}$ 为

$$I_{R_2,\max}=U_{o,\max}\div R_2$$

$$I_{R_2,\max}=15\ \text{V}\div 390\ \Omega\approx 38.46\ \text{mA}$$

这时的电流 $I_{R_2,\max}$ 小于稳压管 D_5 的最大工作电流，可见选择的稳压管能够安全工作。

6. 取样部分

取样部分主要计算取样电阻 R_3、R_4、R_5 的阻值。

由于取样电路同时接入 T_3 的基极，为避免 T_3 基极电流 I_{T_3B} 对取样电路分压比产生影响，需要让 $I_{T_3B}\gg I_{R_3}$。另外为了保证稳压电源空载时调整管能够工作在放大区，需要让 I_{R_3} 大于调整管 T_1 的最小工作电流 $(I_{T_1})_{CE,\min}$。由于 3DD155A 最小工作电流 $(I_{T_1})_{CE,\min}$ 为 1 mA，因此取 $I_{R_3,\min}=10\ \text{mA}$。则可得

$R_3+R_4+R_5=U_{o,\min}\div I_{R_3,\min}=6\ \text{V}\div 10\ \text{mA}=600\ \Omega$

当输出电压 $U_o=6\ \text{V}$ 时：

$U_{D_5}+U_{T_2,BE}=(R_4+R_5)\div(R_3+R_4+R_5)\times U_o$

$(R_4+R_5)=(U_{D_5}+U_{T_2,BE}\times(R_3+R_4+R_5)\div U_o=$

$(3\ \text{V}+0.7\ \text{V})\times 600\ \Omega\div 6\ \text{V}=370\ \Omega$

当输出电压 $U_o=15\ \text{V}$ 时：

$U_{D_5}+U_{T_2,BE}=R_5\div(R_3+R_4+R_5)\times U_o$

$R_5=(U_{D5}+R_{T_2,BE}\times(R_3+R_4+R_5)\div U_o=$

$(3\ \text{V}+0.7\ \text{V})\times 600\ \Omega\div 15\ \text{V}=148\ \Omega$

实际选择时可取 R_5 为 150 Ω，这样 R_4 为 220 Ω，R_3 为 230 Ω。但实际选择时可取 R_3 为 220 Ω。

7. 放大部分

放大部分主要是计算限流电阻 R_1 和比较放大管 T_3 的参数。由于这部分电路的电流比较小，主要考虑 T_3 的放大倍数 β 和集电极一发射极反向击穿电压 $(BV_{T_1})_{CEO}$。

这里需要 T_3 工作在放大区，可通过控制 T_3 的集电极电流 $(I_{T_3})_C$ 来达到。而 $I_{T_3,C}$ 是由限流电阻 R_1 控制，并且有

$I_{R_1}=I_{T_3,C}+I_{T_2,B}$

一方面，为保证 T_1 能够满足负载电流的要求，要求满足 $I_{R_1}>(I_{T_2})_B$；另一方面，为保证 T_3 稳定工作在放大区，以保证电源的稳定度，其集电极电流 $(I_{T_3})_C$ 不能太大。

这里可以选 I_{R_1} 为 1 mA，当输出电压最小时，则 R_1 为

$$R_1=((U_{T_1})_o-U_o-U_{T_1,BE}-(U_{T_2,BE})\div I_{R_1}=$$
$$(15\ V-6\ V-0.7\ V-0.7\ V)\div 1\ mA=7.6\ k\Omega$$

实际选择时可取 R_1 为 7.5 kΩ。

当输出电压最大时，I_{R_1} 为

$$I_{R_1}=(U_{T_1,o}-U_o-U_{T_1,BE}-U_{T_2,BE})\div R_1=$$
$$(15\ V-6\ V-0.7\ V-0.7\ V)\div 7.5\ k\Omega\approx 1.013\ mA$$

可见当输出电压最大时 I_{R_1} 上升幅度仅 1%，对 T_3 工作点影响不大，可满足要求。

由于放电电路的电流并不大，各项电压也都小于调整电路，可以直接选用 3GD6D 或 9014 作为放大管 T_3。

8. 其他元件

在 T_2 的基极与地之间并联有电容 C_2，此电容的作用是防止发生自激振荡影响电路工作的稳定性，一般可取 0.01 μF/35 V。在电源的输出端并联的电容 C_3 是为提高输出电压的稳定度，特别对于瞬时大电流可以起到较好的抑制作用，可选 470 μF/25 V 铝电解电容。

1.2.2 集成可调线性串联稳压电源

图 1-21 所示是一种由集成稳压器 LM317 构成的连续可调的稳压电源，输出电压在 1.25～37 V 之间连续可调，输出最大电流可达 1.5 A。因采用集成三端稳压器，其电路结构简单、性能稳定。其输出电压由两只外接电阻 R_1、R_{P1} 决定，输出端和调整端之间的电压差为 1.25 V。

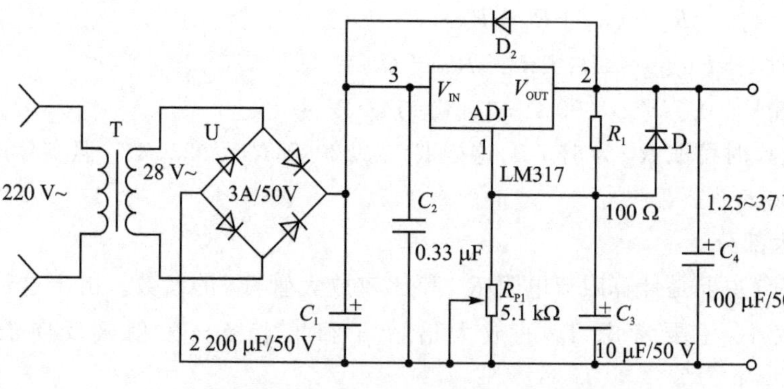

图 1-21 集成可调线性串联稳压电源

这个电压将产生几毫安的电流，经 R_1、R_{P1} 接地，在 R_{P1} 上分得的电压加到调整端，通过调整 R_{P1} 的阻值就可改变输出电压，输出电压 $U_o=1.25(1+R/R_{P1})$。需要注意的是，为了得到稳定的输出电压，流经 R_1 的电流要小于 3.5 mA。LM317 在不加散热器时最大功耗为 2 W，加上散热板时其最大功率可达 15 W。D_1 用于保护二极管，防止稳压器输出端短路而损坏 LM317；D_2 用于防止输入短路而损坏集成电路。

【巩固训练】

1. 训练目的：掌握线性稳压电源的工作原理与简单电路的设计方法。

2. 训练内容：

① 用集成模块设计一个电压在9～12 V可调且具有过流过压保护电路的线性稳压电源。

② 根据电路设计要求进行元器件参数的选择。

3. 训练检查：表1－2所列为检查内容及检查记录。

表1－2　检查内容及检查记录

序　号	检查内容	检查记录
元器件选择	(1)稳压模块选择是否正确	
	(2)整流二极管的选择是否正确	
	(3)滤波电容选择是否正确	
	(4)电阻、电位器及其他元器件选择是否正确	
电路设计	(1)整流滤波电路设计是否合理	
	(2)稳压电路设计是否合理	
	(3)过压过流保护电路设计是否合理	
其他事项	(1) 元件的选择是否考虑了通用性	
	(2) 元件的选择是否考虑了性价比	

任务2　直流稳压电源的安装与调试

【任务导读】

本任务中包含的主要内容有：电子元件的识别与检测、手工焊接、电路连接和电路调试四个方面。

电子元件的识别与检测部分中，主要介绍了几种常用的基本电子元器件的识别方法和检测方法；手工焊接部分，主要介绍了锡焊的焊接机理、焊接材料、焊接工具以及焊接的方法和技巧；电路连接部分，介绍了几种电路的连接方法，使读者在今后的学习中方便采用其中的方法进行电路制作和实验；电路调试部分，介绍了直流稳压电路的调试及主要技术指标的测试方法。

2.1　电子元件的识别与检测

2.1.1　电阻器的识别与检测

1. 电阻器的作用

在电路中，电流通过导体时，导体对电流有一定阻碍作用，利用这种阻碍作用做成的元件称为电阻器。在电路中,电阻器主要有分压、分流、偏置、限流、负载等作用。它用字母“R”表示,常用电阻器的图形符号如图 2－1 所示。其基本单位是欧姆(Ω),还有较大的单位千欧 (kΩ)和兆欧(MΩ),其换算关系为 1 MΩ＝10^3 kΩ＝10^6 Ω。

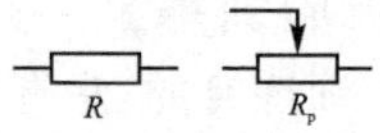

图 2－1　电阻器的符号

2. 电阻器的分类

(1) 固定电阻器

根据制作材料的不同,电阻器可分为碳膜电阻器、金属膜电阻器、线绕电阻器和水泥电阻器等,如图 2－2 所示。

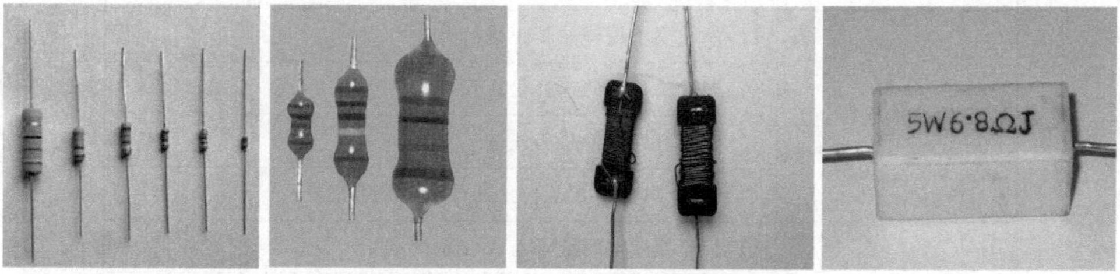

(a) 碳膜电阻器　(b) 金属膜电阻器　(c) 线绕电阻器　(d) 水泥电阻器

图 2－2　几种常见的电阻器

(2) 可变电阻器

可变电阻器又称电位器,是一种阻值连续可调的电阻器。其有三个引出端,两个是固定端,一个滑动端,通过调节滑动端来可改变电阻值,从而达到调节电路中的各种电压、电流的目的。图 2－3 所示为几种常见的电阻器。

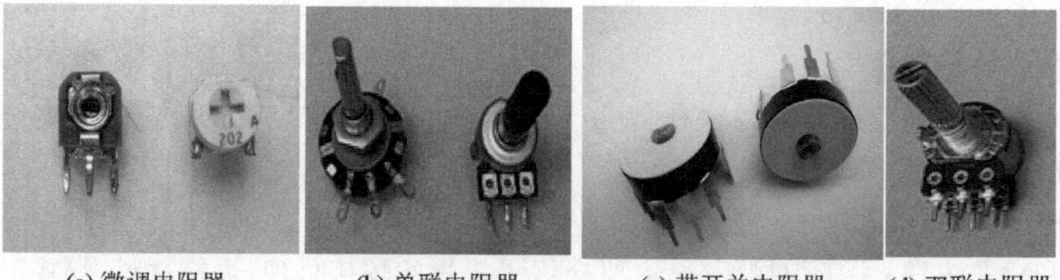

(a) 微调电阻器　(b) 单联电阻器　(c) 带开关电阻器　(d) 双联电阻器

图 2－3　几种常见的电阻器

(3) 其他电阻器

使用不同材料及不同工艺制造的电阻,电阻值对于温度、光照、电压、湿度、磁通、气体浓度和机械力等物理量敏感的电阻元器件,这些元器件分别称为热敏、光敏、压敏、湿敏、磁敏、气敏和力敏电阻器。图 2－4 所示是几种常用的敏感电阻器。

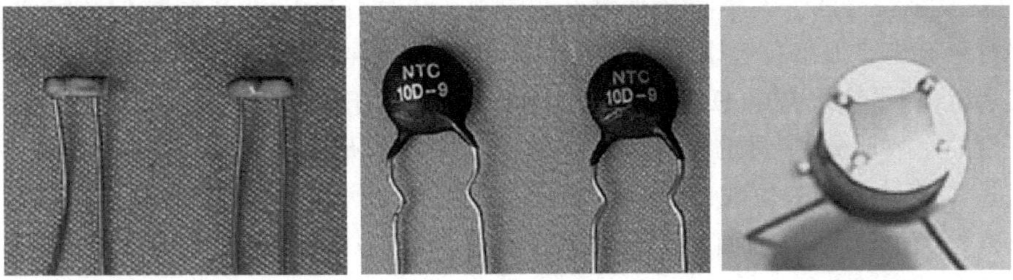

(a) 光敏电阻器　　(b) 热敏电阻器　　(c) 压敏电阻器

图 2-4　几种常用的敏感电阻器

3. 电阻器的标识

（1）标称阻值和允许偏差

标称阻值指标注在电阻体表面的值，常用的标称值有 E6，E12，E24 系列，常用电阻器标称阻值如表 2-1 所列。例如，表中 E6 系列的 1.5 包括 1.5 Ω，15 Ω，150 Ω，1.5 kΩ 等阻值。通常电阻器的允许偏差分为Ⅰ级（± 5%）、Ⅱ级（±10%）和Ⅲ级（±20%）。

表 2-1　常用电阻器标称阻值系列和允许误差

系列	允许偏差	电阻器的标称值
E24	±5%	1.0、1.1、1.2、1.3、1.5、1.6、1.8、2.0、2.2、2.4、2.7、3.0、3.3、3.6、3.9、4.3、4.7、5.1、5.6、6.2、6.8、7.5、8.2、9.1
E12	±10%	1.0、1.2、1.5、1.8、2.2、2.7、3.3、3.9、4.7、5.6、6.8、8.2
E6	±20%	1.0、1.5、2.2、3.3、4.7、6.8

（2）电阻器的标注方法

① 直标法　指将电阻器的类别、标称阻值、允许误差、额定功率等参数用阿拉伯数字和单位符号直接标注在电阻器表面，其优点是便于观察，如图 2-5 所示。

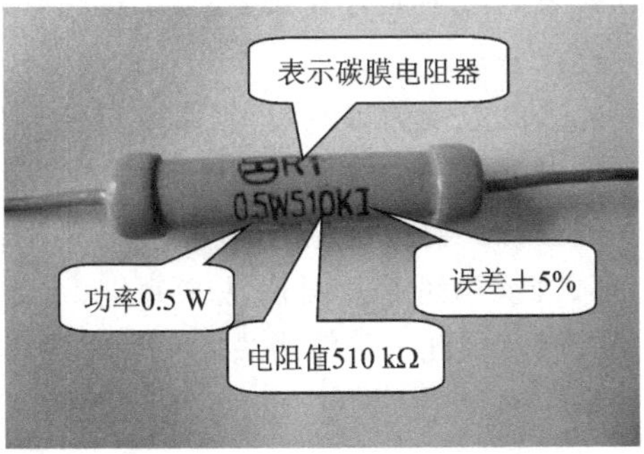

图 2-5　直标法电阻器

② 文字符号法　为了防止小数点在印刷不清时引起误解，用阿拉伯数字和单位文字符号有规律地组合起来表示标称阻值和允许误差的方法。文字符号法规定，用于表示阻值时，字母符号 Ω、k、M 等之前的数字表示阻值的整数部分，之后的数字表示阻值的小数部分，字母的符号表示单位，如图 2－6 所示。

③ 数码法　用三位或四位整数表示电阻阻值的方法，数码顺序是从左向右，对三位整数表示的电阻，前面两位数表示有效值，第三位表示倍率，即 10 的 n 次方，单位为 Ω，如图 2－7 所示。

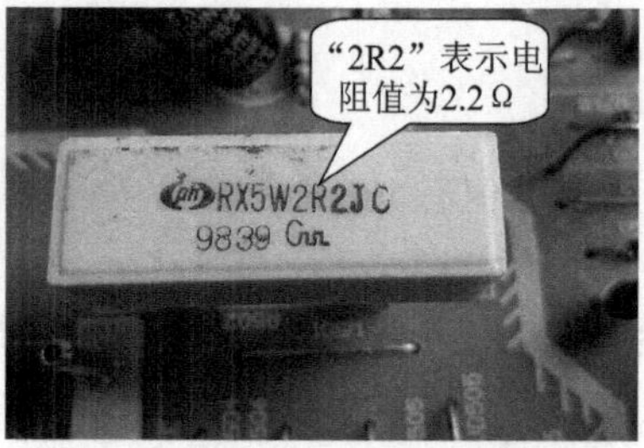

图 2－6　文字符号法电阻器

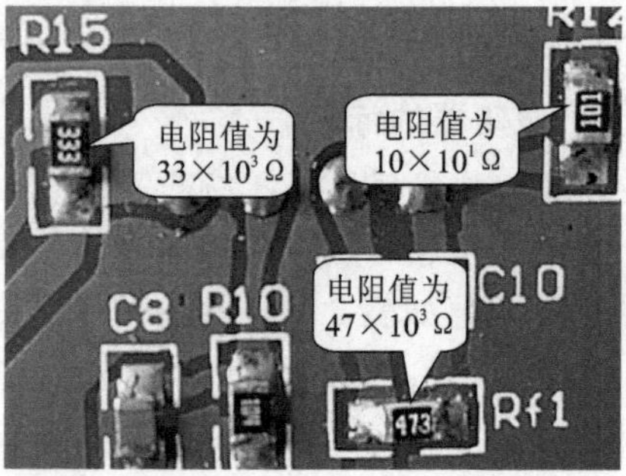

图 2－7　数码法电阻器

④ 色环法　是指采用不同颜色的色环在电阻器表面标出标称阻值和允许误差的方法，色环代表的含义如表 2－2 所列。

表 2－2　色环符号的规定

颜色	黑	棕	红	橙	黄	绿	蓝	紫	灰	白	金	银	无
有效数字	0	1	2	3	4	5	6	7	8	9	—	—	—
倍率	10^0	10^1	10^2	10^3	10^4	10^5	10^6	10^7	10^8	10^9	10^{-1}	10^{-2}	—
允许偏差	—	±1%	±2%	—	—	±0.5%	±0.25%	±0.1%	—	—	±5%	±10%	±20%

四色环：前两位色环代表的数字为有效数字，第三位色环代表倍率即 10 的 n 次方，最后一条色环表示允许误差。

五色环：前三位色环代表的数字为有效数字，第四位色环代表倍率即 10 的 n 次方，最后一条色环表示允许误差，如图 2－8 色环电阻读数所示。对于五色环电阻，由于精度较高，其允许误差值往往不再是金色、银色等较易判别的颜色，这就导致了不好判别第一环和最后一环。此时，可采用排除法来判别。比如：参照表中可看出橙色、黄色、灰色不能做允许误差，因此不可能为最后一环。再如，我国生产的标准电阻最大阻值一般不超过 20 MΩ，像紫色、灰色、白色一般不是第四环。

4. 电阻器的检测

对于电阻器的测量主要使用万用表的欧姆挡，通过测量阻值来判断是否开路、短路等。

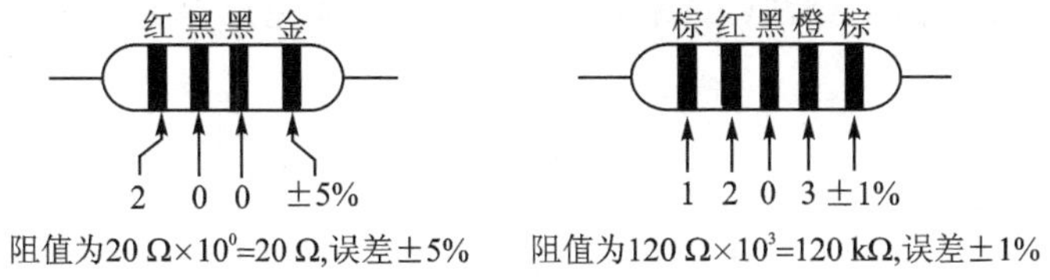

图 2-8 色环电阻读数

在路测量时,由于电阻器与其他电路构成并联关系,常常会导致较大测量误差(通常比实际测量值小)。此时,可采用开路测量法,将被检测的电阻器从电路板上拆卸下来再测量,如图 2-9 所示。具体方法如下:

① 首先将电源断开,观察电阻器的外观有无烧焦、引脚断裂或脱焊等现象,如果有,则电阻器损坏。

② 如果电阻器外观没问题,再将电阻器从电路板上拆下来,根据色环读出电阻器的阻值。

③ 清洁金属膜电阻器两端的焊点,去除氧化层和灰尘。清洁完成后,根据电阻器的标称阻值将数字万用表调到欧姆挡量程,接着将万用表的红黑表笔分别放在电阻器的两端,记录万用表显示的数值。

④ 将测量的阻值与标称阻值比较,由于两者较接近,因此可判断电阻器是否正常。如果测量值与标称阻值相差很大,则说明电阻器已损坏。

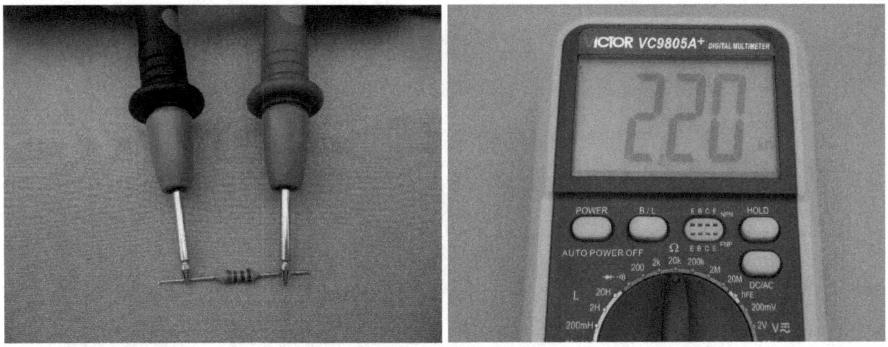

图 2-9 测量电阻值

2.1.2 电容器的识别与检测

1. 电容器的作用

电容器的基本结构由两个金属电极中间夹一层绝缘介质构成。在电极两端施加一定的压力,两个极板上就有等量的异性电荷 Q,两极电压越高,极板上聚集的电荷就越多,而电荷量与电压的比值则保持不变,这个比值称为电容器的电容量,在各类电子线路中的主要功能是旁路、滤波、耦合及谐振等。用字母“C”表示,表征电容器储存电荷的能力。常见的电路图形符号如图 2-10 所示,其基本单位是法拉(F),还

有较小的单位微法 (μF)、纳法(nF)和皮法(pF),其换算关系为 $1F=10^6\ \mu F=10^9\ nF=10^{12}\ pF$。

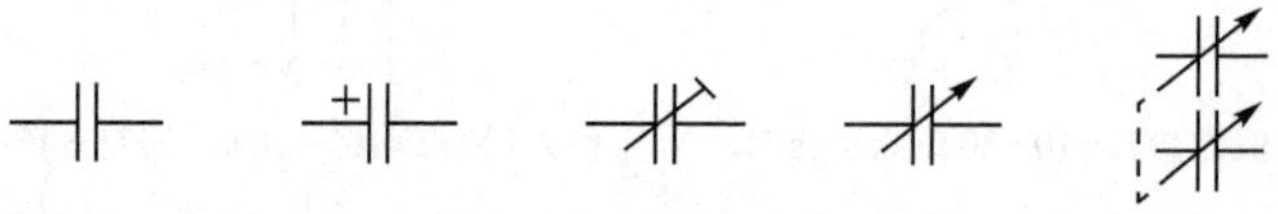

无极性电容器　有极性电容器　微调电容器　可变电容器　双联可调电容器

图 2-10　电容器的符号

2. 电容器的分类

(1) 固定电容器

固定电容器按介质分为云母电容、瓷片电容、钽电容器和涤纶电容器等,几种常见的外形如图 2-11 所示。

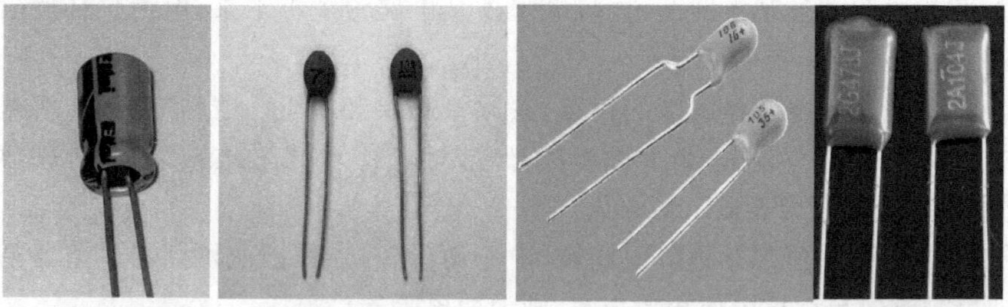

(a) 电解电容器　(b) 瓷片电容器　(c) 钽电容器　(d) 涤纶电容器

图 2-11　几种常见的电容器

(2) 可调电容器

如图 2-12 所示为几种常见的可调电容器。

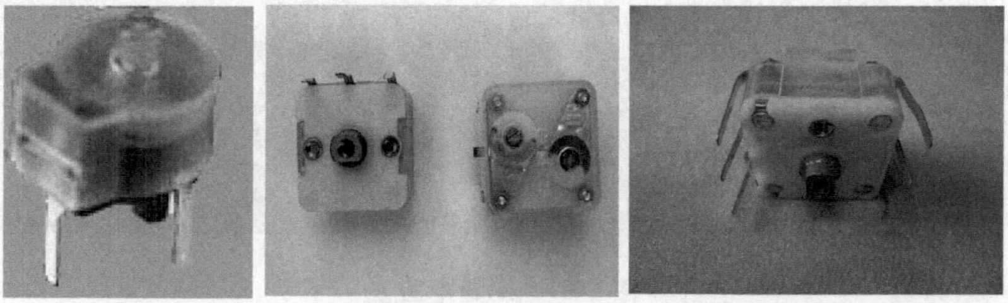

(a) 可变电容器　(b) 双联可调电容器　(c) 四联可调电容器

图 2-12　几种常见的可调电容器

3. 电容器的标识

(1) 直标法

用数字和字母把规格、型号等参数直接标注在外壳上。该方法主要用在体积较大的电容器上,如图 2-13 所示。

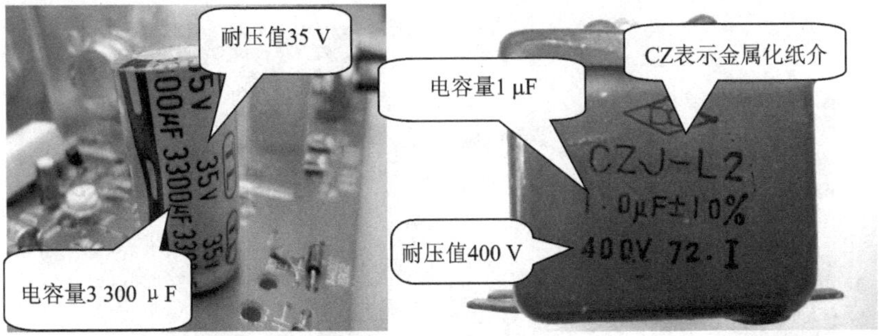

图 2－13　直标法

(2) 文字符号法

用字母和数字两者结合的方法标注电容器的主要参数。单位符号的位置代表标称容量中小数点的位置，如图 2－14 所示。

(3) 数码法

一般用三位数字表示容量的大小，其中第一、二位为有效数字，第三位表示倍率，其单位为 pF，如图 2－15 所示。

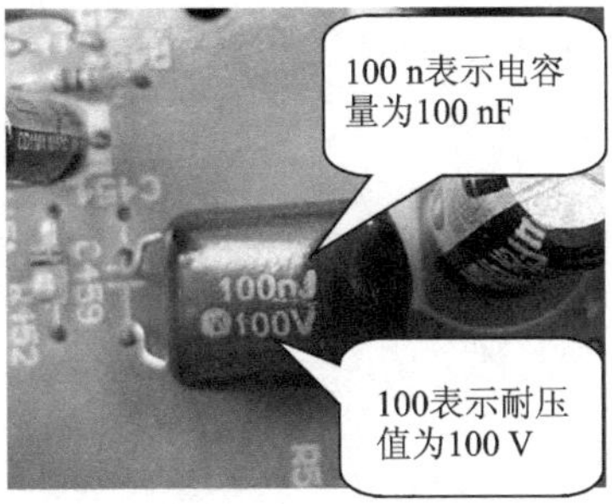

图 2－14　文字符号法

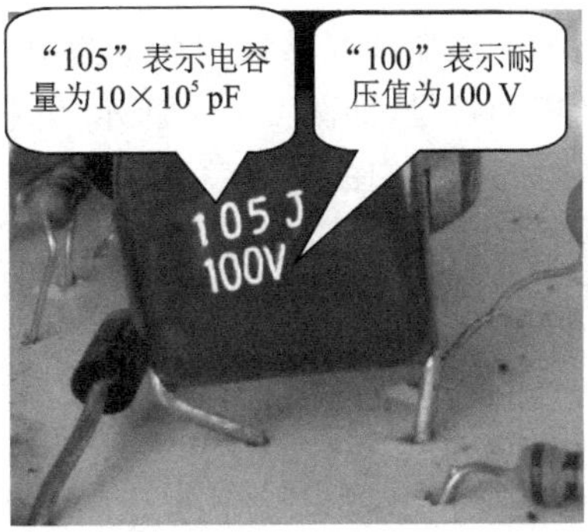

图 2－15　数码法

4. 电容器的检测

如果用具有电容测量功能的数字万用表就容易将容量测量出来。

① 检测之前，先将电容器的两个引脚短接放电。

② 先根据电容器的标称容量选择合适的电容量程，如标称容量为 105，则将数字万用表的旋钮调到电容挡的 2 μF 量程。

③ 然后将万用表的表笔插入电容器测试孔内(见图 2－16)，用表笔接触电容器的两电极，此时显示的数值 1.074 μF 为电容器的实际值。

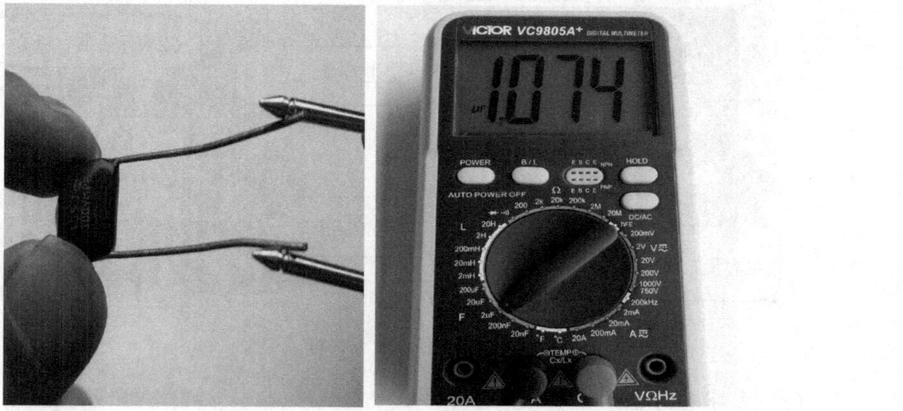

图 2-16 用数字万用表测电容量

2.1.3 电感器的识别与检测

1. 电感器的作用

电感器是根据电磁感应原理制作的电子元器件,在电路中起阻流、变压、传送信号的作用。电感器可分为两大类,一类是利用自感作用的电感线圈,另一类是利用互感作用的变压器和互感器。在电路中用字母“L”加字母表示,不同类型的电感器有不同的图形符号,如图 2-17 所示。其基本单位有亨利(H),常用单位是毫亨(mH)和微亨(μH),它们的换算关系是 $1H=10^3\ mH=10^6\ \mu H$。

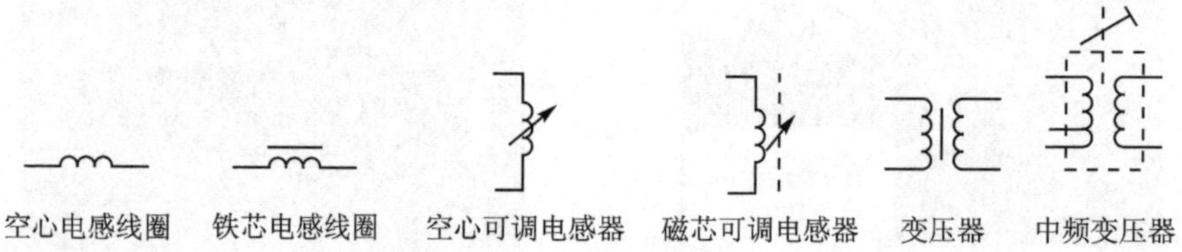

图 2-17 电感器的图形符号

2. 电感器的分类

按照电感器线圈的外形,电感器可分为空心电感器和实心电感器,按照工作性质可分为高频电感线圈、低频电感线圈等,按照电感量可分为固定电感器和可调电感器,图 2-18 所示是常见的电感器。

3. 电感器的标识

(1) 直标法

用数字和字母将电感量的标称阻值和允许误差直接标在电感器的表面上。

(2) 文字符号法

将电感量的标称阻值和允许误差用数字和文字符号按一定规律组合标注在电感器上。

(a) 空心线圈　(b) 磁棒线圈　(c) 可调电感器　(d) 变压器

图 2-18　几种常见的电感器

(3) 色标法

在电感器表面涂上不同的色环代表电感量，与电阻器色标法类似，如图 2-19 所示，如电感器的色标为棕黑黑金，其电感量为 $10\times10^{1}\ \mu H$。

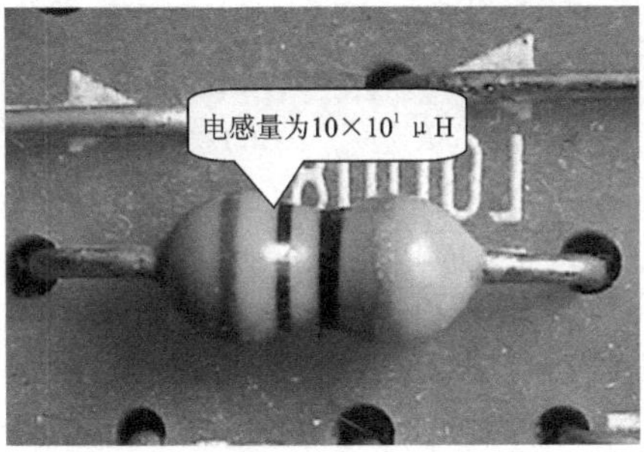

图 2-19　色标法电感器

4. 电感器的检测

采用数字万用表电感挡检测。首先检查外观，看线圈有无松散，引脚有无折断、氧化等现象，然后用数字式万用表的电感挡测量线圈的电感量。若读数很小即趋近于 0，则说明电感器内部存在短路；若读数趋于∞，则说明电感器开路损坏；若读数接近标称值，则说明正常，如图 2-20 所示。

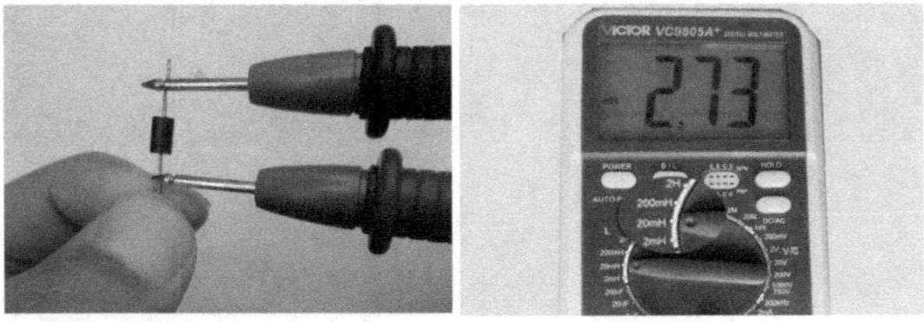

图 2-20　固定电感器的测量

2.1.4　二极管的识别与检测

1. 二极管的作用

半导体二极管又称晶体二极管，简称二极管，由一个 PN 结封装在密闭的管壳内并引出两个电极构成。常用字母“VD、ZD、D”加数字表示 。其图形符号如图 2-21

所示,利用二极管的单向导电性,在电路中用于整流、检波、稳压等。

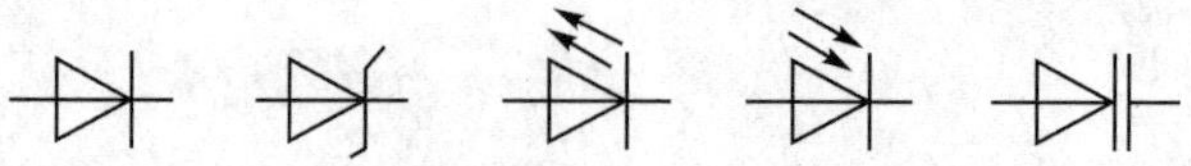

普通二极管　稳压二极管　发光二极管　光电二极管　变容二极管

图 2-21　二极管的电路符号

2. 二极管的分类

二极管有多种类型,按材料不同分硅管和锗管;按制作工艺分有面接触二极管和点接触二极管;按用途不同分整流、稳压、检波、发光二极管;按封装形式可分为金属封装和玻璃封装等,图 2-22 是常见的二极管。

(a) 整流二极管　(b) 稳压二极管　(c) 检波二极管　(d) 发光二极管

图 2-22　几种常见的二极管

3. 二极管的检测

将量程开关拨至二极管挡。用红表笔接二极管正极,用黑表笔接二极管负极,显示器将显示出二极管的正向电压降值,单位是毫伏(mV);若显示 150~300,则被测二极管是锗管;若显示 550~700,则被测二极管为硅管。再用红表笔接二极管负极,用黑表笔接二极管正极,显示器将显示出二极管的反向电压降值,如图 2-23 所示。

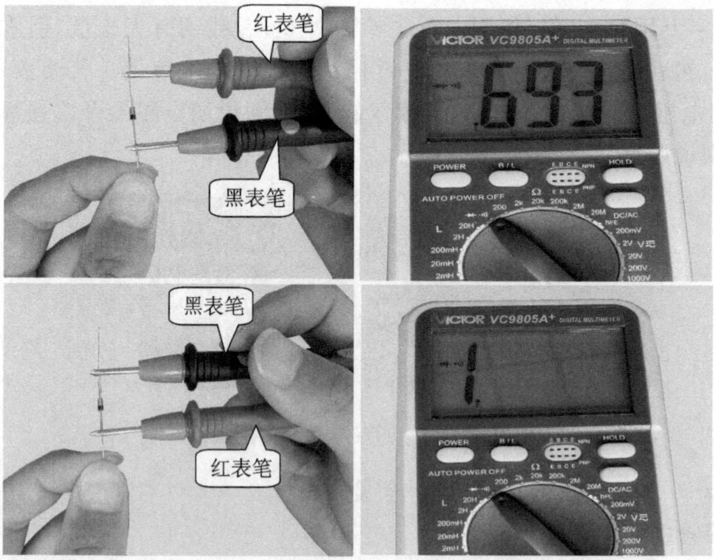

图 2-23　用数字万用表判断二极管

2.1.5　三极管的识别与检测

1. 三极管的作用

半导体三极管也称双极型晶体管，简称三极管。它是一种基极电流控制集电极电流的半导体器件，是组成放大电路的核心元件。其基本构成是由两个 PN 结，形成 3 个区，即基区、集电区和发射区，由各区引出 3 个电极，分别为基极（b 极）、集电极（c 极）和发射极（e 极），再用固体材料封装起来，分别构成 NPN 和 PNP 两种类型，如图 2－24所示。

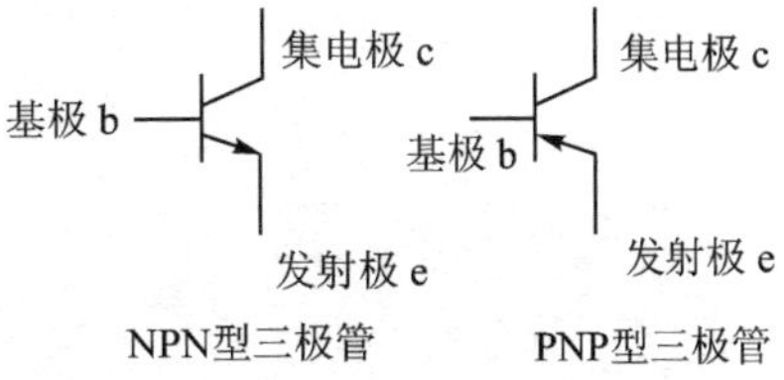

图 2－24　三极管的电路图符号

2. 三极管的分类

三极管有多种类型，按材料不同分为硅管和锗管；按极性不同分为 NPN 型和 PNP 型；按用途不同分为大功率、中功率和小功率；按封装不同分为金属封装、塑料封装、玻璃壳封装等。常见的三极管如图 2－25 所示。

(a) 大功率金属封装　(b) 中功率塑料封装　(c) 中功率金属封装　(d) 小功率塑料封装

图 2－25　几种常见的三极管

3. 三极管的检测

（1）检测三极管的基极

将数字万用表转换开关转到二极管挡，用红表笔固定接某个电极，黑表笔依次接触另外两个电极，如果两次显示值均小于 1 V；再调换表笔即用黑表笔固定接这个电极，红表笔依次接触另外两个电极，若两次都显示超量程符号“1”，则说明是 NPN 型三极管，而第一次红表笔接的是基极。反之是 PNP 型三极管。如果两次测试中，一次显示小于 1 V，另一次显示超量程符号“1”，则说明固定不动的电极不是基极，应重新固定电极重新找基极。

（2）判断集电极和发射极

判断出 NPN 型三极管以后，再用红表笔接基极，黑表笔分别接触其他两个电极，如果显示的数值为 0.4～0.8 V，其中数值较小的一次，黑表笔接的是集电极。反之 PNP 型三极管用黑表笔接基极，红表笔分别接触其他两个电极，如果显示的数值为 0.4～0.8 V,其中数值较小的一次,红表笔接的是集电极,如图 2－26 所示。

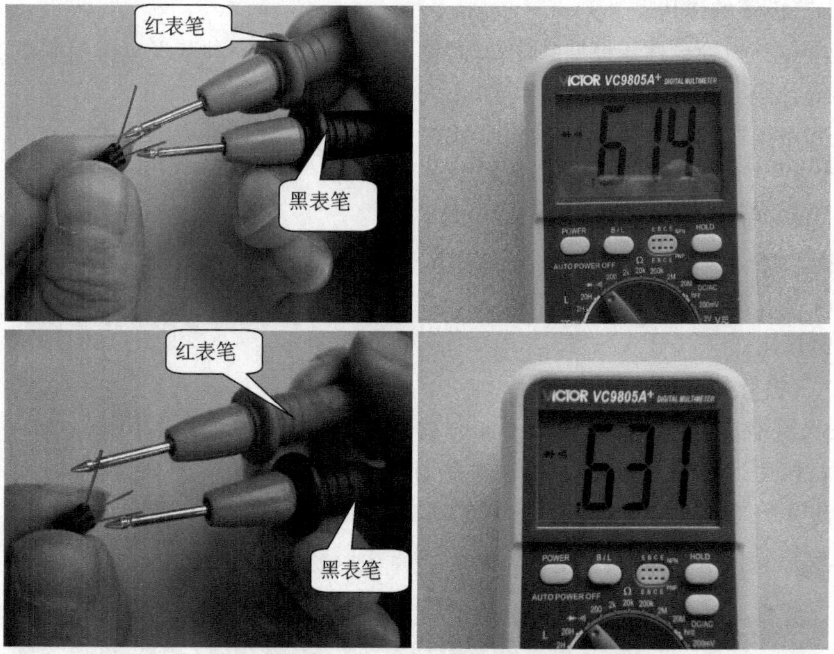

图 2－26　NPN 型三极管的极性判断

注意事项:

① 由于人体具有一定的阻值,因此在测量大于 10 kΩ 以上的电阻器时,手不要触及万用表的表笔和电阻器的引脚部分,以免人体电阻增大测量误差。

② 在电路板上在路测量元器件电阻值时,应先切断电源。

③ 测量电容时应先将电容两端放电。若是高压电容,应通过电阻放电,不可采用直接短接方式。

④ 测量三极管时手要捏住管体,而不要触及引脚。

【巩固训练】

1. 训练目的:掌握常用电子元件的识别与检测方法。

2. 训练内容:

① 识别并检测常用的电阻器。

② 识别并检测常用的电容与电感。

③ 识别并检测常用的二极管和三极管。

3. 训练检查:表 2－3 所列为常用电子元件的检查内容及检查记录。

表 2-3　检查内容和记录

检查项目	检查内容	检查记录
基本元件识别与检测	(1)正确并快速读出四环、五环电阻阻值(1 min 内至少读出 20 个)	
	(2)正确识别与检测电阻、电感和电容	
	(3)正确识别与检测二极管和三极管	
安全文明操作	(1)注意用电安全,遵守操作规程	
	(2)遵守劳动纪律,一丝不苟的敬业精神	
	(3)保持工位清洁,正确使用维护仪表,养成人走关闭电源的习惯	

2.2　焊接技术基础

焊接是金属连接方法的一种,利用加热、加压等方法依靠原子或分子的相互扩散作用在两种金属的接触面形成一种牢固地结合,使两种金属永久地连接在一起。这项工艺看起来很简单,但要保证高质量的焊接必须大量实践,不断积累经验,而且要正确选用焊料和焊剂,根据实际情况选择焊接工具,这是保证焊接质量的必备条件。

2.2.1　焊料与焊剂

1. 焊　料

焊料是一种熔点比被焊金属的熔点低的易熔金属,是用来填充被焊金属空隙的材料。熔化时能在被焊金属表面形成合金层,从而使两种金属连接。在电子工业中焊接常用的焊料大多数是 Sn－Pb 合金焊料锡占 62.7%,铅占 37.3%,一般称焊锡。这种配比的焊锡熔点和凝固点都是 183 ℃,可以由液态直接冷却为固态,不经过半液态,焊点可迅速凝固,缩短焊接时间,减少虚焊,该点温度称为共晶点,该成分配比的焊锡称为共晶焊锡。共晶焊锡具有低熔点,熔点与凝固点一致,流动性好,表面张力小,润湿性好,机械强度高,焊点能承受较大的拉力和剪力,导电性能好的特点。常用的焊料和焊剂如图 2-27 所示。

(a) 焊锡丝　　(b) 松香

图 2-27　常用的焊料和焊剂

2. 助焊剂

图 2-27(b)是一种以松香为主要成分的辅助材料,其作用是去除焊件表面的氧化物、防止加热时金属表面氧化、降低焊料表面的张力、加快焊件预热。助焊剂的种类很多,大致分为有机类、无机类和树脂类三大系列。

2.2.2 焊接工具

进行手工焊接常使用的一些焊接工具有电烙铁、斜口钳和镊子等,如图 2-28 所示。下面重点介绍电烙铁。

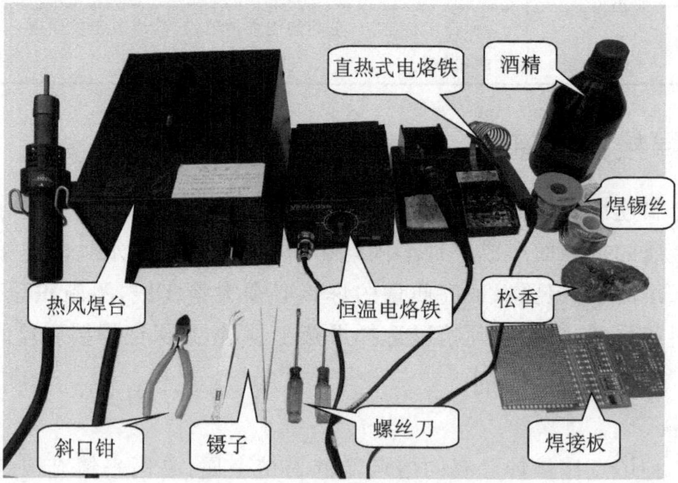

图 2-28 各种常用的焊接工具

1. 电烙铁的种类

电烙铁是手工焊接的基本工具,是根据电流通过发热元件产生热量的原理制成的。常用的电烙铁有内热式、外热式、恒温式、吸锡式等,如图 2-29 所示。

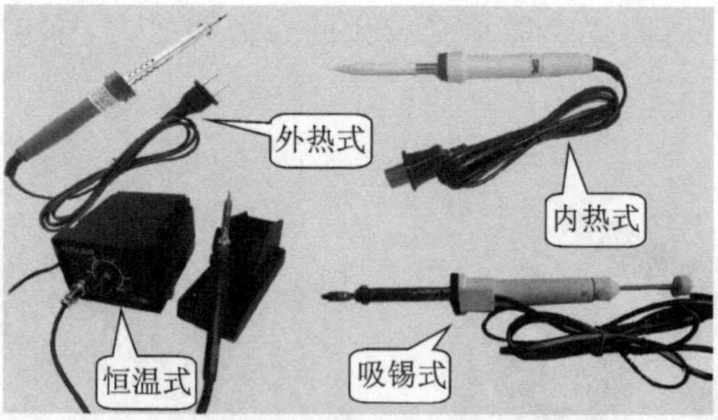

图 2-29 几种常见的电烙铁

2. 电烙铁的选用

① 电烙铁功率的选择　一般根据焊接元器件的大小、材料的热容量、形状、焊盘大小等因素考虑,表 2-4 列出了不同功率的电烙铁的使用范围。

表 2-4　不同功率的电烙铁的使用范围

电烙铁的功率	使用范围
20 W 内热式、30 W 外热式	小体积元器件、导线、集成电路
35～50 W 内热式，50～70 W 外热式	电位器、大体积元器件
100 W 以上	电源接线柱

② 烙铁头的选用　为了适应不同焊接面的需要，通常把烙铁头制成不同的形状，以保持一定的温度。图 2-30 所示为常见的几种烙铁头的外形。

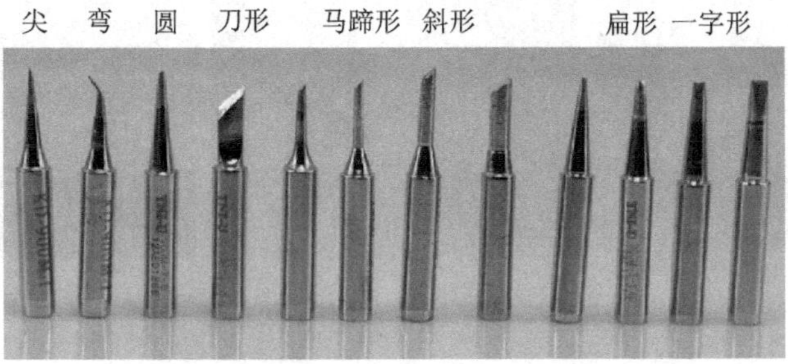

图 2-30　几种常见烙铁头外形

2.2.3　手工焊接工艺和方法

1. 手工焊接的基本条件

① 被焊金属材料应具有良好的可焊性。

② 被焊金属表面要保持清洁。

③ 焊接时要有合理的温度范围。

④ 焊接要有一定的时间。

⑤ 焊剂使用得当。

2. 手工焊接的方法

① 电烙铁的握法，如图 2-31 所示。

图 2-31　电烙铁的握法

② 手工焊接步骤　掌握好电烙铁的温度和焊接时间，选择恰当的烙铁头和焊点的接触位置，才可能得到良好的焊点。正确的手工焊接操作过程可按五步操作法进

行,如图 2 - 32 所示。

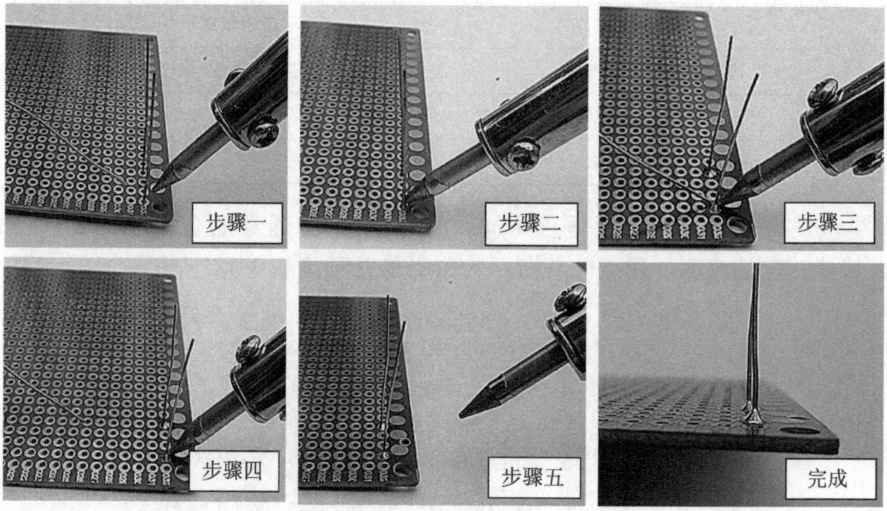

图 2 - 32　手工焊接操作的基本步骤

步骤一:准备工作

左手拿焊丝,右手握烙铁,看准焊点,随时进入可焊状态。要求烙铁头保持干净,无焊渣等氧化物。

步骤二:加热焊件

烙铁头靠在焊件的连接处,加热整个焊件,时间大约为 1～2 s。对于在印制板上焊接元器件来说,要注意使烙铁头同时接触被焊接物。要求元器件引线与焊盘同时均匀受热,同时要掌握好烙铁的角度。

步骤三:加入焊锡丝

焊件的焊接面被加热到一定温度时,焊锡丝从烙铁对面接触焊件。注意:不要把焊锡丝送到烙铁头上。

步骤四:移开焊锡丝

当焊锡丝熔化一定量后,立即向左上 45°方向移开焊锡丝。

步骤五:移开烙铁

待焊锡浸润焊盘和焊件的施焊部位后向右上 45°方向移开烙铁,结束焊接。整个焊接过程时间约是 2～4 s。

3. 焊点要求及质量分析

(1) 对焊点的要求

① 有良好的导电性。

② 足够的机械强度。

③ 外形整洁美观。

(2) 常见焊点及质量分析

表 2－5 所列为常见焊点及质量分析。

表 2－5　常见焊点及质量分析

焊点外形	外观特点	产生原因	结　果
	标准焊点，以引脚为中心，均匀、成裙形拉开，外观光洁、平滑	焊料适当、温度合适	外形美观、导电良好、连接可靠
	焊料过多	焊锡撤离太迟	浪费焊料，易短路
	焊料过少	焊锡撤离过早	机械强度不够
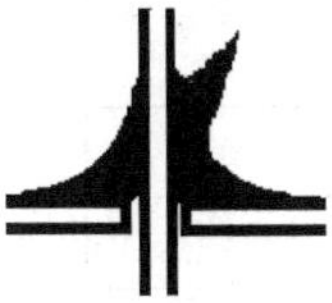	拉　尖	电烙铁撤离角度不当	容易造成桥连
	气　泡	引脚与焊盘孔的间隙过大	长时间导通不良
	虚　焊	焊锡未凝固时，元器件引脚松动。引脚或焊盘氧化	暂时导电，长时间导通不良
	冷焊、表面呈豆腐渣状颗粒	焊接温度太低	强度低、导电不良
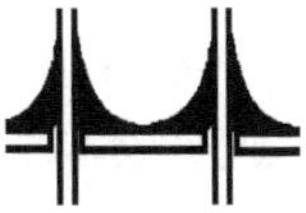	桥　连	焊锡太多	焊锡过多，烙铁撤离方向不当

注意事项：

① 不要用烙铁头在金属上刻画或用力去除粗硬导线的绝缘套，以免使烙铁头

出现损伤或缺口,减短其使用寿命。

② 要经常检查电源线的绝缘层是否完好,烙铁是否漏电，防止发生触电事故。

③ 电烙铁使用中,如烙铁头余锡过多时,应在沾松香后轻轻甩在烙铁盒中,不能乱甩,更不能敲击,以免损坏电烙铁。

④ 不用时将电烙铁放在烙铁架内,而且烙铁头要保持干净并涂有一层薄的焊锡。电烙铁使用完毕后,一定要拔掉电源线。

【巩固训练】

1. 训练目的:掌握锡焊的基本原理和手工焊接技能。
2. 训练内容:

① 用万能板焊接500个焊点。

② 通孔元器件焊接练习。

3. 训练检查:表2-6所列为锡焊的检查内容和检查记录。

表2-6　检查内容和记录

检查项目	检查内容	检查记录
手工焊接训练	(1)正确使用焊接工具	
	(2)正确的焊接姿势	
	(3)焊接的万能板焊点合格率达到90%	
安全文明操作	(1) 注意用电安全,遵守操作规程	
	(2) 遵守劳动纪律,一丝不苟的敬业精神	
	(3) 保持工位清洁,养成人走关闭电源的习惯	

2.3　电路连接的几种形式

2.3.1　直接连接

电路的直接连接方式是在印刷电路板还没有普及之前早期采用的一种连接方式。在现代生产中,一些元器件较少、电路不复杂的情况下也部分采用。其具体做法是采用大量的连接导线或利用元器件自身引脚特点和机器外壳进行搭接焊以达到电气连接目的。图2-33所示就是典型的采用直接连接方式的一款功率放大器的内部电路板。其实,在早期的电子管时代,几乎所有的电子产品均采用称为“搭棚焊接”的直接连接技术,这种连接方式相对专业的电路板而言,具有不需要进行专业的电路板设计、电路的电阻可以减至最低、分布参数小、电子元件相互间的干扰小等诸多优点。但是,由于搭棚式连接制作完全靠手工技术来完成,其制作效率低下,成本高,不利于大批量生产,尤其是在现代复杂的电子产品生产中几乎是无法实现的,因此,这种方式更适合在电路简单、不需要大批量生产的简单电路中使用。

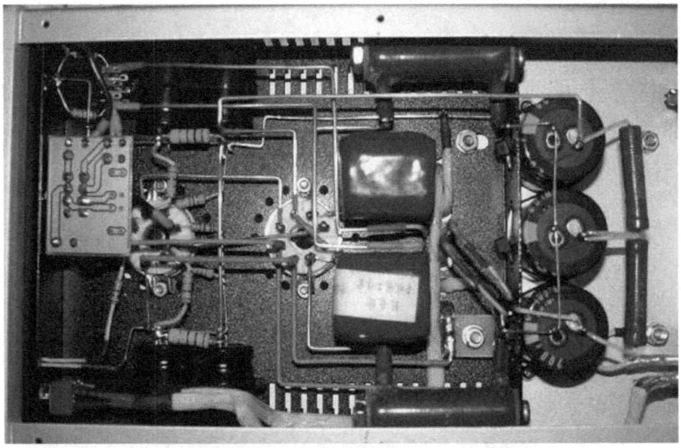

图 2-33　采用搭棚焊接的电路板

2.3.2　面包板连接

面包板是一种无须焊接的电路实验板(也称万能板或集成电路实验板)。由于板子上有很多小插孔,很像面包中的小孔,因此得名。

1. 面包板的结构

由于各种电子元器件可根据需要随意插入或拔出,免去了焊接,节省了电路的组装时间,而且元件可以重复使用,所以非常适合电子电路的组装、调试和训练。面包板整板使用热固性酚醛树脂制造,板上布满了导电的金属插孔,一般由 5 个插孔组成一组,每组的 5 个孔底部都是由同一段金属连通,可以根据插孔内部连接关系进行电路的任意搭接。板子中央一般有一条凹槽,这是针对需要集成电路、芯片试验而设计的,板子两侧有两排竖着的插孔,也是 5 个一组,这两组插孔是用于给板子上的元件提供电源的,其结构如图 2-34 所示。

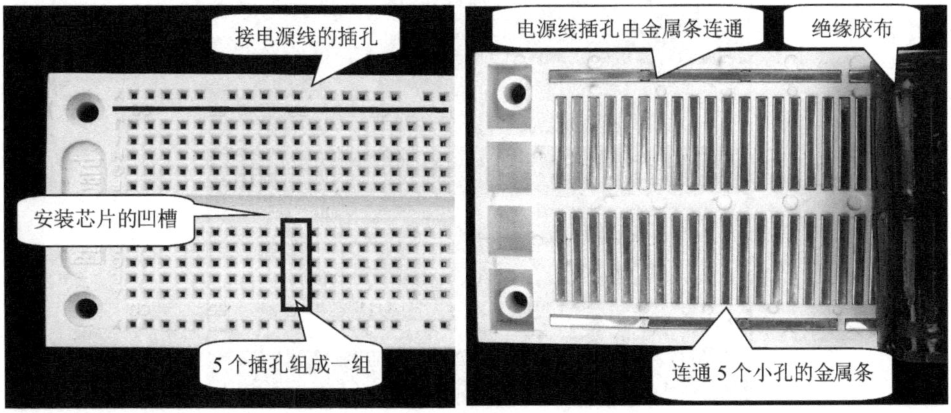

图 2-34　面包板正面和反面

2. 使用方法及步骤

(1) 规划并安装电子元件位置

使用时,先将电子元件按照电路图的布局将引脚插入相应插孔的位置,如果是集成电路芯片,则要将其两排引脚插在中央凹槽的两侧,如图 2-35 所示。将全部电子元件排列插好并确定接触良好后,就可以布线了。

图 2-35 整体布局并插接元件

(2) 插接连接线

插接线要采用面包板专用连接线,也叫面包线,也可采用与面包板孔径大小相符合的单股绝缘导线或者漆包线代替,如图 2-36 所示。布线要尽量简洁,避免重复走

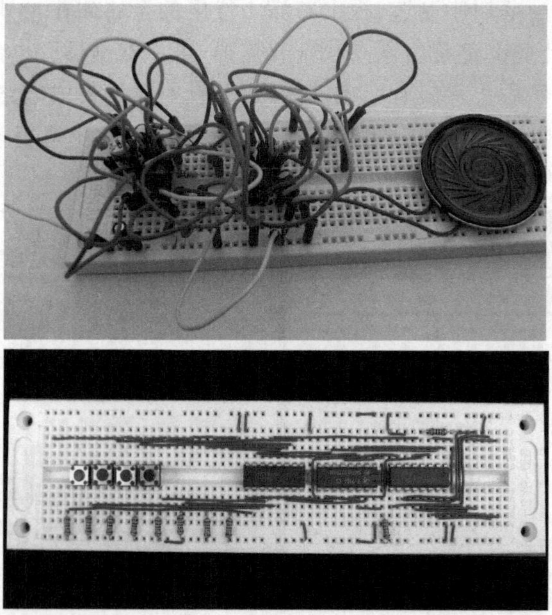

图 2-36 多股导线和单股线的布线连接方法

线。将电源两极分别接到面包板的两侧插孔，布线完毕后要检查一遍，看是否有短路和插线不紧等情况，然后就可以通电实验了。值得注意的是，不能在接通电源的情况下进行导线的连接和电子元件的拔插，以免损坏元件。

无焊面包板的优点是体积小，易携带，但缺点是比较简陋，电源连接不方便，而且面积小，不宜进行大规模电路实验。若要用其进行大规模的电路实验，则要用螺钉将多个面包板固定在一块大板上，再用导线相连接。

2.3.3　万能印刷电路板连接

万能板又称“实验板”“洞洞板”“点阵板”，是一种按照标准 IC 间距(2.54 mm)布满焊盘并按自己的意愿插装元器件及连线的印制电路板，如图 2-37 所示。其广泛运用于电路开发时的实验性电路连接或要求不高的简单电路连接。由于它不像专业的印刷电路板那样需要预先进行复杂的线路设计，而是直接通过导线的任意搭接实现电路的连接，省去了 PCB 的设计过程，且价格低廉，因而受到了电子爱好者的青睐。

图 2-37　万能板及使用万能板连接的稳压电源

万能板采用环氧树脂做基材，在上面布满若干独立的焊盘，既可制成单面板形式也可制成双面板形式。按焊盘的连接方式分，市场上有两种，一种是单孔板，焊盘各自独立；另一种是连孔板，多个焊洞连接在一起。

1. 使用方法及步骤

不同于面包板，万能板是需要用电烙铁进行焊接操作的，因此需要使用者有一定的手工焊接基础。此外，由于整块板只有焊盘没有走线，需要使用者自行连线，因此还需要自备足够的细导线进行布线。其具体使用方法及步骤如下：

(1) 整体规划和元器件布局

在元器件布局之前，首先要根据元器件的数量和大小规划好电路板的面积。若面积过小，元器件装不下；若面积过大，则不仅造成浪费也不美观，所以选择一定要适中。如果万能板的形状不合适或者过大，可以用斜口钳夹掉一部分。布局就是把整块电路板做一个规划，如要用多大面积的电路板，哪些元器件放在什么位置。进行布局时,首先要对制作的电路有充分理解和分析。对于简单的电路,可先将电路中的核心元器件,如集成块放在板的中央位置,其他元器件则围绕核心元件进行布局。对于复杂电路而言,则可分块布局。例如,属于电源部分的元器件就尽量靠近电源部分,属于输入部分的元器件就尽量靠近输入部分,属于输出部分的元器件就尽量靠拢输出部分等,如图 2-38 所示。

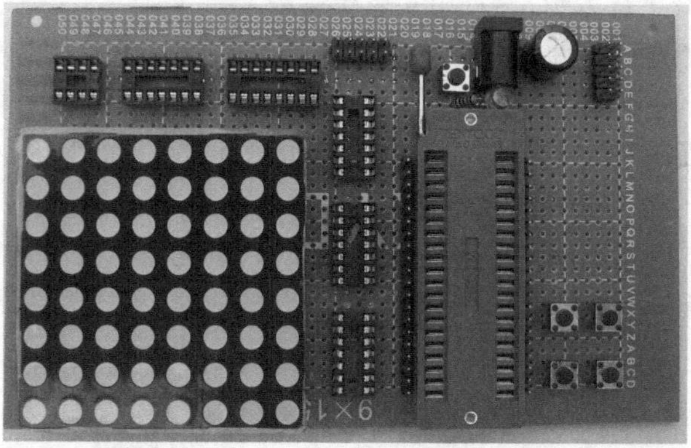

图 2-38 电路板整体规划和布局

(2) 布 线

布局好元器件后,就要开始布线了。用于布线的导线可以是单股导线也可以是多股绝缘导线。两种线各有优缺点:单股导线可以弯折成固定形状,焊接后比较稳定不易变形,剥皮之后还可以当作跳线使用;多股导线质地柔软,搭线方便,但焊接后显得较为杂乱。图 2-39 所示为采用两种不同方法布线的万能板。

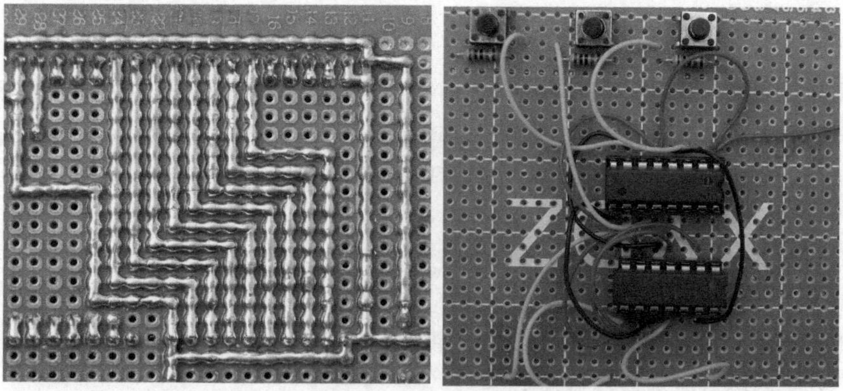

图 2-39 采用单股导线“拖焊”和多股导线搭焊

布线时的总体原则是:尽量采用“横平竖直”的走线方式,整体整洁清晰,便于检查;线与线之间尽量不要交叉,导线两点跨距不宜过大,尽量走最近点。此外,如果不是太复杂的电路,可采用边布线边焊接的方式,如果要求不高,也可采用飞线搭接的方式。

(3) 焊　接

万能板的焊接技巧和普通电路板的焊接是一样的，但需注意的是，万能板因为只有单独的焊盘而没有线路，焊接时极易造成焊盘脱离，所以尤其要把握好焊接时间。此外，应注意焊接时的线头处理，尤其是多股导线要做好线头的搪锡处理，否则易形成分叉线造成短路。

2. 使用规则和技巧

(1) 规划好电源线和地线

在电子电路中，电源和地线几乎无一例外地贯穿了整个电路。因而对电源和地线的合理布局对简化电路起到十分关键的作用。如果连接的电路电流较大，还需要对电源和地线做线路搪锡加粗处理，如图 2-40 所示。

(2) 利用好元器件的引脚

万能板的焊接需要大量的跨接导线、跳线等，不要急于剪断元器件多余的引脚，如果有引脚需要与周围的元器件相连接且长度足够的话，则只需将该引脚折弯搭在被连接处焊接即可。此外，还可以将剪断的元器件引脚收集起来作为跳线使用。

(3) 合理设置跨接线

所谓跨接线(跳线)就是从电路板的另一面走线以到达两点连接的目的，类似于双面布线的概念。这往往用在有些仅靠“钻”和“绕”已不能达到连线要求，或靠“钻”和“绕”会造成连线跨距过长的地方，如图 2-41 所示。适当的设置跳线不仅可以使连线简洁，而且也可以使得电路板美观。

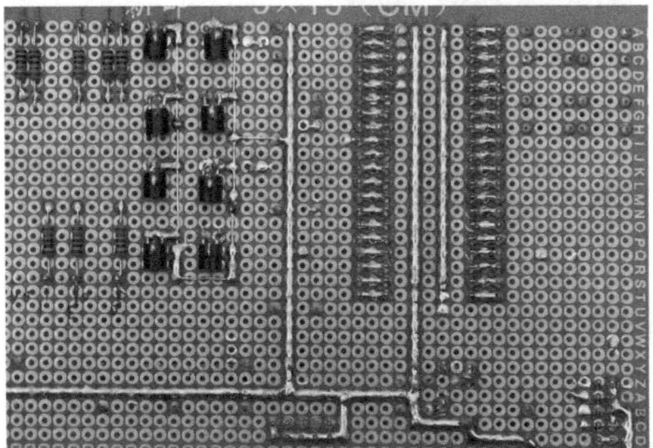

图 2-40　规划好电源线和地线

图 2-41　合理设置跨接线

(4) 利用好元器件自身结构

如图 2-42 所示，轻触式按键有 4 个引脚，其中两两相通，利用这一特点可以来简化连线，使电气相通的两只脚充当了跳线。

(5) 有效利用排针和排座

电路板的电源线、输入输出线以及编程线一般都需要外接，如果采用直接焊接的

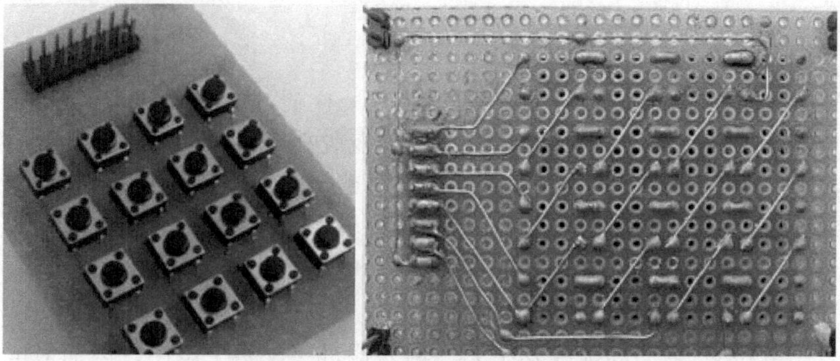

图 2－42　有效利用元器件自身结构

方式会给调试和检测工作带来麻烦。而如果采用排针和排座来连接的话，可以方便地实现电路连线的任意拔插，此外，用它来实现多块电路板的扩展也比较方便，如图 2－43所示。

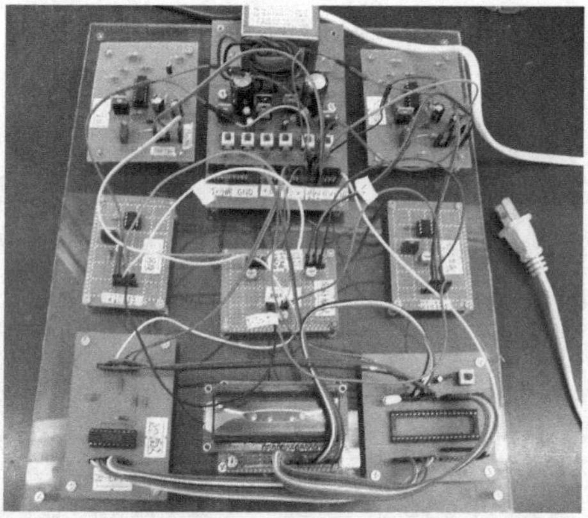

图 2－43　有效利用排针和排座

(6) 充分利用板上的空间

常用的芯片座内有较大空间，在里面隐藏元件，既充分利用了空间又显得美观大方，同时也保护了元件，如图 2－44 所示。

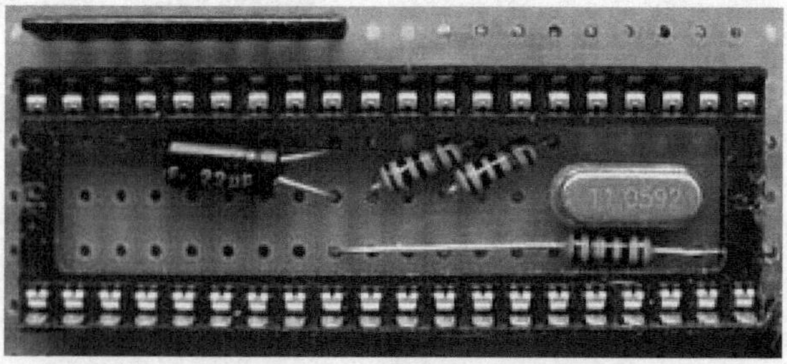

图 2－44　充分利用板内空间

(7) 焊盘氧化后的处理

如果万能板的焊盘已经氧化，可用“0”号砂纸过水打磨，砂亮为止，再用布或餐巾纸擦干后，涂抹松香酒精溶液(将松香按体积比 1∶3溶于酒精中)，晾干后待用。

2.3.4　专用印刷电路板连接

印刷电路板又称印制线路板，简称印制板，英文简称 PCB 板。它以绝缘板为基材，切成一定尺寸，其上用黏合剂粘覆一层厚度为 35～50 μm 的铜箔制成的导电线路和图形，电子元器件以焊接形式安装在印制板上，以实现电子元器件之间的相互连接。若粘覆的铜箔只有一面，称为单面板；若粘覆的铜箔为上下两面，称为双面板；若印制板由多层铜箔压合而成，称为多层板。

1. 印刷电路板的作用

① 提供各种电子元器件固定、装配的机械支撑　印制电路板是组装电子元器件的基板，提供各种电子元器件固定、装配的机械支撑。

② 实现各种电子元器件之间的电气连接　印制电路板上所形成的印制导线，将各种电子元器件有机地连接在一起，使其发挥整体功能。一个设计精良的印制电路板，不但要布局合理，满足电气要求，还要充分体现审美意识。

③ 提供所要求的电气特性，保证电路的可靠性。

④ 提供阻焊图形、识别字符和图形。

印制电路板除了提供机械支撑和电气连接之外，还提供阻焊图形(阻焊层)和丝印图形(丝印层)，如图 2-45 所示。阻焊层是在印制板的焊点外区域印制一层阻止锡焊的涂层，防止焊锡在非焊盘区桥接。丝印层包括元器件字符和图形、关键测量点、连线图形等，为印制电路板的装配、检查和维修提供了极大的方便。

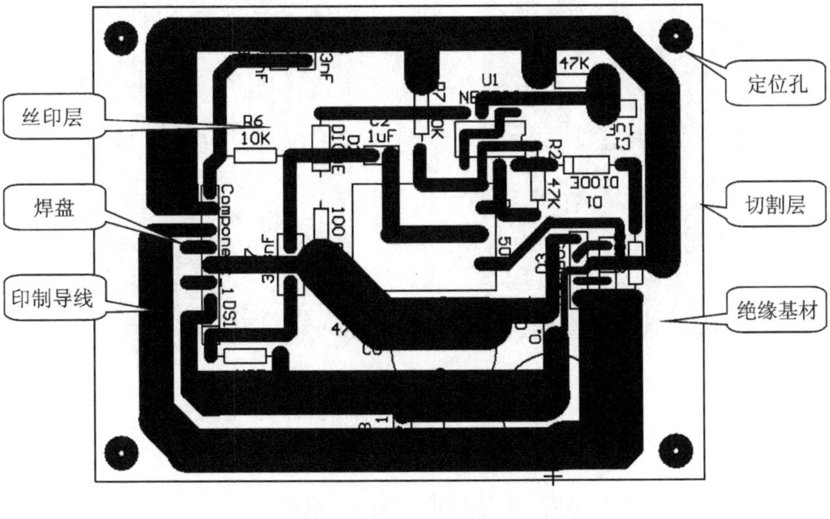

图 2-45　印制电路板的基本组成部分

2. 印刷电路板的种类

(1) 按所用的绝缘基材分类

按印制电路板所用的绝缘基材可分为:纸基印制电路板、玻璃布印制电路板、挠性基印制电路板、陶瓷基印制电路板、金属基印制电路板等几种类型。

(2) 按印制电路板的强度分类

按印制电路板的强度可分为:刚性印制电路板、挠性印制电路板、刚挠结合印制电路板等,如图2-46所示。其中,人们所指的印制电路板多为刚性印制电路板。

图2-46 挠性印制电路板和刚挠结合印制电路

(3) 按印制电路的导电结构来分类

按印制电路的分布可分为:单面印制电路板、双面印制电路板和多层印制电路板。图2-47所示是一块典型的双面印制板的正反面。

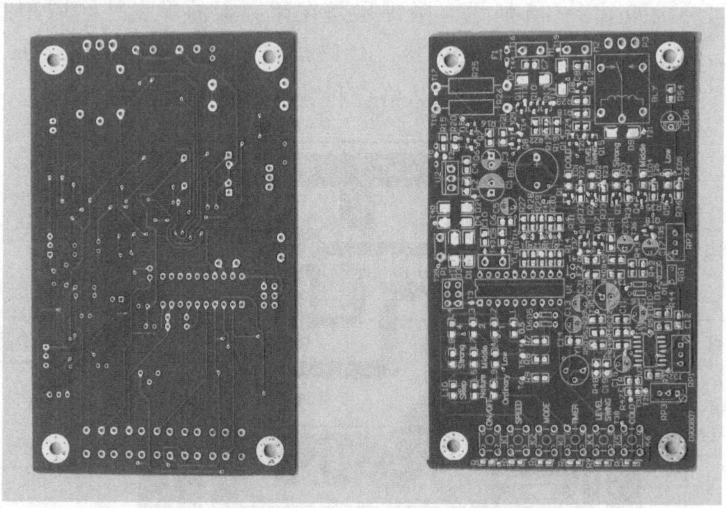

图2-47 双面印制电路板

注意事项:

① 元件的布局要合理,连接线路不能有交叉、重叠。

② 电源的输入与输出端要分开设计,线路清晰便于检查。

③ 焊接前先检查好电路中的元件是否有错装、漏装;电容、二极管、三极管等是

否有极性错误。

④ 通电前检查好插接点和焊接点是否有短路、虚焊等。

【巩固训练】

1. 训练目的：

① 熟悉电路连接的几种方法及其基本原理。

② 掌握用面包板和万能板连接电路的方法和技巧。

2. 训练内容：

① 用面包板搭接图 1－20 中的分立式串联稳压电源电路。

② 用万能电路板连接图 1－21 中的集成串联稳压电源电路。

3. 训练检查：表 2－7 所列为电路连接方法的检查内容和记录。

表 2－7　检查内容和记录

检查项目	检查内容	检查记录
电路板连接	(1)电路连接是否正确	
	(2)布线及元器件布局是否合理	
	(3)元器件是否有错装、漏装等现象	
安全文明操作	(1) 注意用电安全，遵守操作规程	
	(2) 遵守劳动纪律，培养一丝不苟的敬业精神	
	(3) 保持工位清洁，正确使用计算机，养成人走关机的习惯	

2.4　串联稳压电源的调试

电子产品在装配完成之后，必须通过调试才能达到规定的技术要求。装配工作把成千上万的元件按照图纸的要求连接起来，但是每个元件的特性参数都不可避免地存在微小的差异，其综合结果会出现较大的偏差。调试是保证并实现电子产品的功能和质量的重要工序，又是发现电子产品工艺缺陷和不足的重要环节。从某种程度上说，调试工作也是为电子产品定型提供技术性能参数的可靠依据。

2.4.1　调试的一般程序

1. 调试前的准备

(1) 深刻理解技术文件

技术文件是正确调试的依据，它包括电原理图、技术说明书、调试工艺文件等。在调试工作展开之前，调试人员应认真“消化”技术文件，明确电子产品的技术指标，理解整机和各部分的工作原理，熟悉调试步骤和方法。

(2) 测试设备的准备

测试设备包括专用测试设备和仪器仪表两部分。调试人员应按调试说明或调试工艺准备好所需的测试设备,熟悉操作规程和使用注意事项。调试前,仪器仪表应整齐放置在调试工作台上。

(3) 被调试产品的准备

电子产品装配完成后,检验人员必须认真检查元器件安装是否正确、有无虚焊、漏焊和错焊,确保该产品符合设计和装配工艺的要求。在调试前,应对产品外观、配套情况进行复查,并测量电源进线端与机壳之间的绝缘电阻,其阻值应趋近于无穷大。

(4) 调试场地的准备

按根据技术文件要求布置好测试场地。测试仪器和设备要按要求放置整齐,便于操作。测试线路的连接要尽量减少外部干扰;需要接地的部分应确保接地良好,弱信号的输入导线与输出测量导线尽量分开;直流电源供电线要有明显的极性标示,严防因极性接错导致事故的发生。

(5) 记录表格的准备

在进行调试的过程中,要对所有原始数据进行记录,这些数据是判断电子产品是否达到技术要求的依据。因此,调试前应准备好完整的数据记录表格,其内容包括测量项目、测试点、参数标称值、单位、误差范围、实测值和所用仪器名称等。

2. 调试的程序

(1) 电源调试

电子产品一般都有电源变换电路,以提供各电路所需的直流电压和交流电压。整机调试前应先将电源调整至最佳状态。调整电源应分两步进行,首先将电源与负载断开,在空载状态下测量各输出电压数值是否符合要求,波形是否有失真,工作状态是否正常等。空载测量完毕后,将负载接上,再次测量各性能指标,将数值与空载时的数值进行比较,看是否符合要求,然后根据实际情况进行调整。

(2) 分块调试

分块调试是把电路按功能分成不同的部分,把每部分看作一个模块进行调试。在分块调试的过程中逐渐扩大调试范围,最后实现整机调试。比较理想的调试顺序是按照信号的流向进行,这样可以把前面调试过的输出信号作为后一级的输入信号,为最后的联调创造条件。

(3) 整机粗调

在分块调试的过程中,因逐步扩大调试范围,这实际上已经完成了某些局部联调工作。下面先要做好各功能块之间接口电路的调试工作,再把全部电路连通,就可以实现整机联调。整机联调只需观察动态结果,即把各种测量仪器及系统本身显示部分提供的信息与设计指标逐一对比,找出问题,然后进一步修改电路的参数,直到完全符合设计要求为止。

(4) 整机性能指标测试

经过调整和测试后,要将各调整元件加以坚固,防止调整好的参数发生改变。在对整机装调质量进一步检查后，对产品的各项性能指标和参数进行全面测试，看是否达到技术文件所规定的技术指标。

(5) 整机通电老化试验

在整机粗调后，通常要进行整机老化试验，使整机电路在实际的使用状态下长时间连续工作和选若干典型环境因素，将其所有的工艺缺陷尽可能地暴露出来，加以修正或更改，以获得最大限度的可靠性。

(6) 整机细调

在经过整机老化筛选后，性能指标已趋近于稳定，但整机性能指标并不一定处在最佳状态，因而还需对整机进行细调，这可使电子产品技术指标全面达到最佳状态。

2.4.2 调试的一般方法

调试主要包括测试和调整两个方面。测试是在安装后对电路的参数及工作状态进行测量，调整是指在测试的基础上对电路的参数进行修正，使之满足设计要求。为了使调试顺利进行，设计的电路图上应当标出各点的电位值，相应的波形图以及其他数据。

调试方式有两种：第一种是采用边安装边调试的方法。也就是把复杂的电路按原理框图上的功能分块进行安装和调试。在分块调试的基础上逐步扩大安装和调试范围，最后完成整机调试。另一种是整个电路安装完毕，实行一次性调试。这种方法一般适用于定型产品和需要相互配合才能运行的产品。

如果电路中包括模拟电路、数字电路和微机系统，一般不允许直接连用。不但它们的输出电压和波形各异，而且对输入信号的要求也各不相同。如果盲目连接在一起，可能会使电路出现不应有的故障，甚至造成元器件大量损坏。因此，一般情况下要求把这三部分分开，按设计指标对各部分分别加以调试，再经过信号及电平转换电路后实现整机联调。

具体说来，调试的方法有以下两种：

(1) 静态工作点调整

静态测试的内容包括供电电源静态电压测试、测试单元电路静态工作总电流、三极管的静态电压、电流测试、集成电路静态工作点的测试和数字电路静态逻辑电平的测量。

(2) 动态特性调整

动态特性的调整内容包括测试电路动态工作电压、测量电路重要波形及其幅度、频率和频率特性的测试与调整。

2.4.3 串联稳压电源的调试

从上述内容可知直流稳压电源的主要技术指标有：额定负载电流、纹波电压、电源内阻、稳定度等，下面以图 1－20 为例分别看这几项主要技术的指标测试方法。

① 首先按电路图检查电路的接线和元件的安装是否正确可靠。

② 测试整流滤波电路是否符合要求，如果纹波过大，可能是滤波电容损坏。应

调整滤波电路,使之达到设计要求。

③ 测试基准电压电路是否满足设计的基准电压。

④ 测试并调整取样和比较放大电路,使之满足负反馈要求。

⑤ 测试调整电路的工作情况,观察输出电压改变时调整管的管压降变化情况。看是否有短路击穿或开路故障。

⑥ 检查稳压系数、输出电阻和输出纹波电压是否能满足设计要求。

⑦ 进行功率测量,当输出电流是设计的最大值时,看此时的耗散功率是否小于调整管最大功耗。

注意事项:

① 在通电调试前,应再次检查电路板上各焊点是否有短路、开路,各连接线是否有错接、漏接等。

② 调试前先要熟悉各种仪器的使用方法,并仔细加以检查,避免由于仪器使用不当或出现故障时做出错误判断。使用时要注意仪器的连接方法和使用要求,调试工作要按照操作规范和相关要求进行。

③ 调试过程中,发现器件或接线有问题需要更换或修改时应该先关断电源,待更换完毕经认真检查后才可重新通电。

④ 调试完毕后,要注意现场的整齐和清洁工作,仪器设备要摆放归位。

【巩固训练】

1. 训练目的:

① 熟悉电子产品调试的一般步骤和方法。

② 掌握串联稳压电源的调试步骤和方法。

2. 训练内容:

① 正确连接并使用万用表、示波器等测试仪器。

② 正确测试图1-20中的分立式串联稳压电源与图1-21中的集成串联稳压电源中的各项参数和性能指标。

电路安装完毕,仔细检查无误后通电调试。分别改变输入电压、改变负载、调整输出电压等,对电路进行测试并做记录于表2-8中。

表2-8 检查内容及测试记录

检查项目	最小输出电压	最大输出电压	输出电阻	稳压系数
输入电压恒定(空载)				
输入电压恒定(R_L=1 kΩ)				
输入电压恒定(R_L=500 Ω)				
改变输入电压U_i=190 V				
改变输入电压U_i=240 V				

3. 训练检查：表 2－9 所列为检查内容和记录。

表 2－9　检查内容和记录

检查项目	检查内容	检查记录
电路调试	(1)万用表、示波器等测试仪器使用是否正确	
	(2)电路板与仪器连接是否正确	
	(3)测试参数方法及实验数据是否正确记录	
安全文明操作	(1) 注意用电安全，遵守操作规程	
	(2) 遵守劳动纪律，培养一丝不苟的敬业精神	
	(3) 保持工位清洁，整理实验仪器，养成人走关闭电源的习惯	

项目二　扩音机的设计与制作

扩音机简称“功放”。它是音响系统中不可缺少的重要部分，其主要任务是将音频信号放大，以推动外接负载，如扬声器、音箱等。图 3-1 所示是电子管扩音机和集成化扩音机的外形及电路板。因目前的集成化扩音机电路已经很成熟了，故本项目设计与制作的扩音机主要采用集成电路方案。

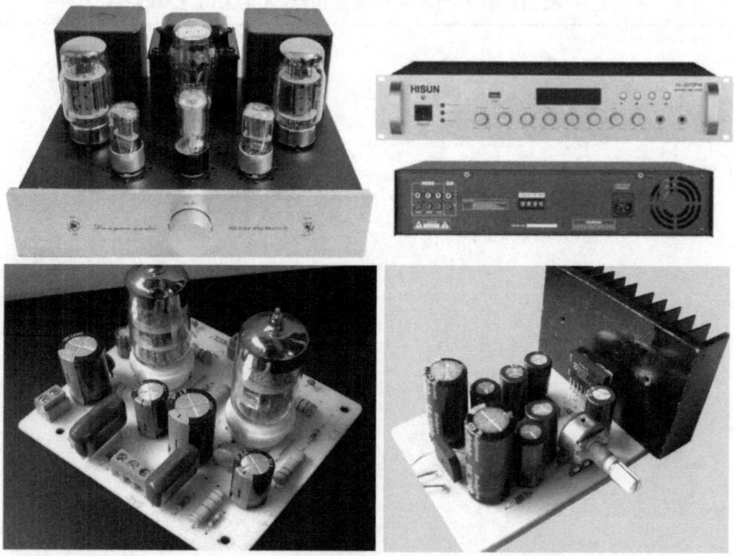

图 3-1　两种功放扩音机及电路板

任务3　扩音机电路设计及电路原理图绘制

【任务导读】

本任务分别介绍了扩音机的电路工作原理和设计方法、扩音机主要元器件的识别与检测，以及使用立创 EDA 软件进行电路图绘制的三个主要内容。

本任务主要通过一款典型扩音机电路作为载体，阐述了扩音机电路的组成、工作原理和主要性能指标等内容；结合扩音机的实物，介绍了扩音机主要元器件的识别与检测方法；最后，通过使用立创 EDA 软件介绍性地讲解绘制扩音机电路图的整个过程，通过本次任务的学习，让读者初步掌握制作扩音机的基本知识。

3.1　扩音机的工作原理及电路设计

3.1.1　扩音机的基本工作原理

扩音机的种类繁多，分类方式也有很多。按信号的处理方式可分为模拟式和数字式；按输出级与扬声器的连接方式分类有OTL电路、OCL电路和BTL电路；按功放管的工作状态分类有甲类、乙类、甲乙类、超甲类、新甲类等；按所用的有源器件分类有晶体管扩音机、场效应管扩音机、集成电路扩音机及电子管扩音机等。由于扩音机的种类繁多，工作原理又各不相同（其中以模拟式和数字式扩音机的区别最大），限于篇幅，本文就基于模拟式扩音机电路进行讲解。模拟式扩音机的基本组成结构大致相同，主要由前级电压放大电路、后级功率放大电路和电源电路三大部分构成，如图3-2所示。

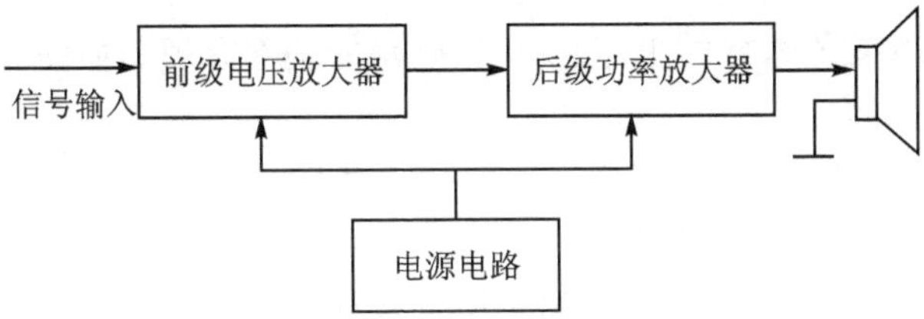

图3-2　扩音机基本组成结构

1. 前级电压放大电路

前级电压放大电路主要完成对输入信号的电压放大，以推动后级功率放大电路。此外，通过增设前级放大电路还可完成输入信号的切换、衰减、阻抗变换等，以使前级电压放大电路的输出电压幅度与功率放大器的输入灵敏度相匹配。前级电压放大电路的好坏直接影响到扩音机的整体性能，为了提高电路稳定性和信噪比，前级电路采用具有负反馈和电路补偿的集成运放来完成。

2. 后级功率放大电路

后级功率放大电路主要完成的是对小信号的电流放大，以使信号有足够的功率推动扬声器发声。下面介绍三种最常见的功率放大电路：OTL功放电路、OCL功放电路和BTL功放电路。

(1) OTL功放电路

OTL电路称为无输出变压器功放电路，是一种输出级与扬声器之间采用电容耦合而无输出变压器的功放电路。OTL电路的基本原理如图3-3所示。

OTL电路的结构：

① T_1 和 T_2 配对，一只为NPN型，另一只为PNP型。

② 输出端中点电位为电源电压的一半，$V_o=V_{CC}/2$。

③ 功放输出与负载（扬声器）之间采用大电容耦合。

OTL电路的特点：

① 采用单电源供电方式,输出端直流电位为电源电压的一半。

② 输出端与负载之间采用大容量电容耦合,扬声器一端接地。

③ 具有恒压输出特性,允许扬声器阻抗在 4 Ω,8 Ω,16 Ω 之中选择,最大输出电压的振幅为电源电压的一半,即 $V_{CC}/2$,额定输出功率约为 $V_{CC2}/(8R_L)$。

④ 输出端的耦合电容对频响也有一定影响。

OTL 电路的工作原理:当输入信号的波形在正半周时,T_1 导通,电流自 V_{CC} 经 T_1 向电容 C 充电,经过负载电阻 R_L 到地,在 R_L 上产生正半周的输出电压;当输入信号的波形在负半周时 T_2 导通,电容 C(只要电容 C 的容量足够大,可将其视为一个恒压源)通过 T_2 和 R_L 放电,在 R_L 上产生负半周的输出电压。

(2) OCL 功放电路

OCL 电路称为无输出电容功放电路,是一种输出级与扬声器之间采用直接耦合而无输出电容的功放电路,它与 OTL 电路最大不同之处是采取了正负电源供电,从而不需要输出电容就能很好的工作。OCL 电路的基本原理图如图 3-4 所示。

OCL 电路的结构:

① T_1 和 T_2 配对,一只为 NPN 型,另一只为 PNP 型。

② 输出端中点直流电位为零。

③ 功放输出与负载(扬声器)之间采用直接耦合。

OCL 电路的特点:

① 采用双电源供电方式,输出端直流电位为零。

② 有输出电容,低频特性很好。

③ 扬声器一端接地,一端直接与放大器输出端连接。

④ 具有恒压输出特性,允许选择 4 Ω、8 Ω 或 16 Ω 的负载。

⑤ 最大输出电压振幅为正负电源值,额定输出功率约为 $V_{CC2}/(2R_L)$。

OCL 电路的工作原理:当输入信号的波形在正半周时,T_1 导通,电流自 $+V_{CC1}$ 经 T_1,经过负载电阻 R_L 到地构成回路,在 R_L 上产生正半周的输出电压;当输入信号的波形在负半周时,T_2 导通,电流自 $-V_{CC2}$ 通过 T_2 和 R_L 构成回路,在 R_L 上产生负半周的输出电压。

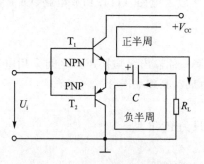

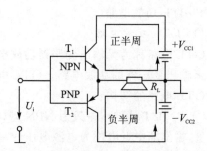

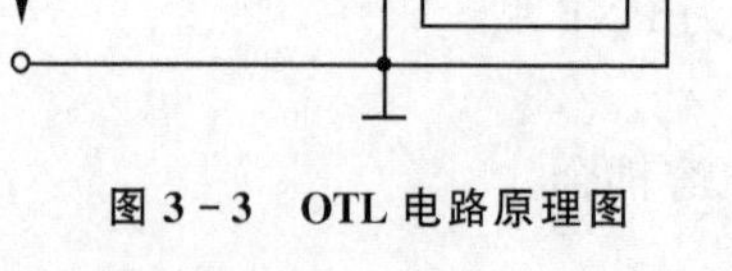

图 3-3 OTL 电路原理图

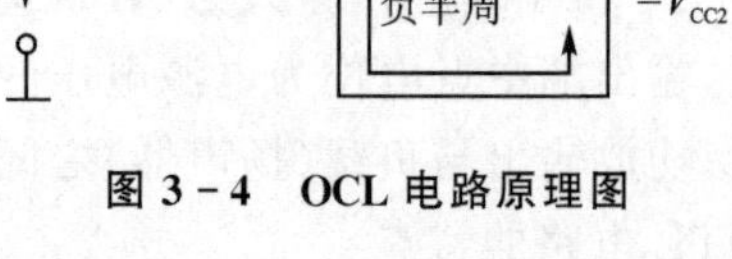

图 3-4 OCL 电路原理图

(3) BTL 功放电路

BTL 电路称为平衡桥式功放电路，由两组对称的 OTL 或 OCL 电路组成，扬声器接在两组 OTL 或 OCL 电路输出端之间，即扬声器两端都不接地。BTL 电路的基本原理图如图 3－5 所示。

BTL 电路的结构：

① 电路由两组对称的 OTL 或 OCL 电路组成。

② 扬声器接在两组 OTL 或 OCL 电路输出端之间，即扬声器两端都不接地。

BTL 电路的特点：

① 可采用单电源供电，两个输出端直流电位相等，无直流电流通过扬声器。

② 与 OTL、OCL 电路相比，在相同电源电压、相同负载情况下，BTL 电路输出电压可增大一倍，输出功率可增大四倍，这意味着在较低的电源电压时也可获得较大的输出功率。

③ 一路通道要有二组功放对，且扬声器没有接地端，给检修工作带来不便。

BTL 电路的工作原理：

图 3－5 中的 T_1 和 T_2 是一组 OCL 电路输出级，T_3 和 T_4 是另一组 OCL 电路输出级。两组功放的两个输入信号的大小相等、方向相反。当输入信号 $+U_i$ 为正半周而 $-U_i$ 为负半周时，T_1、T_4 导通，T_2、T_3 截止，此时负载上的电流通路从左到右。反之，T_1，T_4 截止，T_2，T_3 导通，此时负载上的电流通路从右到左。

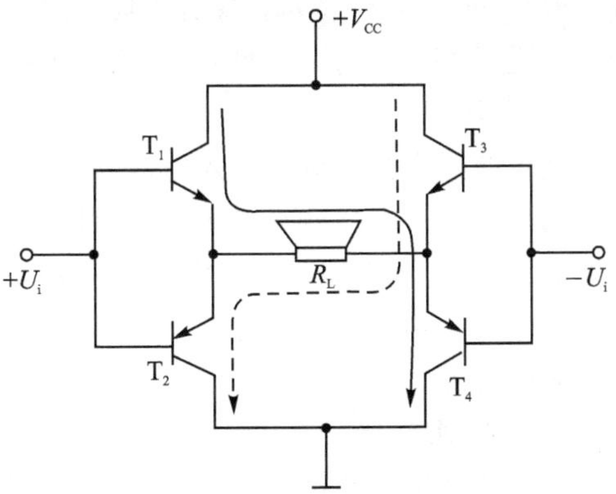

图 3－5 BTL 电路原理图

3. 电源电路

为使整个扩音电路工作在高保真、低噪声状态下，对电源电路的处理显得尤为重要。首先，变压器的功率要求大于扩音机的额定输出功率，并且要有足够的余量。为减少交流干扰，初次级之间最好加上屏蔽层。前级放大电路最好采用稳压电源，而后级功放电路则不必稳压，因为工作在瞬态大电流状态下，后级功放电路要求滤波电容要做得尽量地大，一方面滤波电容对整流后得到的脉动直流电进行滤波以减小交流干扰，另一方面电容的储能作用可以为功放电路的瞬态大电流需要提供电能。

3.1.2 扩音机的性能指标

扩音机的主要性能指标有输出功率、频率响应、失真度、信噪比、输出阻抗和阻尼系数等。

1. 输出功率

扩音机的输出功率由于各厂家的测量方法不一样,出现了一些名目不同的叫法。例如:额定输出功率、最大输出功率、音乐输出功率、峰值音乐输出功率。

音乐输出功率:是指输出失真度不超过规定值的条件下,功放对音乐信号的瞬间最大输出功率。

峰值输出功率:是指在不失真条件下,将功放音量调至最大时,功放所能输出的最大音乐功率。

额定输出功率:当谐波失真度为 10%时的平均输出功率,也称为最大有用功率。通常来说,峰值功率大于音乐功率,音乐功率大于额定功率,一般地讲峰值功率是额定功率的 5~8 倍。

2. 频率响应

频率响应表示扩音机的频率范围和频率范围内的不均匀度。频响曲线的平直与否一般用分贝[dB]表示。家用 HI-FI 功放的频响一般为 20 Hz~20 kHz 正负 1dB,该范围越宽越好。一些极品功放的频响已经做到 0~100 kHz。

3. 失真度

理想的扩音机应该把输入的信号放大后,毫无改变还原出来。但是由于各种原因经功放放大后的信号与输入信号相比较,往往产生了不同程度的畸变,这个畸变就是失真。用百分比表示,其数值越小越好。HI-FI 功放的总失真在 0.03%~0.05%之间。功放的失真有谐波失真、互调失真、交叉失真、削波失真、瞬态失真和瞬态互调失真等。

4. 信噪比

信噪比是指扩音机输出的信号电平与噪声电平之比,用分贝表示,这个数值越大越好。一般家用 HI-FI 功放的信噪比在 60 dB 以上。

5. 输出阻抗

输出阻抗是扩音机对扬声器所呈现的等效内阻,称为输出阻抗。

3.1.3 集成扩音电路设计

目前,常见的扩音机多数由集成运算放大器和大功率晶体管构成,与分立元件扩音机相比,集成化的扩音机具有体积小、重量轻、调试简单、效率高、失真小,具有过流保护、过热保护、过压保护等特点,所以使用非常广泛。本例采用一款电路简单、制作容易、性价比较高的 NE5532+TDA1521 集成扩音电路,该电路原理如图 3-6 所示。

1. 前级放大电路

本例前级电路的核心元件采用美国半导体公司生产的 NE5532,它采用双列直插式八引脚封装,是一款经典的双运放集成电路,即 1、2、3 脚为一组放大器,5、6、7 脚为另一组放大器,图 3-7 是其内部结构和外形图。与普通运算放大器相比较,它具有更好的噪声性能、输出驱动能力和小信号处理能力。这使得该器件广泛应用于高品质和专业音响设备、仪器、控制电路和电话通道放大器中。

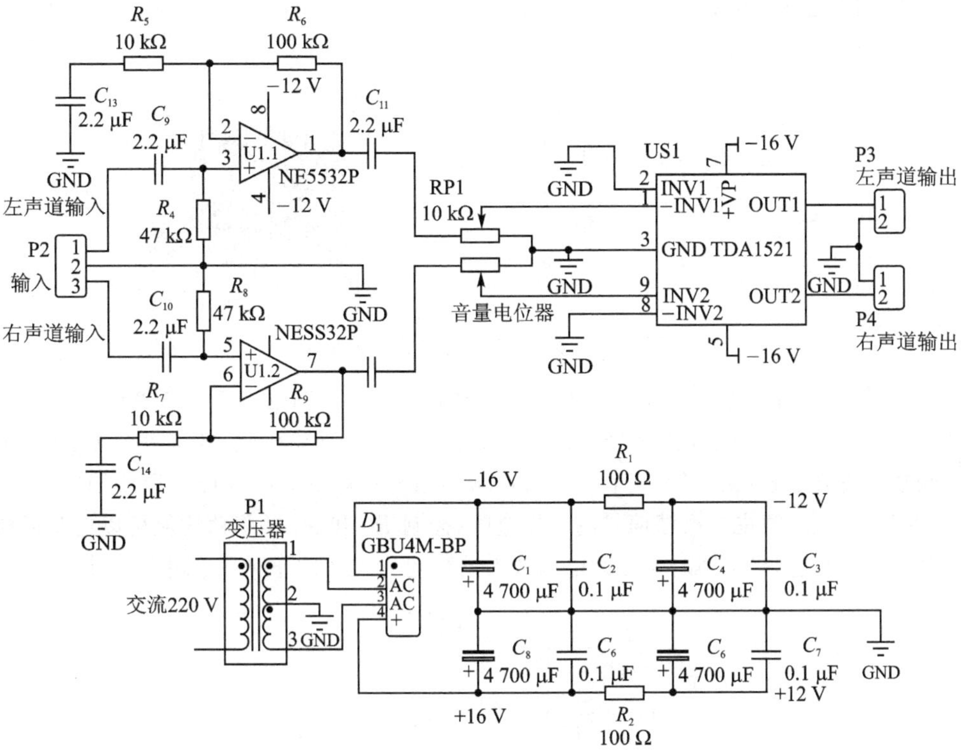

图 3－6　NE5532＋TDA1521 集成扩音电路

● NE5532 的各引脚功能：

1 引脚：输出 1

2 引脚：反相输入端 1

3 引脚：同相输入端 1

4 引脚：负电源供电端

5 引脚：同相输入端 2

6 引脚：反相输入端 2

7 引脚：输出 2

8 引脚：正电源供电端

● NE5532 的电气特性参数：

① 小信号带宽：10 MHz

② 输出驱动能力：600 Ω，10 V 有效值

③ 输入噪声电压：5 nV/Hz（典型值）

④ 直流电压增益：50 V/mV

⑤ 交流电压增益：2.2 V/mV

⑥ 功率带宽：140 kHz

⑦ 转换速率：9 V/μs

⑧ 电源电压范围：±3～±20 V

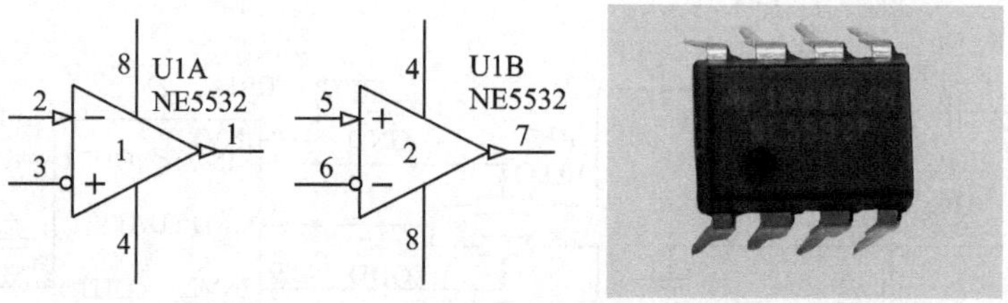

图 3－7　NE5532 内部结构和外形图

如图 3－8 所示为其中一个声道的前级放大电路。由图可知，NE5532 组成的是一个同相放大器，“3”引脚作为信号输入端，“1”引脚作为信号输出端，各接一个 1 μF 的退耦电容。在信号输入端用了一个 47 kΩ 的分压接地电阻 R_3，用以提供运放偏置电流；R_5 和 R_6 为负反馈提供反馈信号的分压电阻，控制 R_5 和 R_6 的阻值比例可以控制运放放大倍数。通过分析可知：电路的电压放大倍数约为 11 倍，分别对应两个声道。

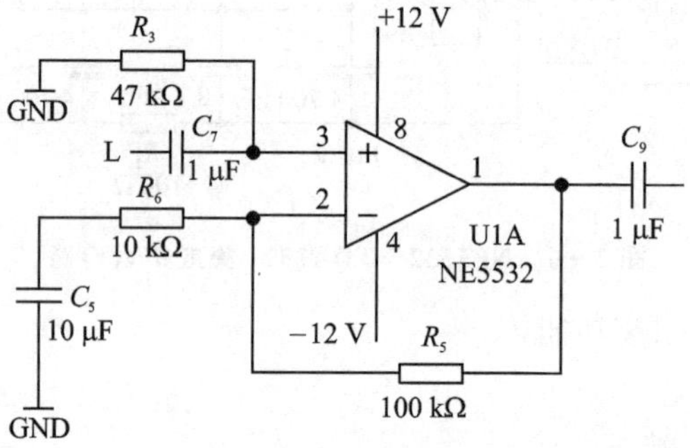

图 3－8　前级放大电路

2. 后级功放电路

后级功放电路也是本电路的核心部分，本例采用的是荷兰飞利浦公司设计的 TDA1521，其内部结构和外形如图 3－9 所示。这是一款具有低失真度的芯片，采用九脚单列直插式塑料封装，使用方便，有输出功率大、两声道增益差小、过热过载短路保护和静噪功能等特点，其音色通透纯正，低音力度丰满厚实，高音清亮明快，很有电子管的韵味。其电路设有等待、静噪状态、过热保护、低失调电压高纹波抑制等电路。其电源内阻要求小于 4 Ω，以确保负载短路保护功能可靠动作。同时，它使用灵活，可采用双电源供电和单电源供电两种模式。其参数为：TDA1521 在电压为±16 V、阻抗为 8 Ω 时，输出功率为 2×15 W，此时的失真仅为 0.5%。输入阻抗 20 kΩ，输入灵敏度 600 mV，信噪比达到 85 dB。

● TDA1521 的各引脚功能：

1 脚：反向输入 1(L 声道信号输入)

2 脚：正向输入 1

3 脚：参考 1（OCL 接法时为 0 V，OTL 接法时为 $1/2V_{CC}$）

4 脚：输出 1（L 声道信号输出）

5 脚：负电源输入（OTL 接法时接地）

6 脚：输出 2（R 声道信号输出）

7 脚：正电源输入

8 脚：正向输入 2

9 脚：反向输入 2（R 声道信号输入）

● TDA1521 的电气特性参数：

① 电源电压 ：±7.5～±20 V 推荐值：±15 V

② 输出功率：2×12 W，BTL 形式时为 30 W

③ 电压增益：30 dB

④ 通道隔离度：70 dB

⑤ 输出噪声电压：70 μV

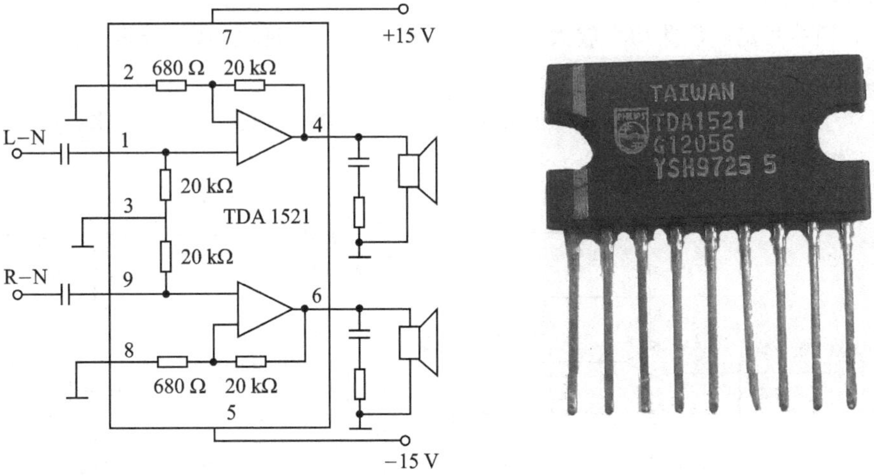

图 3-9 TDA1521 内部结构和外形图

由图 3-9 可知，经过前级电压放大的左右声道信号经过一个双联电位器后送入 TDA1521 的“1”脚和“9”脚进行功率放大，双联电位器的作用是同时调节两个声道输出电压的大小，即两个声道音量的大小，最后信号分别从“4”脚和“6”脚输出直接驱动左右声道扬声器。

3. 电源电路

本例中的前级放大电路和后级功放电路均采用双电源供电，其电源电路如图 3-10所示。可以看出，降压变压器采用双绕组输出（本例采用双 12 V 输出），次级输出的交流 12 V 通过一组桥式整流电路整流，并用两个 4 700 μF/50 V 的铝电解电容进行滤波,得到±16 V 左右的直流电压,分别供给 TDA1521 的“7”脚和“5”脚。铝电解电容并联的 0.1 μF 瓷片电容作为电源的退耦电容,用以消除电路中的自激。前级 NE5532 的电源则采用 2 块三端稳压模块来得到±12 V,若对性能要求不高,也可通过电阻降压获得。

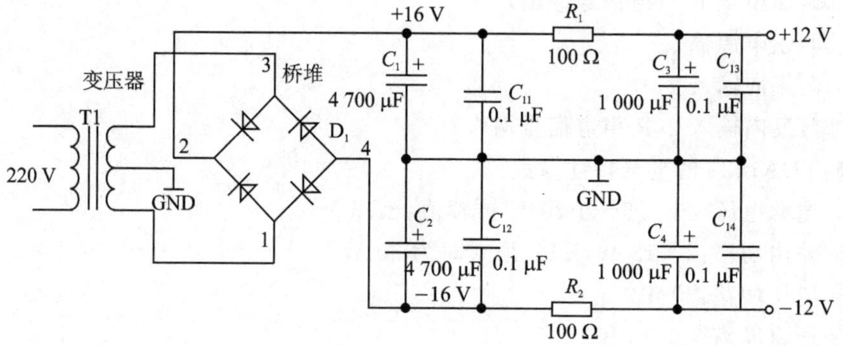

图 3 - 10　电源电路

【巩固训练】

1. 训练目的:掌握功率放大器的基本原理及集成运放的基本计算方法和技巧。

2. 训练内容:

① 下图是一个后级带有高、低音频分频网络的功率放大器电原理图,试分析其基本工作原理。

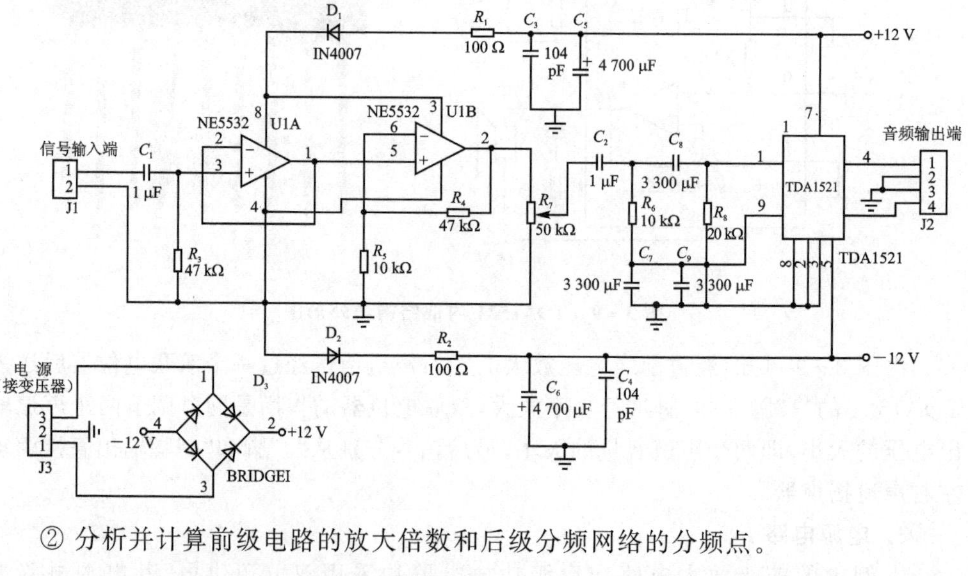

② 分析并计算前级电路的放大倍数和后级分频网络的分频点。

3. 训练检查:表 3-1 功率放大器的检查内容和记录。

表 3-1　功率放大器的检查内容和记录

检查项目	检查内容	检查记录
电路分析	(1)是否能正确分析功率放大器的基本原理	
	(2)是否能正确理解功放电路的各项参数指标	
	(3)是否能正确计算电路的放大倍数和分频点	
安全文明操作	(1) 注意用电安全,遵守操作规程	
	(2) 遵守劳动纪律和培养一丝不苟的敬业精神	
	(3) 保持工位清洁,养成人走关闭电源的习惯	

3.2　扩音机电子元件识别与检测

3.2.1　电位器的识别与检测

1. 电位器的识别

(1) 电位器的结构

电位器是一种阻值连续可调的电阻器,由电阻体、滑动片、转动轴、外壳及焊片等组成。对外有三个引出端,一个滑动片 A;另外两个是固定片 B 和 C,滑动片可以在两个固定端之间滑动实现电阻大小的改变,如图 3-11 所示。电位器在电子产品中一般用来调整各种模拟量的大小,比如音量、亮度和电压、电流幅度等。

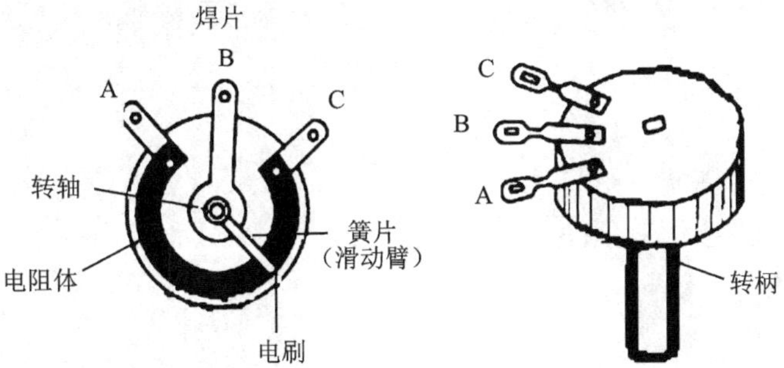

图 3-11　电位器结构图

(2) 电位器的分类

电位器的种类很多,根据操作方式可分为单圈式、多圈式等;根据功能可分为音量电位器、调速电位器等。

① 单联电位器　这种电位器只有一个滑动臂,只能控制一路信号。

② 双联电位器　是将相同规格的两个电位器装在同一个轴上,也称同轴双联电位器。

③ 带开关的电位器　这种电位器将开关和电位器结合成一体,主要用在电视

机、收音机等电子产品中。

④ 微调电位器　又称半可变电位器，有三个引脚，中间的引脚通常为滑动臂，上面有一个调整孔，将螺丝刀插入调整孔并旋转即可调整电阻值。主要用在不需要经常调节的电路中。

2. 电位器的检测

电位器标称阻值是它的最大值，如果标注为50 kΩ，则表示它的阻值在0～50 kΩ内连续变化。检查电位器时，首先要转动旋柄，感觉旋柄转动是否顺畅，开关是否灵活。如果转动声音很大，说明有磨损；如果转动没有声音，说明电位器良好。

一般电位器采用开路法测量，具体方法如下：

① 先根据被测电位器标称阻值的大小，选择万用表的合适挡位，然后再测量。

② 测量时将万用表的两支表笔分别放在电位器的两个定片上，如图3-12所示。比如测得阻值为50 kΩ，此阻值是两个定片之间的最大阻值，如显示的电阻值与标称阻值相差很大，则表明电位器已经损坏；如果与电位器的标称阻值相近，再进一步测量。

③ 接着用万用表两支表笔分别接触电位器定片和任一个动片，慢慢旋转轴柄，电阻值应逐渐增大或减小，阻值的变化范围应该为0～50 kΩ，并且旋转轴柄时，阻值的读数应平稳变化。若有跳动现象，则说明触点有接触不良的故障。

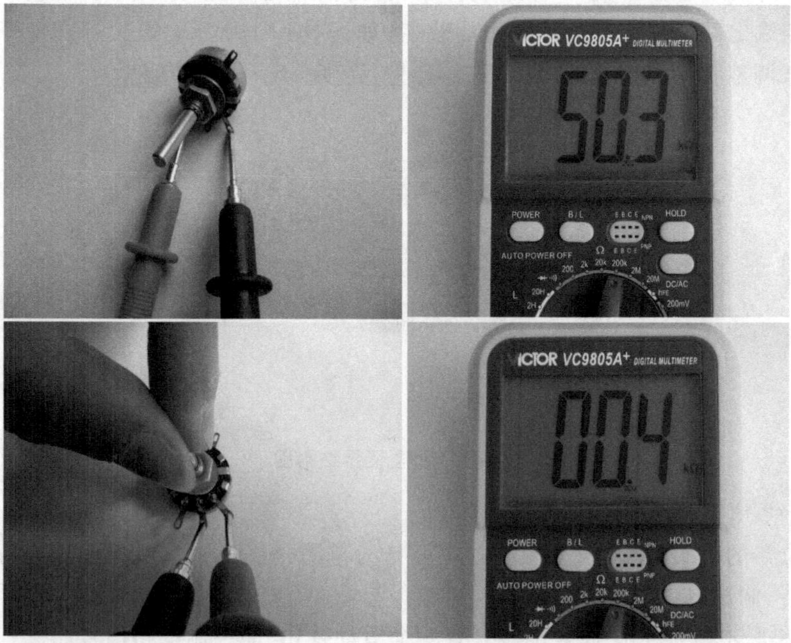

图3-12　电位器测量方法

3.2.2　变压器的识别与检测

1. 变压器的识别

变压器是一种常用的电气设备，在不同的应用环境中，变压器有不同的作用。在电力系统中，变压器用于电力传输及转换和分配；在电子电路中，主要用来提升或降低交流电压或变换阻抗等。变压器主要有铁芯和绕组构成。在电路原理图中，变压器通常用“T”加字母表示。

2. 变压器的检测

(1) 线圈通断的检测

用数字万用表的欧姆挡可大致判断变压器线圈的通断，若某个线圈的电阻值为无穷大，则说明线圈内部或引出线有开路故障，只要测量时可获得有效读数，即可判断变压器基本正常，如图 3-13 所示。

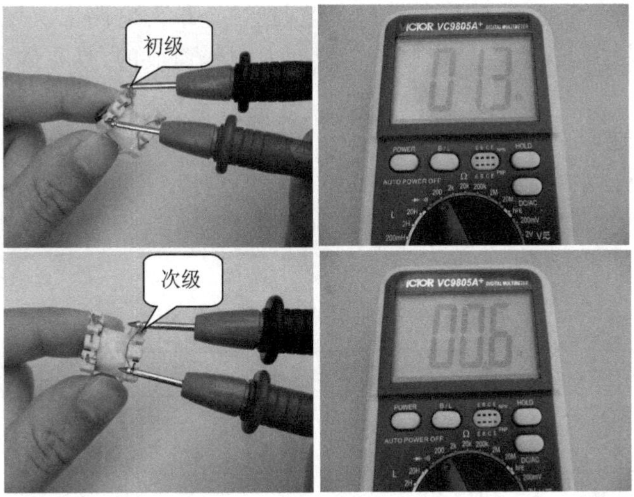

图 3-13　变压器测量方法

(2) 初级、次级的判断

电源变压器初级绕组引脚和次级绕组引脚分别从两端引出，并且初级绕组标有 220 V，次级绕组则标有额定电压值。对于降压输出变压器，初级绕组电阻值通常大于次级绕组电阻值，而且初级绕组漆包线比次级绕组细。

3.2.3　整流桥的识别与检测

1. 整流桥的结构

整流桥又名“桥堆”，有半桥和全桥两种：半桥由两只二极管组成，有三个引出脚；全桥由四只二极管组成，有四个引出脚。图 3-14 所示是全桥的内部结构及外形。

2. 全桥的检测

全桥有四个引脚，根据其内部二极管的连接关系就可以很容易判断出桥堆是否损坏。由图中可以看出，桥堆的 1 脚和 4 脚是两对二极管串联后再并联的引出端，根

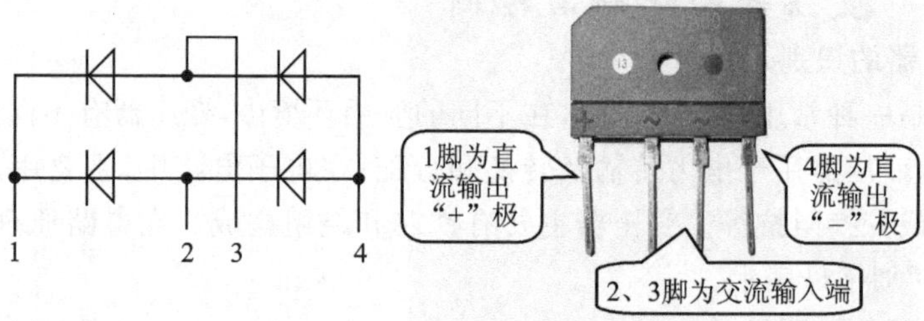

图 3-14　全桥内部结构及外形图

据二极管的性质可以得出桥堆的四个引脚除了 2、3 脚之间正反测量均不导通外，其余引脚均呈单向导通关系，否则，说明桥堆已损坏。

3.2.4　集成电路的识别与检测

集成电路简称"IC"，是采用一定的工艺，把一个单元电路中所用的元器件等集中制作在一个晶片上，然后封装在一个管壳内制作而成的，具有体积小、重量轻等优点。

1. 集成电路的识别

(1) 集成电路型号的命名

集成电路的型号各种各样，一般都印刷在其表面，国产集成电路的型号通常由五部分组成，如表 3-2 所列。

表 3-2　集成电路的型号命名方法

第一部分		第二部分		第三部分	第四部分		第五部分	
用字母表示		用字母表示类型		用数字表示系列和代号	用字母表示工作温度范围		用字母表示封装	
符　号	意　义	符　号	意　义		符　号	意　义	符　号	意　义
C	中国制造	T	TTL	不同类型的集成电路，该部分数字不同	C	0～70 ℃	W	陶瓷扁平
		H	HTL		E	−40～85 ℃	B	塑料扁平
		E	ECL				F	全封闭扁平
		C	CMOS		R	−55～85 ℃	D	陶瓷直插
		F	线性放大器				P	塑料直插
		D	音响、电视电路		M	−55～125 ℃	J	黑瓷双列直插
		W	稳压器				K	金属菱形
		J	接口电路				T	金属圆形

(2) 集成电路引脚的识别

集成电路通常有多个引脚，每个引脚都有不同的功能，而封装外形不同，其引脚排列方式也不一样。对圆筒形和菱形金属壳封装的集成电路，识别引脚时应面向引脚，由定位标记所对应的引脚开始，按顺时针方向依次数到底即可，常见的定位标记有突耳、圆孔及引脚不均匀排列等。这一类集成电路上常用的定位标记为色点、凹坑、小孔、线条、色带和缺角等。

(3) 集成电路的封装

直插式封装指引脚从封装的一侧或两侧引出，可直接插入印制电路板中，然后再焊接的一种集成电路封装形式，主要有单列直插式封装和双列直插式封装两种。对于单列直插式集成电路，识别其引脚时应使引脚向下，型号或定位标记面对自己，自定位标记对应一侧的第一只引脚数起，按自左向右方向读数，依次为①，②，③，……脚。对于双列直插式集成电路，识别其引脚时，将引脚向下，即其型号、商标向上，定位标记在左边，则从左下角第 1 引脚开始，按逆时针方向，依次为①，②，③，……脚，如图 3-15 所示。

(a) 单列直插式封装　　(b) 双列直插式封装

图 3-15　直插式集成块的读取方法

2. 集成电路的检测

集成电路常用的检测方法有非在路测量法、在路测量法。

(1) 非在路测量法

非在路测量法是指集成电路未焊入电路板时，用万用表测量各引脚对地引脚之间的正反向直流电阻值，然后与参考值进行对比，确定是否正常。

(2) 在路测量法

在路测量法是指在通电情况下，用万用表直流电压挡测量集成电路各引脚对地直流电压值，并与正常值相比较。

注意事项：

① 测量电位器时，应检查其转动轴的松紧程度是否适中，有过紧或松动现象的电位器不应使用。除此之外，有碰片现象或短路的电位器也不应使用。

② 在对变压器进行测量时，通过测量阻值的方法只能判断其初次级和开路故障，而匝间短路故障是不易测出的。

【巩固训练】

1. 训练目的:掌握常用电子元件的识别与检测方法。

2. 训练内容:

① 识别并检测常用的几种电位器。

② 识别并检测常用的几种变压器。

③ 识别并检测常用的整流桥。

④ 识别并检测常用的不同封装的集成电路。

3. 训练检查:表3-3所列为电子元件的识别和检查内容及记录。

表3-3 检查内容和记录

检查项目	检查内容	检查记录
电位器的检测	(1) 是否能正确识别电位器	
	(2) 电位器的测量是否正确	
变压器的检测	(1) 是否能正确识别变压器	
	(2)变压器的测量是否正确	
整流桥的检测	(1) 是否能正确识别整流桥	
	(2) 整流桥的识别是否正确	
安全文明操作	(1)是否注意用电安全,遵守操作规程	
	(2)是否遵守劳动纪律,注意培养一丝不苟的敬业精神	

3.3 立创EDA介绍

EDA设计工具有很多,此次将采用立创EDA来绘制电路原理图,立创EDA的开发团队在深圳,立创EDA完全由中国团队打造,发展到现在,很多功能已经处于世界领先水平。立创EDA让使用者省去很多学习"工具使用"层面的时间,更容易上手,也让初学者更容易接纳和使用。

下面将通过立创EDA来绘制扩音机的电路原理图和PCB。电路原理图的绘制基本步骤为:新建工程→创建原理图文件→画布设置→放置元件→创建符号库→布局→电气连线→元器件名称修改→元件编号→电气规则检查→报表输出。

3.3.1 立创EDA简介

立创EDA是一款国产云端PCB设计工具,网址为:https://lceda.cn公司,并承诺立创EDA不仅对中国企业与个人永久免费使用,而且提供专门的企业级用户服务支持。

立创EDA能够进行PCB的完整设计,包括绘制元器件原理图库和封装库、原理图设计、PCB设计、电路仿真、Gerber文件生成等。立创EDA是基于网页开发的,不管是使用立创EDA客户端设计PCB,还是使用浏览器在线设计PCB,文件都可以保存在 EDA 的云端服务器中，当然也可以将文件保存在本地计算机。

立创 EDA 支持 PCB 导入、协同开发、共建封装库、布局传递、2D 和 3D 预览 PCB、多边形焊盘和槽型孔设计等。

3.3.2　立创 EDA 的安装

立创 EDA 是基于浏览器设计的。用户可以选择在网页打开，也可从官网下载客户端安装使用。立创 EDA 客户端与浏览器在线版功能完全一致，并且客户端做了大量优化。立创 EDA 客户端使用时有三种模式，可以根据自己的需要进行选择。

① 协作模式。工程保存在立创服务器，随时随地工作，支持团队协作、在线分享、共享库等功能。

② 工程离线模式。工程保存在本地电脑，库文件保存在服务器。无团队协作、无在线分享功能，但可使用立创 EDA 的在线库文件。

③ 完全离线模式。原理图、PCB、库文件均保存在客户端本地。无团队协作、无在线分享功能，系统库需要手动更新。

3.3.3　立创 EDA 的启动

（1）在线版启动

在浏览器地址栏输入 https://lceda.cn，即可打开并使用。

（2）客户端启动

安装好软件以后，双击桌面的“立创 EDA”客户端图标即可启动。启动后，如果没有登录，则需要先登录再使用，启动页面如图 3－16 所示。

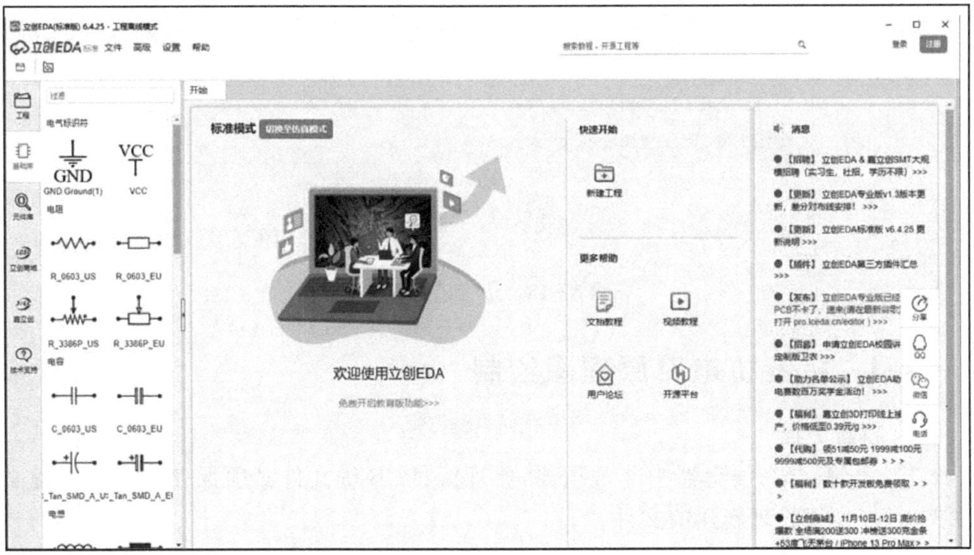

图 3－16　立创 EDA 启动界面

(3) 运行模式设置

如图3-17所示,单击主菜单“设置”→“桌面客户端设置...”→“运行模式设置...”,会弹出“运行模式设置”对话框(见图3-18),根据需要选择对应模式,本次选择“协作模式”,单击“应用”后,客户端重启完成设置。

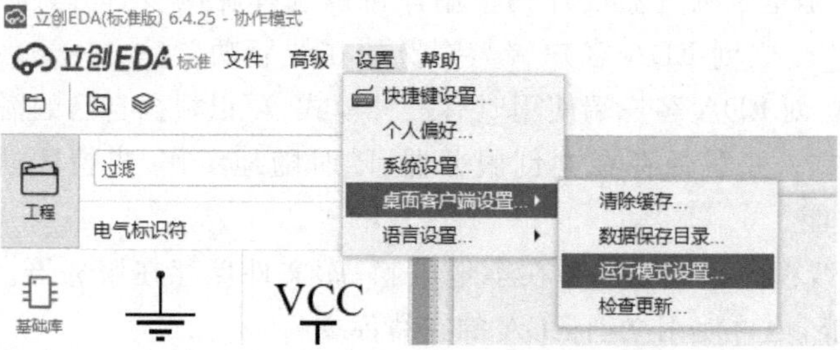

图3-17 运行模式设置

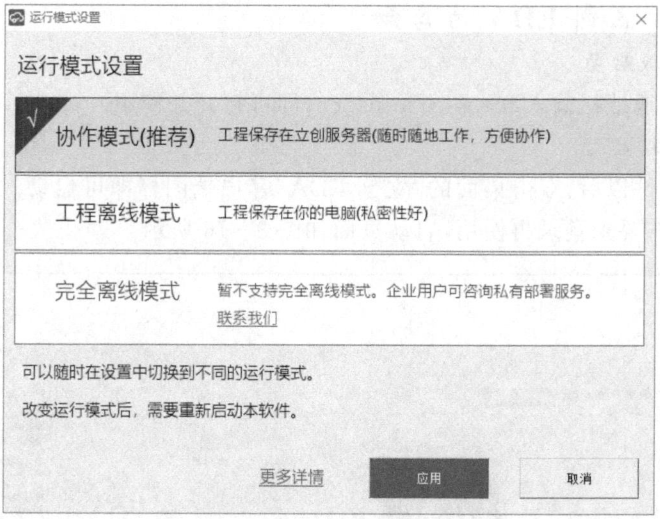

图3-18 运行模式设置

3.4 扩音机电路原理图绘制

1. 新建工程

“工程”概念在编辑器中非常重要,原理图、PCB等文件必须保存在一个工程文件夹中,以便于管理新建的文件。

(1) 新建工程

启动客户端后,运行模式设置为“协作模式”。如图3-19所示,单击主菜单“文件”→“新建”→“工程”,会弹出“新建工程”对话框(见图3-20)。

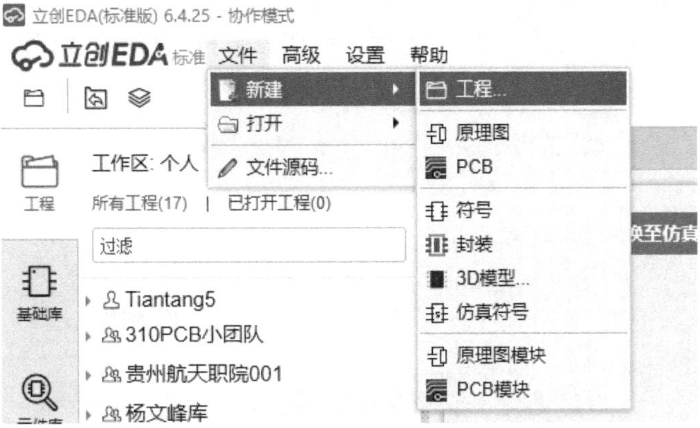

图 3－19　新建工程

(2) 输入工程信息

在“新建工程”对话框输入工程信息。

“文件夹”：工程的所有者，可以单击“文件夹”后面的三角选择工程的所有者。

“标题”：工程的标题。

“路径”：工程保存的路径，系统会自动添加“标题”名称到路径中，如果“标题”中存在中文，则自动转成拼音。

“描述”：对工程的描述。

输入完成后单击“保存”即可。

图 3－20　“新建工程”对话框

(3) 工作区查看工程

新建的工程将在左边的导航栏"工程"→"所有工程"中显示,如图 3-21 所示。

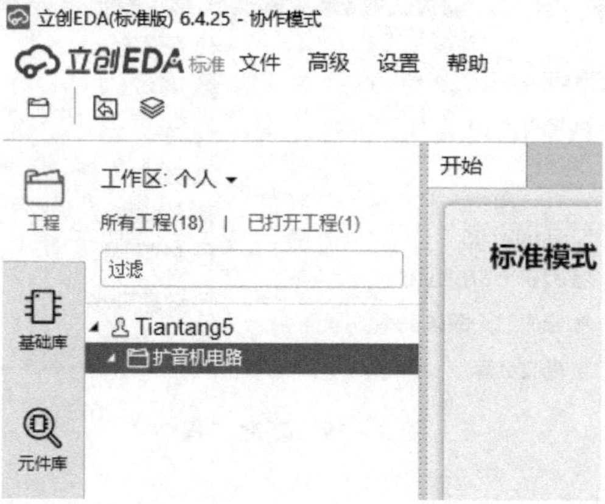

图 3-21 工作区

(4) 工程信息修改

工程创建后,可以右击工程文件夹,选择"工程管理"→"编辑"修改工程信息,如图 3-22 所示。

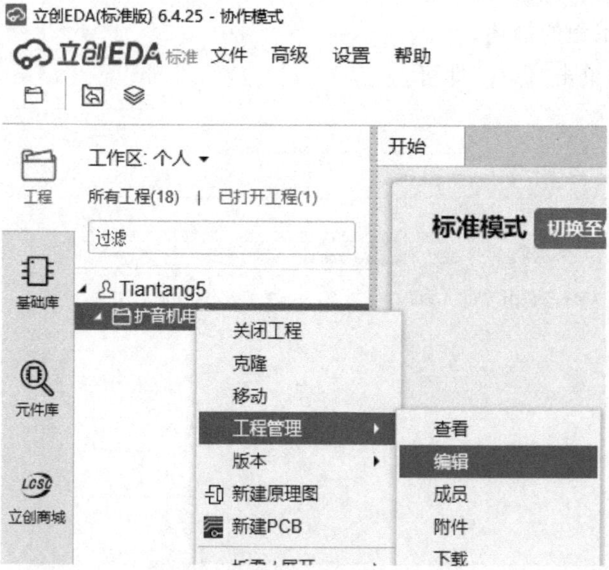

图 3-22 工程信息修改

(5) 团队工程

如果希望团队协作,可以将工程设置为"团队工程"。如图 3-23 所示,右击工程文件夹，选择“工程管理”→“成员”，会弹出如图 3-24 所示对话框，可以对团队成员进行添加、删除、设置权限。

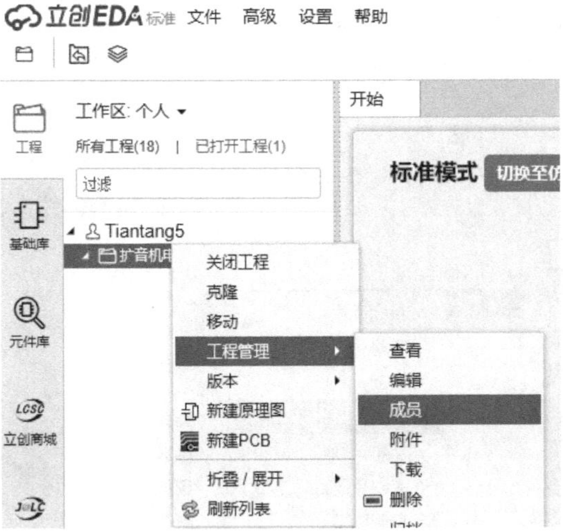

图 3-23 设置团队成员

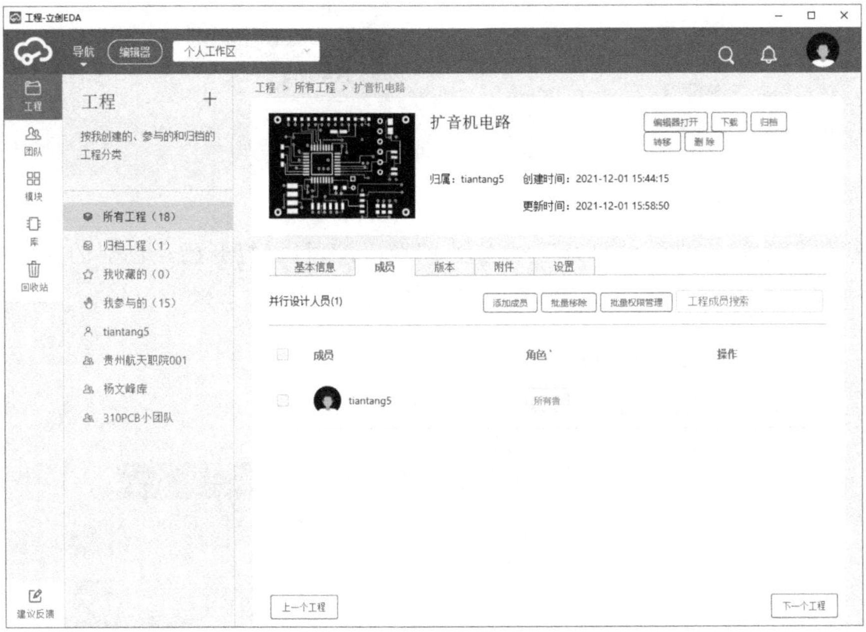

图 3-24 团队成员及权限设置

(6) 工程分享

如图 3-25 所示，工程创建后还可以通过“工程管理”→“分享”将工程设置为公开,该工程与其下的文件将显示在个人主页上,任何人都可以查看复制。添加描述可以帮助别人快速了解设计内容。

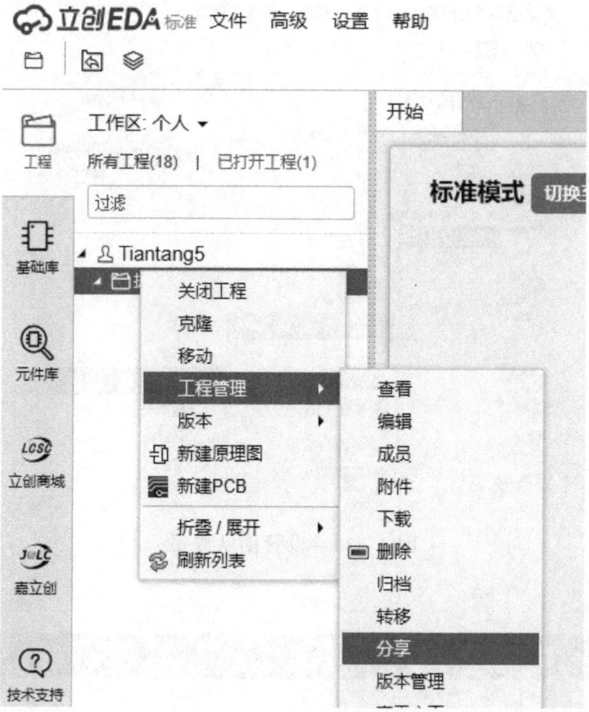

图 3-25 工程分享

(7) 打开已有工程

单击主菜单“文件”→“打开”→“立创 EDA...”,可以打开已经创建的立创 EDA 工程,如图 3-26 所示。也可以打开其他 EDA 软件创建的工程。

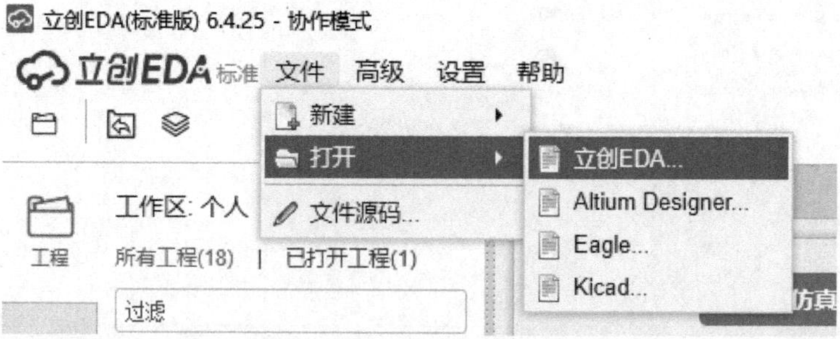

图 3-26 打开已有工程

在左侧工程列表的“所有工程”找到需要打开的工程,右击选择“打开”也可打开工程,如图 3-27 所示。

2. 创建原理图文件

(1) 新建原理图

右击工程文件夹,选择“新建原理图”,如图 3－28 所示。

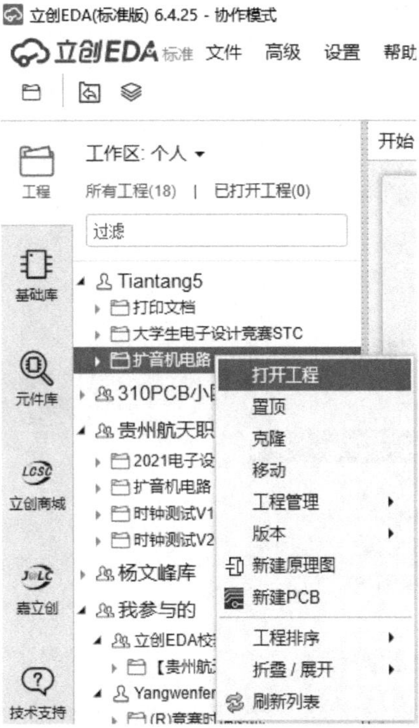

图 3－27 在工程列表打开工程

图 3－28 新建原理图

(2) 保存文件

单击主菜单“文件”→“保存...”即可(见图 3－29)。保存后在工程管理窗口可以看到新建的原理图文件。

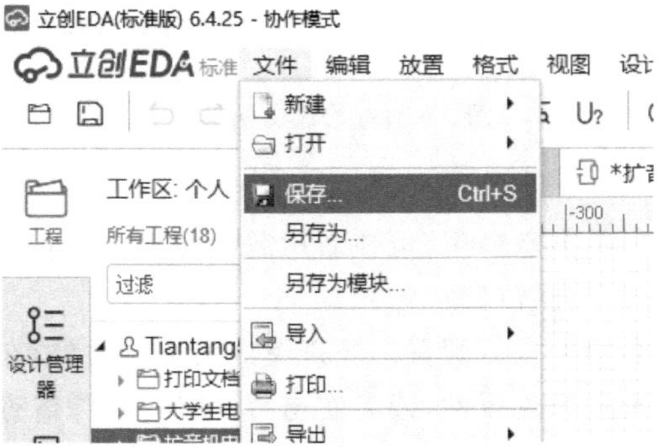

图 3－29 保存原理图文件

(3) 修改原理图文档信息

如图 3-30 所示,右击工作区的原理图文件,选择“修改”,会弹出“修改文档信息”(见图 3-31),填写相应信息后,单击“确定”即可。

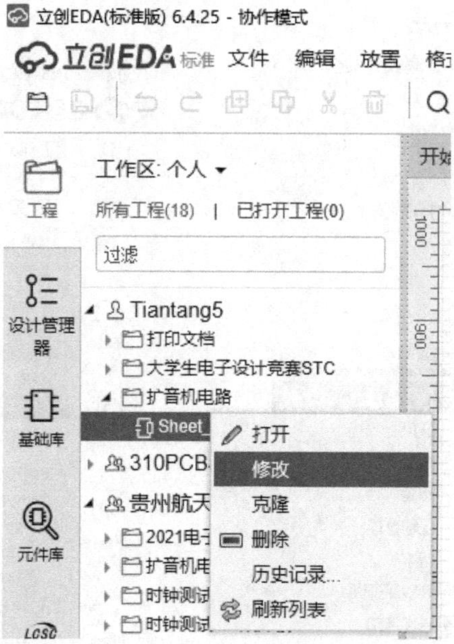

图 3-30　原理图文档修改方法

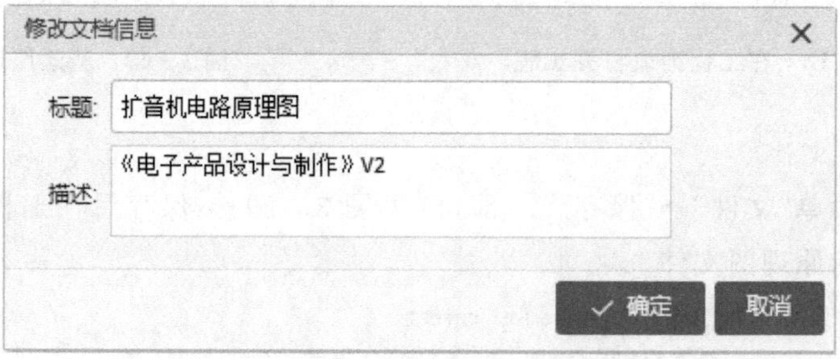

图 3-31　修改文档信息

3. 画布设置

在原理图编辑窗口单击空白区,可在右边属性面板查看和修改画布属性,或者右击空白区打开“属性”弹窗进行修改。

画布属性内的参数均可自行配置。原理图中大部分对象,在选中之后,基本都可以在右边属性面板查看和修改属性,或者右击打开“属性”弹窗查看和修改属性。

单击画布上图纸的边框,可以在“画布属性”面板修改图纸尺寸和方向等内容。画布属性面板如图 3-32 所示。

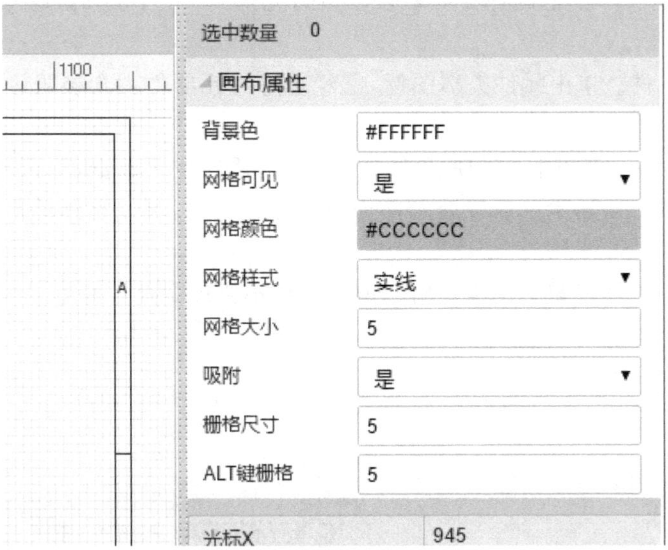

图 3－32　画布属性面板

画布属性面板各属性介绍：

背景色：画布背景颜色。可以通过输入想要的颜色的十六进制值直接设置，或者通过单击调色板上的颜色来设置。

网格可见：是或否。网格是用来标识间距和校准元器件符号的线段，单位：像素。

网格颜色：任意有效颜色。与“背景色”设置方式一样。

网格样式：实线或点。

网格大小：网格尺寸的大小。

吸附：是或否。关闭吸附后，元器件和走线可以任意移动不受栅格限制（栅格是元器件符号和走线移动的格点距离），以确保对齐。建议一直保持吸附开启状态。若之前的元器件摆放和走线是在关闭吸附状态下的，再次打开吸附功能后，原有的项目将很难对齐栅格，强行对齐后将可能会使原理图变得不美观，如走线倾斜等。

栅格尺寸：为了确保元器件和走线对齐，建议设置栅格大小为整数。数值越小，元器件和走线移动的进度越小，越精准。

ALT 键栅格：当按下“ALT”键时启用该栅格大小。当要移动一个元素时，可以按住“ALT”键，再进行移动，移动的步进间隔就是 ALT 设置的值。

4. 放置元件

（1）放置基础库元件

基础库包含一些常用的元件，不支持自定义。在导航菜单中，单击“基础库”图标，会在基础库的右侧展开基础库中的所有元器件。

① 选定参数。在基础库中,找到需要的元器件,在下拉菜单中选定参数,如图 3-33(a)所示。

② 选定元件。单击元件类别图标,已经选定的元器件就会被吸附到光标上,如图 3-33(b)所示。

③ 放置元件。将光标移到原理图中,找到合适的位置单击,即可将元件放到原理图中,如图 3-34 所示。放置后元件仍吸附在光标上,可以继续单击放置,右击可取消吸附。

在原理图中,滚动鼠标的滑轮可以放大和缩小原理图画布视图。

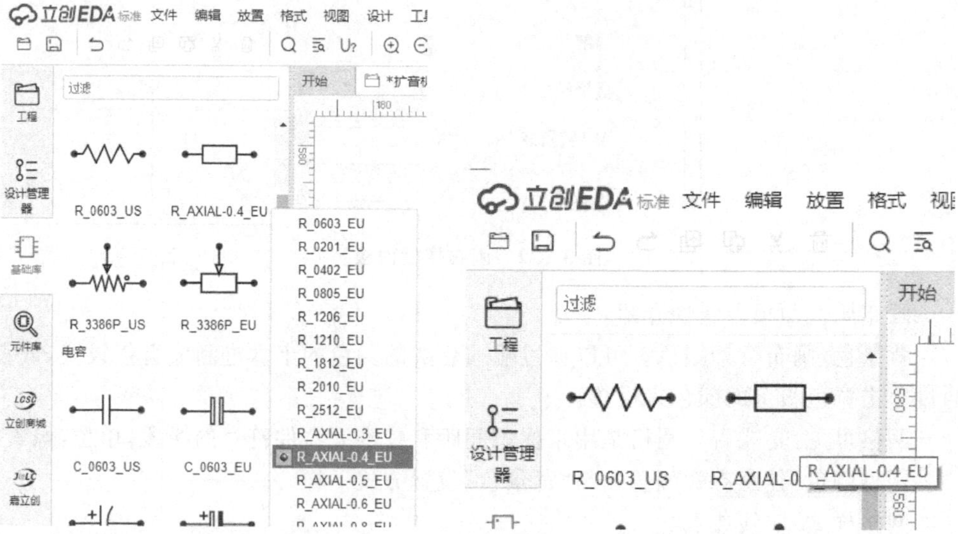

(a) 选定元件参数　　　　(b) 单击图标选定元件

图 3-33　在基础库中选择元件

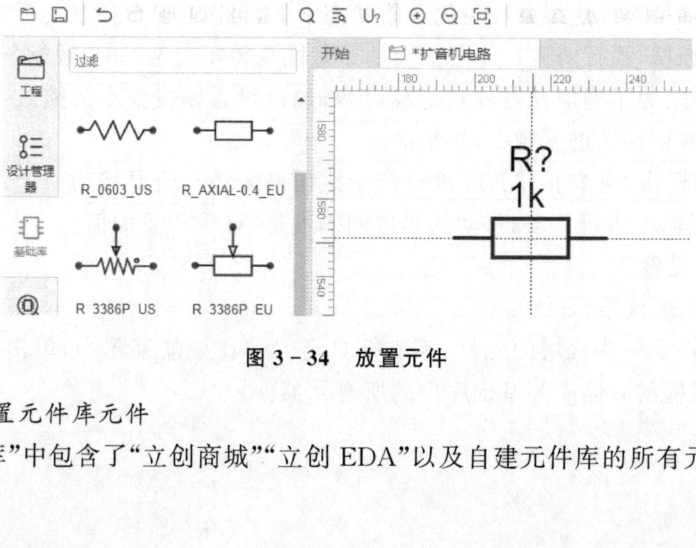

图 3-34　放置元件

(2) 放置元件库元件

“元件库”中包含了“立创商城”“立创 EDA”以及自建元件库的所有元件。在“导航”菜单中，单击“元件库”图标，会弹出“元件库”对话框，如图 3-35 所示。

图 3-35 元件库对话框

在“元件库”对话框搜索栏输入元件名称进行查找。此处输入“TDA1521”进行查找，可以查到三个结果，如图 3-36 所示。

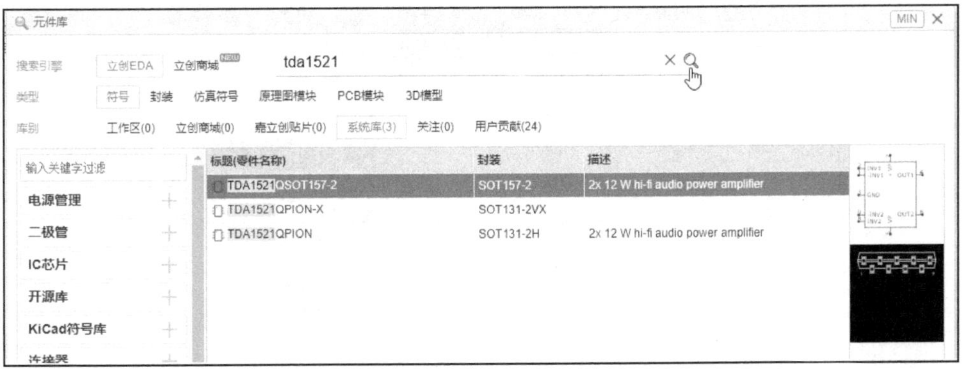

图 3-36 查找元件

在结果中选中需要的元件，单击“放置”按钮，如图 3-37 所示，将元件放置到原理图中。

5. 创建符号库

如果在元件库找不到合适的原理图元件，可以通过创建符号库的方法，自己创建符号库符号。立创 EDA 有一些简单而强大的绘图功能，可以通过将现有的符号复制到自己的库中，然后编辑和保存，来创建自己的库文件，或者从头开始绘制新的符

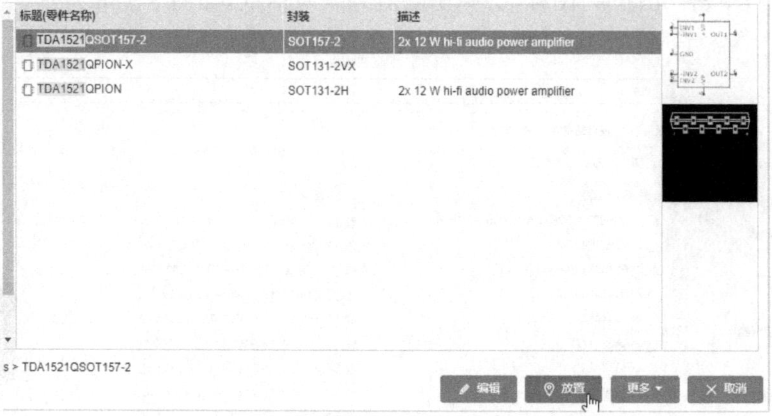

图 3-37　选择需要的元件进行放置

号库文件。

此处以绘制变压器为例来讲解创建一个符号库的具体方法。

(1) 新建符号库

单击主菜单“文件”→“新建”→“符号”命令,如图 3-38 所示。会打开一个空白库文件,单击“保存”按钮,弹出“保存为符号”对话框,如图 3-39 所示,然后输入相应的信息,单击“保存”即可。

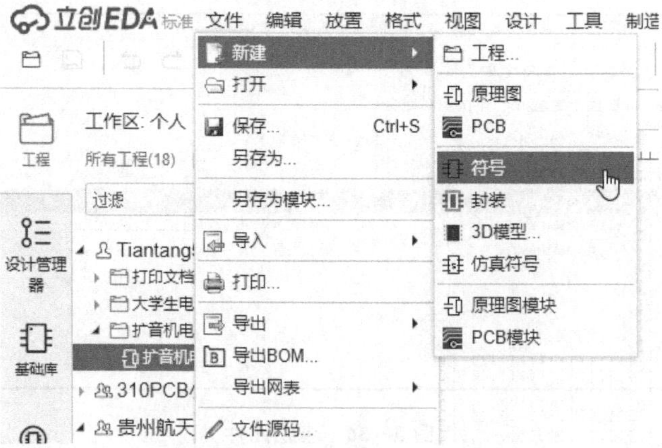

图 3-38　“新建符号”菜单

(2) 利用绘图工具绘制图形符号

可以使用符号库向导创建图形符号,也可以手动创建图形符号,此处讲解手动创建图形符号。

如图 3-40 所示,首先,绘制变压器的线圈,利用“绘图工具”的“圆弧”工具绘制一个圆弧,复制粘贴为多个圆弧作为次级线圈,将次级线圈复制粘贴作为初级线圈;

其次，绘制变压器的同名端；最后，绘制变压器符号的外边框。

图 3-39　“保存为符号”对话框

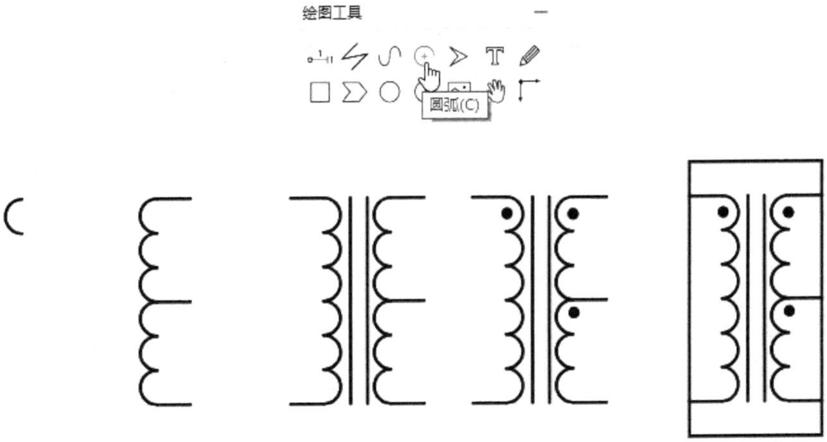

(a) 绘制一个圆弧　(b) 次级线圈　(c) 初级线圈　(d) 同名端　(e) 变压器符号图形

图 3-40　手动创建符号库

(3) 放置引脚

用“绘图工具”中的“管脚”工具放置引脚。引脚的端点需要朝外，作为连接导线的连接点。绘制好的变压器符号如图 3-41 所示。

(4) 修改引脚属性

可以通过单击每个引脚,然后在右边弹出的“引脚属性”面板修改,如图3-42所示。也可以通过主菜单“工具”→“引脚管理器”修改引脚的名称和编号,如图3-43所示。

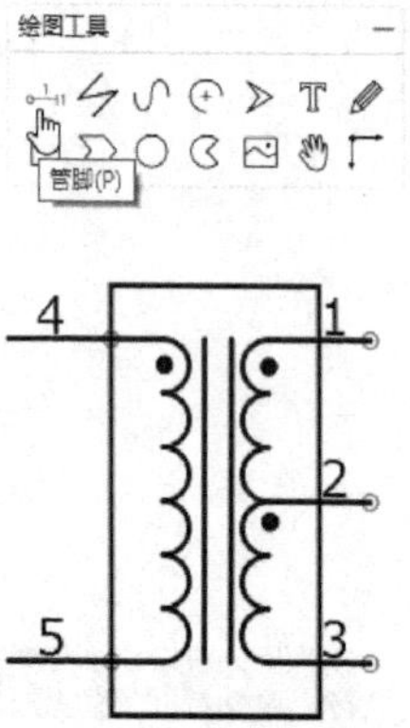

图3-41 绘制好的变压器

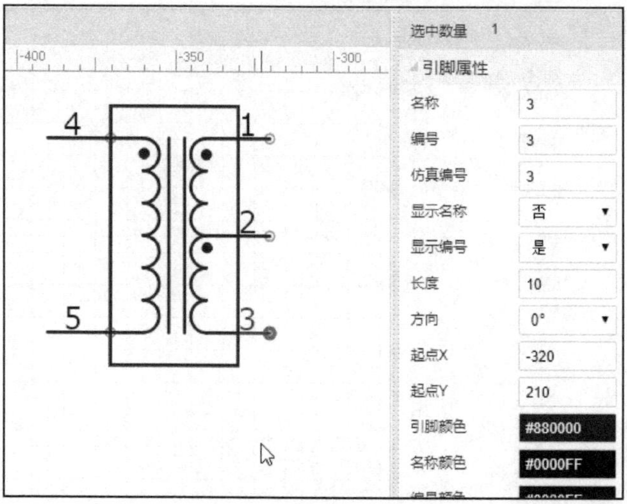

图3-42 引脚属性面板

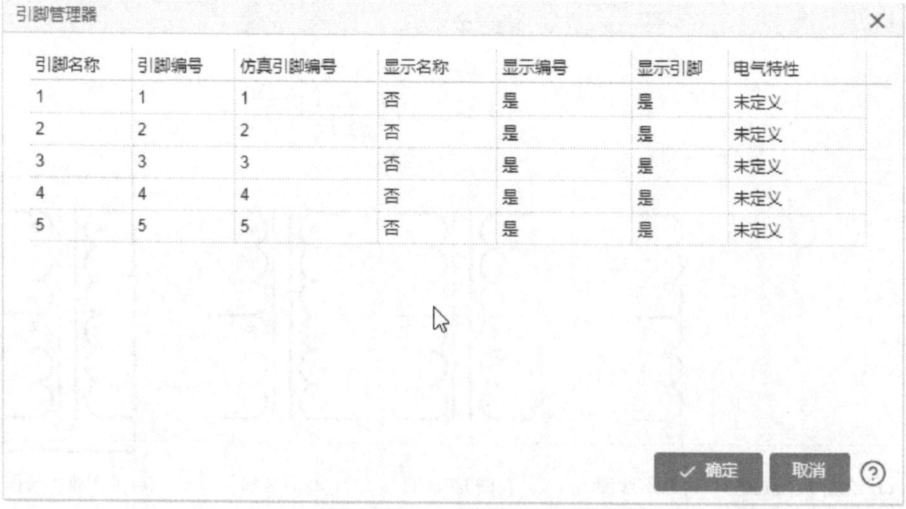

引脚名称	引脚编号	仿真引脚编号	显示名称	显示编号	显示引脚	电气特性
1	1	1	否	是	是	未定义
2	2	2	否	是	是	未定义
3	3	3	否	是	是	未定义
4	4	4	否	是	是	未定义
5	5	5	否	是	是	未定义

图3-43 引脚管理器

(5) 自定义属性

单击画布空白处,在右边弹出的“自定义属性”面板可以设置名称、封装、编号等属性,如图3-44所示。

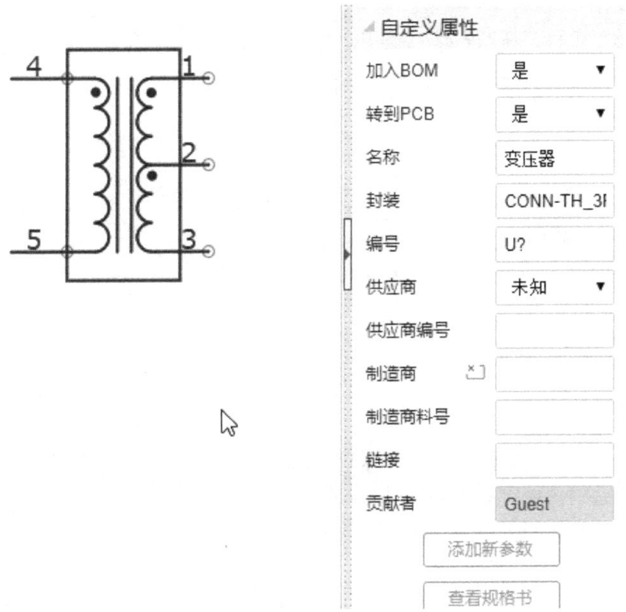

图 3-44　自定义属性面板

（6）设置原点

设置原点在图形中央有利于复制粘贴的时候鼠标在图形中央，旋转的时候可以围绕中心转。原点必须设置在全部图形区域的内部。

可以通过主菜单“放置”→“画布原点”→“从图形中心格点”进行一键设置原点到图形中心，如图 3-45 所示。

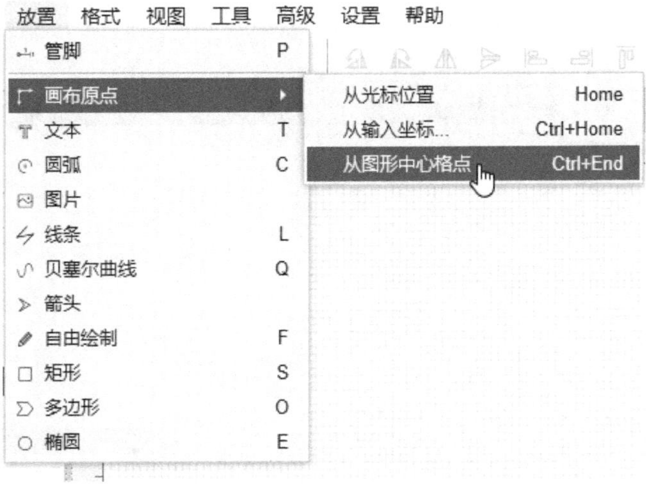

图 3-45　设置原点

(7) 保存符号库

单击主菜单“文件”→“保存”,弹出“保存为符号”对话框,可以设置库的所有者、标题、链接、标签、描述等内容,如图 3-46 所示。

图 3-46 设置符号库信息

到此一个元件已经完成绘制。可以在导航栏“元件库”→“符号库”→“工作区”中找到绘制完成的元件,如图 3-47 所示。

图 3-47 自制元件的查找

6. 布　局

(1) 元件的放置操作

元件的放置操作一般有移动、旋转、反转、复制粘贴、删除和整体操作等。

移动：选中元件，按下鼠标左键不放，拖到指定位置松开左键即可。

旋转：选中元件，按下鼠标左键不放，同时按"空格"键，每按一次元件旋转 90°，当元件调整到位后，松开鼠标左键即可。

反转：选中元件，按下鼠标左键不放，按"X"键，元件在水平方向反转，按"Y"键，元件在垂直方向反转。

复制粘贴：选中元件，按快捷键"Ctrt＋C"完成复制；按快捷键"Ctrt＋V"，将光标移动到需要的位置单击左键完成粘贴。

删除：选中元件，按"Delete"完成删除。

整体操作：整体操作就是将多个元件同时进行相同的操作。按住"Shift"键不放，鼠标逐个单击元件可以选中多个元件，用鼠标框选也可以选中多个元件。选中后按照单个元件的操作方法可以完成对元件的整体操作。

(2) 元件的布局

为保证连线方便和图形整体效果美观合理，在对元件进行连线操作之前，应首先将各个元件摆放在合适的位置。其要求是：先放置核心元件，然后再放置外围元件，各个元件之间摆放应紧凑、均匀，尽量减少连线拐弯。元件布局并非是一步完成，需要与连线配合多次调整才可最终完善。电源部分布局如图 3－48 所示。

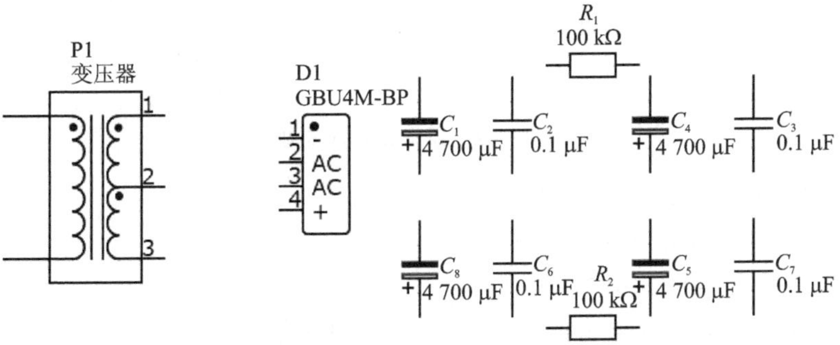

图 3－48　电源部分布局

(3) 扩音机电路原理图布局结果

按照(1)(2)所述方法进行操作，扩音机电路布局完成后如图 3－49 所示。

7. 电气连线

元器件布局完成以后，按照电路要求，需要把元器件用导线连接起来。立创 EDA 提供了导线连接、网络标签连接等多种连接方式。

(1) 导线连接

"导线"工具在"电气工具"悬浮窗中的图标如图 3－50 所示。

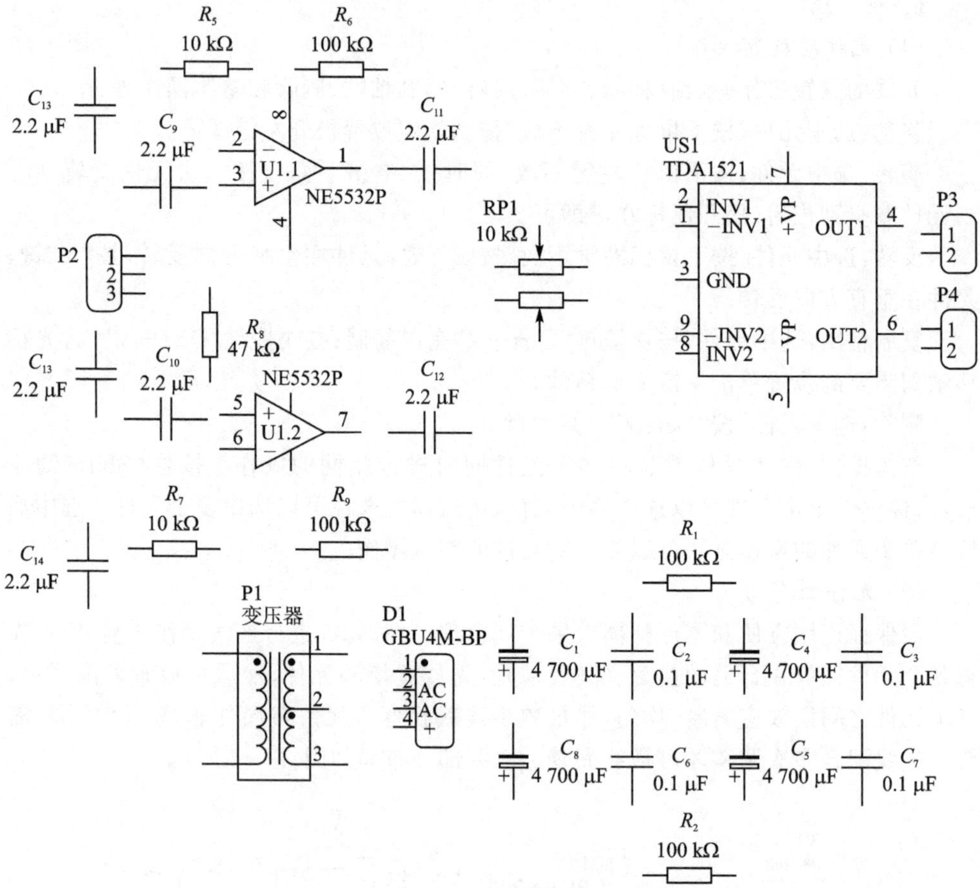

图 3-49 原理图布局完成

进入绘制导线模式有三种方式：在“电气工具”单击“导线”图标；按快捷键“W”；直接单击元器件的引脚端点然后移动鼠标，编辑器会自动进入绘制导线模式。

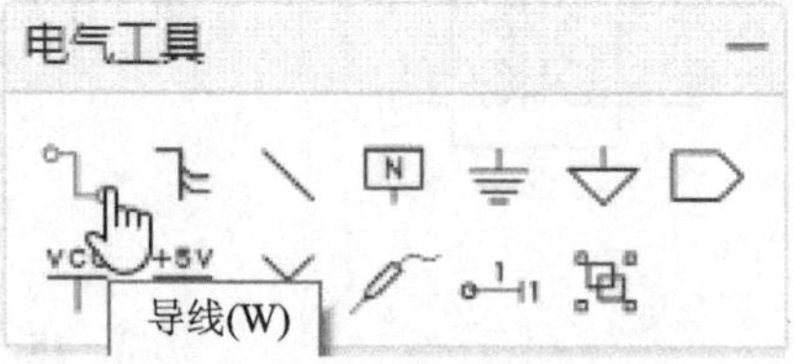

图 3-50 “导线”工具

进入绘制导线模式后，单击元器件引脚的电气连接点，就可以开始绘制导线，单击需要连接的另外一个电气连接点，就会完成一条导线的绘制，图 3-51 所示为 R5 与 C13 引脚间的导线连接。可以连续进行导线的绘制，右击可以取消命令。

(2) 网络标签连接

“网络标签”工具在“电气工具”悬浮窗中的图标如图 3-52 所示。

单击“网络标签”工具，在需要连接的两个及两个以上的电气连接点上分别放置一个网络标签，将网络标签的名称修改为同一个名称。对于电路来说，网络标签名称相同意味着连接在了一起。

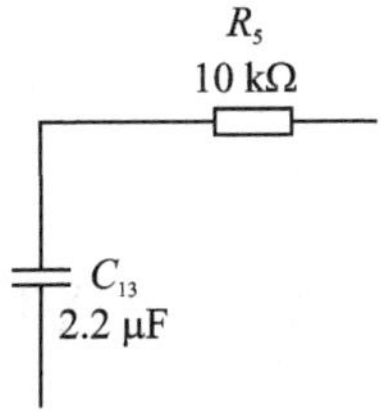

图 3-51　导线连接

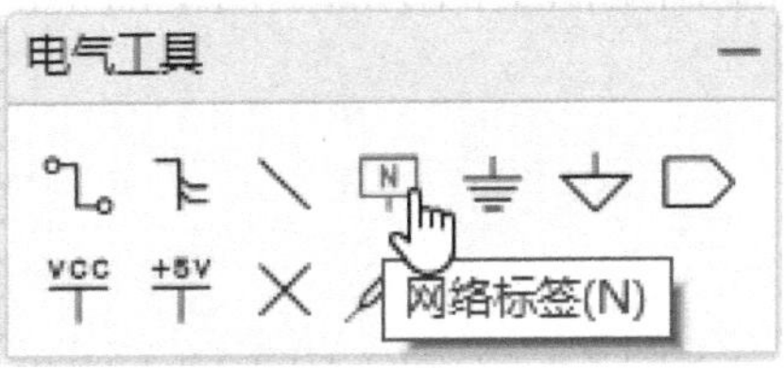

图 3-52　“网络标签”工具

一定要把网络标签放置在电气连接点上，否则网络标签不起作用，可以画一条导线到网络标签的下面。

图 3-53 所示是使用“网络标签”工具连接的元器件。

图 3-53 中，C_1 负极的网络标签为“-16 V”，US1 的 5 引脚的网络标签也为“-16 V”，表示这两个引脚相连接。同理，C_8 正极与 US1 的 7 引脚相连。

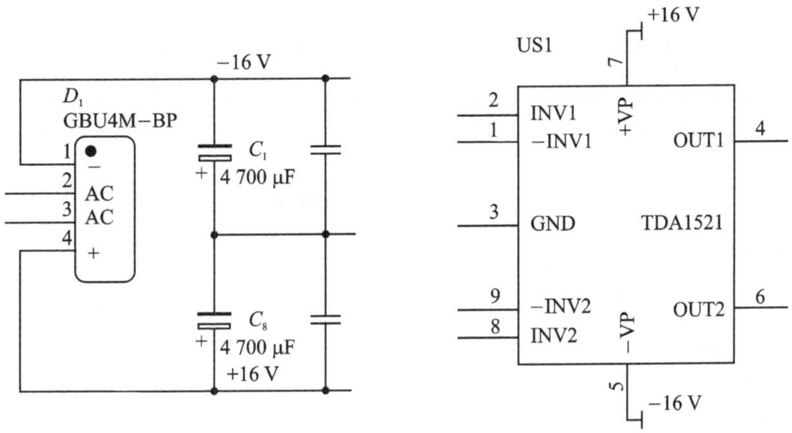

图 3-53　“网络标签”连接的元器件

（3）电源和接地

因为电源和接地在原理图绘制时经常使用，所以 EDA 软件提供了几种固定的电气标识符。电气工具中的电源和接地如图 3-54 所示。在基础库中也可以找到电源和接地标识符，如图 3-55 所示。

电源和接地也属于网络标签连接的方式，不管图形是否相同，只要名称一样，就会在电气特性上连在一起。

（4）自动断线

当放置一个电阻或者电容等元件在导线上时，导线会自动连接引脚两端，并去除中间的线段。图 3-56 所示是放置一个电阻在导线上的结果。

当需要连接并排的电阻或电容等元件时，可以直接从左往右走线，线段会自动连接并移除多余走线。

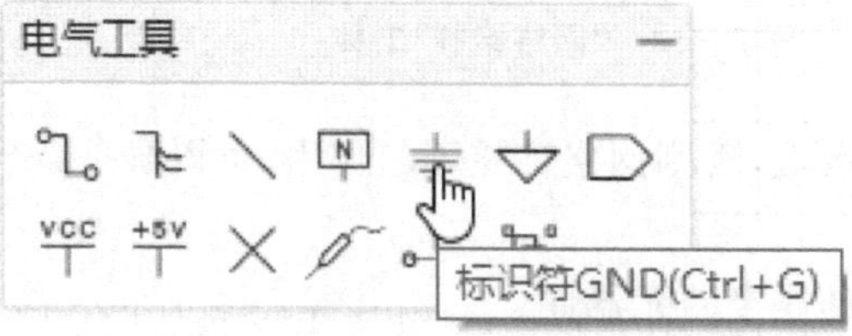

图 3-54　电气工具中的接地标识符

图 3-55　基础库中的接地标识符

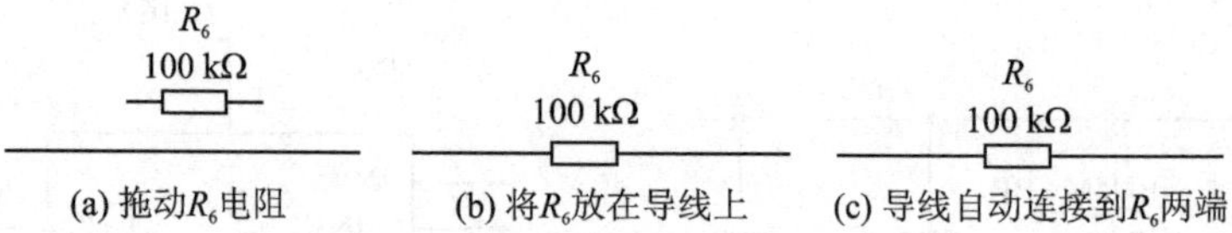

图 3-56　放置电阻在导线上

(5) 绘制好的电路原理图

利用导线连接和网络标签等工具对电路原理图进行电气连接，连接好的扩音机电路原理图如图 3-57 所示。

8. 元器件名称

(1) 单个修改元器件名称

这里的元件名称指元件的规格型号。单击需要修改的元件，可在右侧弹出的“元件属性”面板中进行修改。图 3-58 所示为元件属性面板。

(2) 批量修改元器件名称

批量修改元器件名称是把多个元件名称或者其他某项参数修改一致。例如把所有 100 kΩ 的电阻修改为 51 kΩ，如图 3-59 所示。先找到一个 100 kΩ 电阻，右击，选择“查找相似对象...”，在对话框中选择名称“相等”，单击“查找”按钮，即选中相同名称的对象。

选中相同名称的对象以后，在右边“多对象属性”面板中修改名称，将 100 kΩ 修改为 51 kΩ，如图 3-60 所示，完成修改。

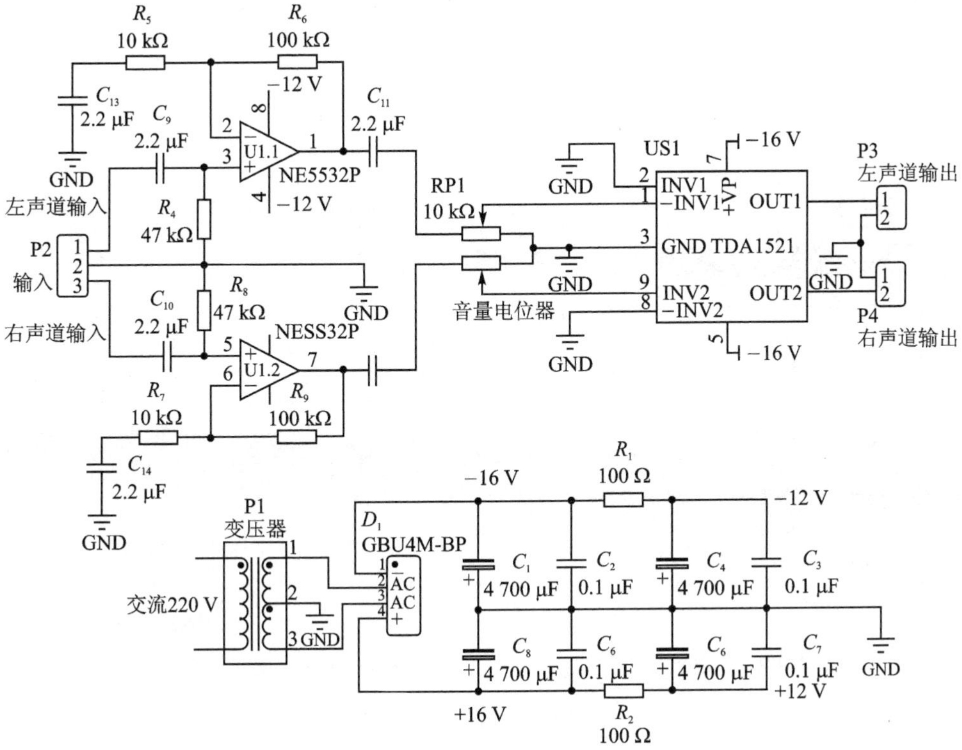

图 3－57　扩音机电路原理图

图 3－58　元件属性面板

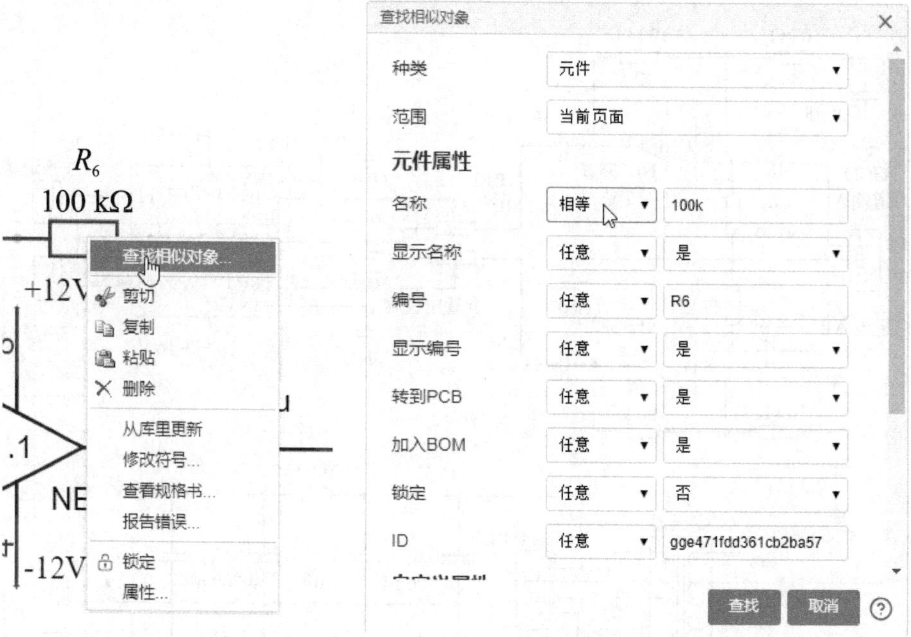

(a) 查找相似对象命令　　　　(b) 查找相似对象对话框

图 3-59　查找相似对象

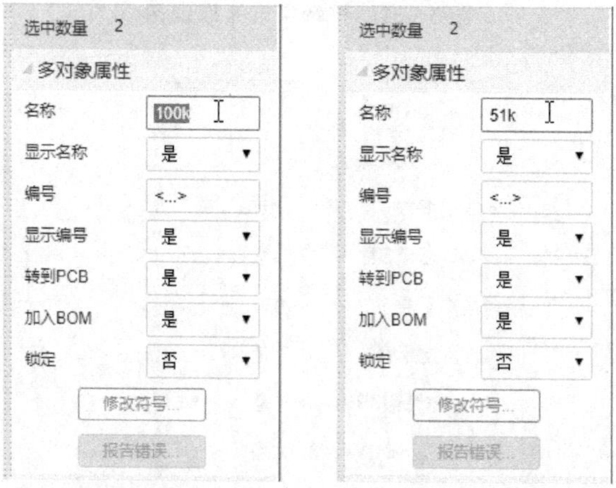

(a) 进入名称编辑框　　　　(b) 修改为51k

图 3-60　多对象属性修改

9. 元件编号

把元件放到原理图中,系统默认元件会自动编号,也可以在主菜单"设置"→"系统设置"取消元件自动编号。

原理图绘制完成后,元件编号有可能出现不连贯的情况,此时需要重新整理元件编号。

（1）编号方法

元件编号可以在"元件属性"面板手动修改，也可以让系统重新进行自动编号。单击主菜单"编辑"→"标注编号"，弹出"标注"对话框，如图 3-61 所示。

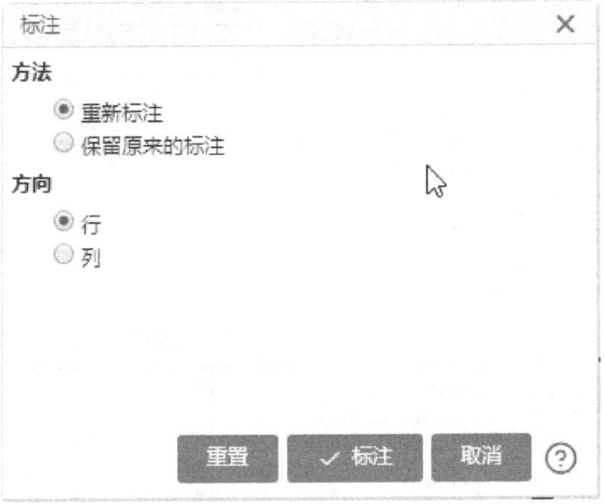

图 3-61　"标注"对话框

"标注"对话框各项内容说明：

重新标注：给所有元器件重新编号。

保留原来的标注：只给编号为符号"?"的元件进行标号。

行：编号时先行后列。

列：编号时先列后行。

重置：将所有元件编号清空。

标注：按照设定的选项对元件进行标注。

（2）给扩音机电路原理图重新编号

按照上述元件编号方法，给扩音机电路原理图所有元器件进行重新编号，重新编号后的原理图如图 3-62 所示。

9. 设计管理器

设计管理器可以帮助使用者快速查找电路错误和定位元件。在左侧导航菜单单击"设计管理器"，右侧就会展开设计管理器中的内容（见图 3-63），包含"元件"和"网络"两个文件夹。

（1）元　件

"元件"文件夹右侧的数字表示当前原理图中元件的数量，数字右侧的符号是刷新按钮，单击文件夹左侧的小三角形可以展开原理图中所有的元件。

图 3-64 所示为"元件"文件夹展开后显示的扩音机电路原理图的元件列表。

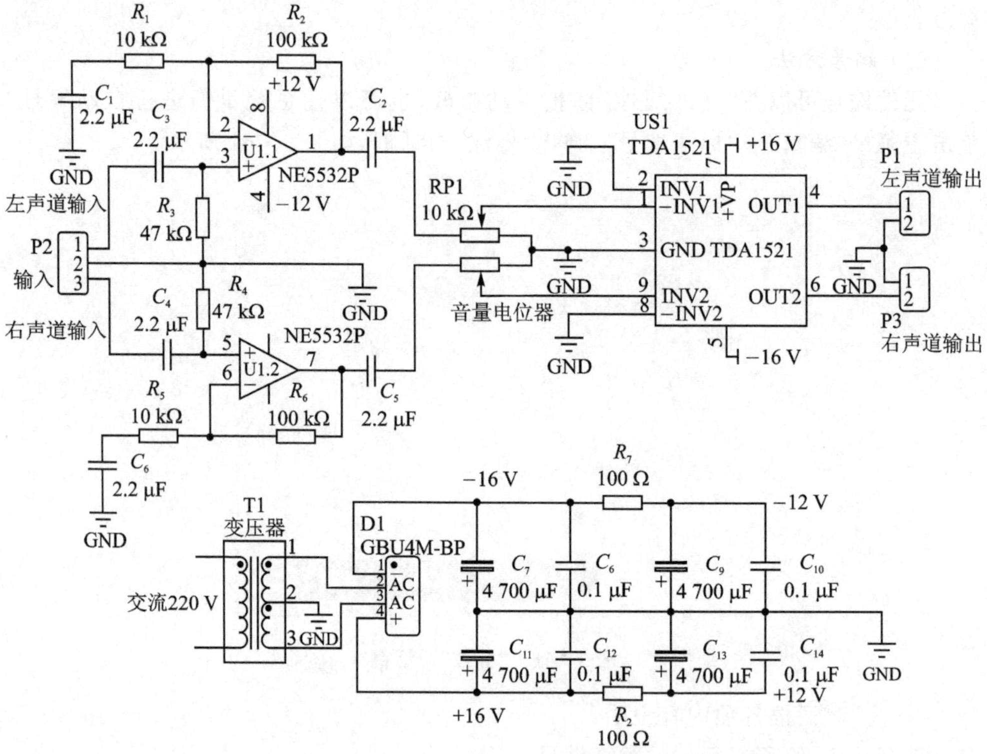

图 3－62　重新编号后的原理图

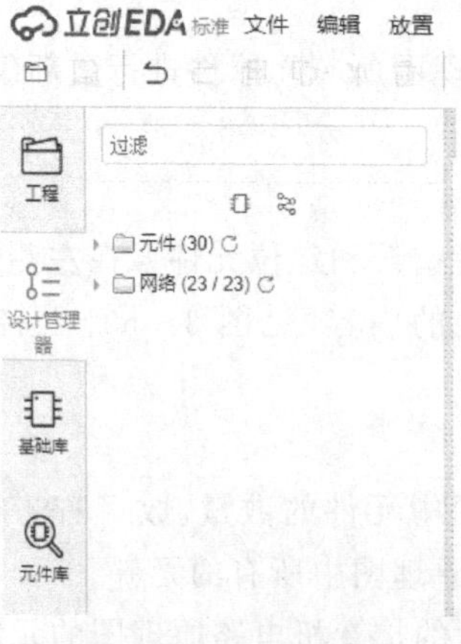

图 3－63　设计管理器

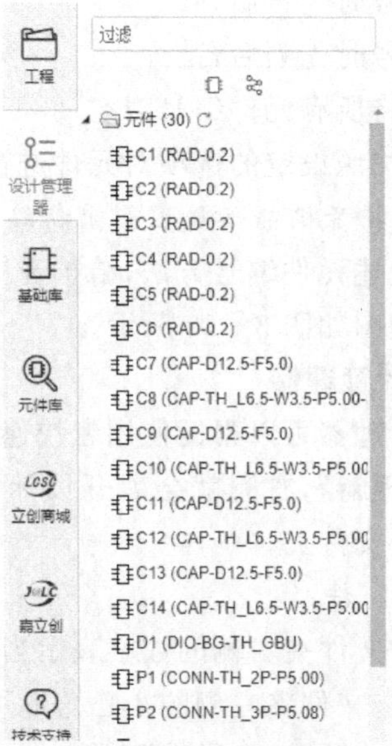

图 3－64　元件列表

在元件列表中，如果要找 C7，如图 3－65 所示，单击“C7”，原理图就会定位到 C7 的位置，并伴随一个短暂的十字坐标闪现，十字坐标的中心就是元件所在的位置，并且这个元件已经被选中。

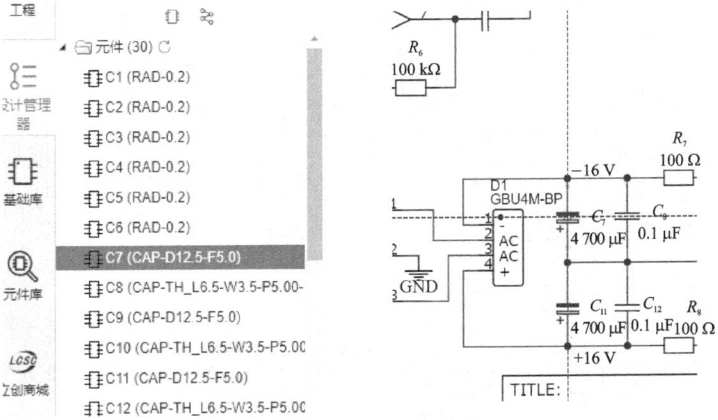

(a) 单击需要查找的元件　　(b) 原理图中对应元件被“定位”

图 3－65　在元件列表查看元件

（2）网　络

单击“网络”文件夹左侧的三角形，就会展开所有的网络连接，通过查看“网络”列表，可以很容易地检查元器件电气连线。

如图 3－66 所示，单击“GND”，在“网络引脚”会显示所有与 GND 相连接的引脚，原理图中所有 GND 的电气连线都会加粗，如图 3－67 所示。

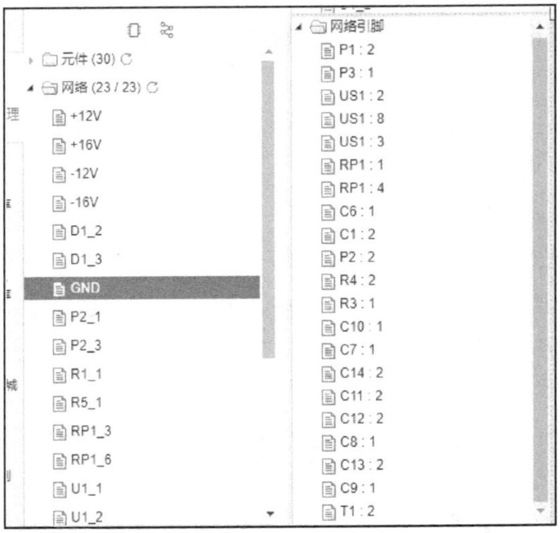

图 3－66　GND 网络与对应的引脚

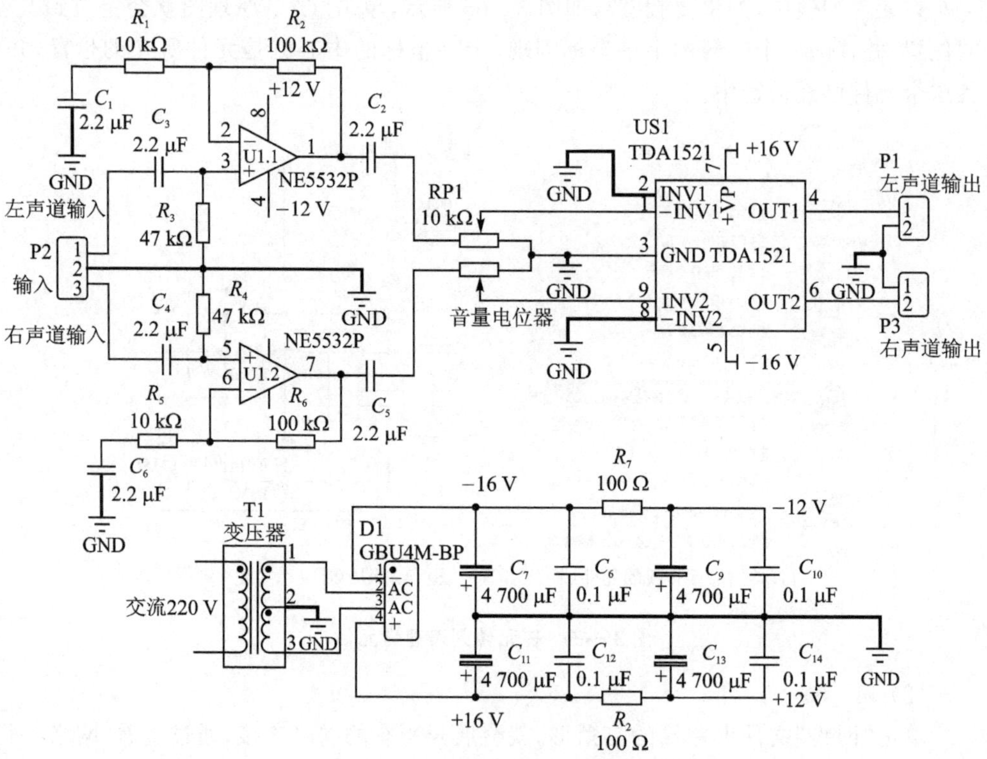

图 3-67　原理图中被加粗的 GND 导线

10. 打印与报表输出

原理图设计好以后,可以将原理图打印出来,或者导出为 PDF 文件,以方便查看。采购元器件或者准备材料的话,可以输出 BOM 表。

(1) 打印原理图

单击主菜单“文件”→“打印”,弹出打印机选择对话框,如图 3-68 所示,选好打印机后单击“打印”即可打印出原理图。

(2) 导出原理图为 PDF 文件

单击主菜单“文件”→“导出”→“PDF...”,弹出“导出文档”对话框,如图 3-69 所示,可以选择把原理图输出为 PDF、PNG、SVG 格式,建议导出为 PDF 格式,这样打印质量较高。单击“导出”选择保存路径,输入文件名即可导出原理图。

(3) 导出 BOM 文件

BOM 文件就是元器件清单文件,在文件中,会列出工程中所有用到的元器件名称、数量等信息。

单击主菜单“文件”→“导出 BOM”命令,会弹出“导出 BOM”对话框,如图 3-70 所示。

图 3-68 "打印"对话框

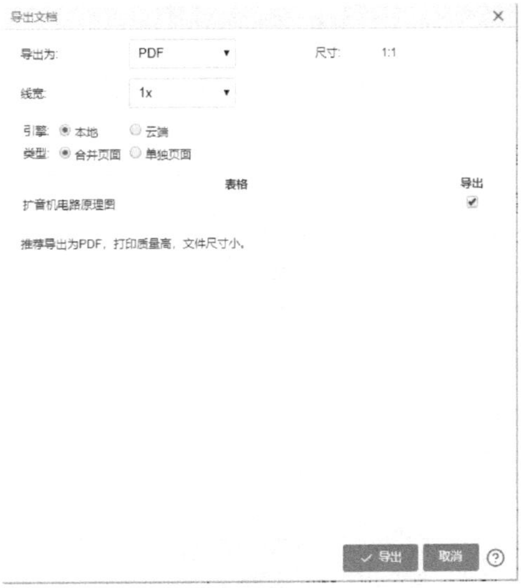

图 3-69 "导出文档"对话框

图 3-70 导出原理图 BOM 对话框

单击对话框下方的"导出 BOM"按钮，弹出"选择属性"对话框，如图 3-71 所示，根据需要选择相应的属性，单击"导出"，就可以导出 BOM 文件了。这个文件的扩展名是".csv"，可以用 Excel 或者 WPS 软件打开。

【注意事项】

1. 绘制电路原理图时，不要用"绘图工具"连线，否则在电气检查中会通不过。连线尽量不要交叉，否则容易发生连线错误和短路。

2. 注意元件的编号要具有唯一性，并且全部编号。

图 3-71 “选择属性”对话框

【巩固训练】

1. 训练目的:掌握用 EDA 软件绘制电路原理图的方法和技巧。

2. 训练内容:

① 练习立创 EDA 软件使用,绘制一个共发射极单管放大电路。

② 使用立创 EDA 软件创建一个“TDA1521”集成电路的元件库。

③ 使用立创 EDA 软件绘制如图 3-72 所示功率放大器的电路原理图,并设置合适的元件属性。

3. 任务检查:表 3-4 所列为电路图绘制后的检查内容和记录。

表 3-4 检查内容和记录

检查项目	检查内容	检查记录
绘制电路原理图	(1) 根据提供的资料正确绘制电路原理图	
	(2) 正确绘制元件库没有的元件符号	
	(3)正确设置元件参数,选择正确的封装	
安全文明操作	(1) 注意用电安全,遵守操作规程	
	(2) 遵守劳动纪律,一丝不苟的敬业精神	
	(3) 保持工位清洁,正确使用计算机,养成人走关机的习惯	

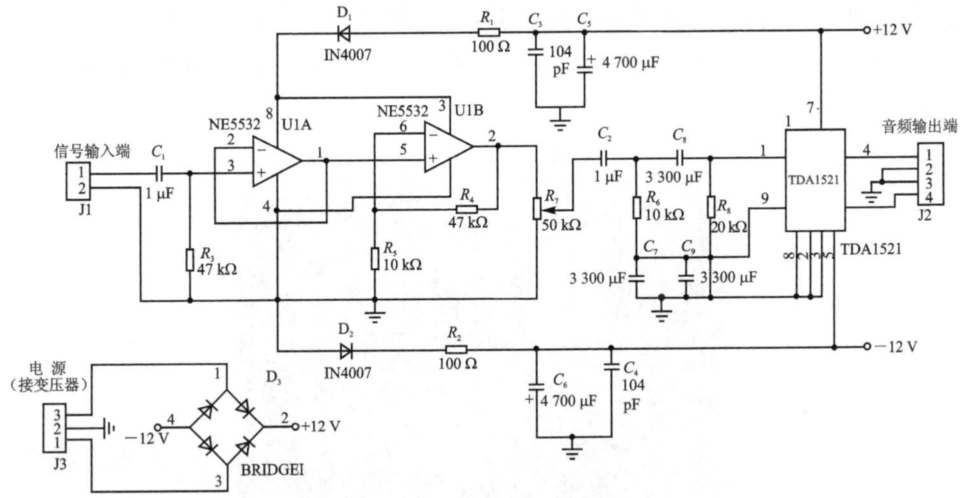

图 3－72 功率放大器电路原理图

任务 4 扩音机印刷电路板的设计与制作

【任务导读】

在掌握了任务 3 的基本知识后，本次任务将介绍扩音机电路板的设计、制作以及电路板的组装工艺和调试方法。

在本次任务中，将继续采用扩音机这一载体讲解立创 EDA 软件的使用方法，即介绍使用该软件进行扩音机电路板的设计方法，当中涵盖了印刷电路板的设计基础、扩音机印刷电路板设计、印制电路板的制作等内容，使读者较全面了解电路板从设计、制作、组装和调试的整个过程。

4.1 印刷电路板设计基础

印刷电路板的设计是有效解决电磁兼容性问题的途径，它不仅可以减小各种寄生耦合，同时能做到简化结构、调试方便、美观大方和降低成本。印刷电路板的设计需要考虑到元件布局、布线等诸多因素，这些都是印刷电路板设计成功的关键。

布局是印刷电路板设计的最关键环节之一，在布局时要遵循一定的规则。同时，在对印刷电路板进行布局之前，首先要对设计的电路有充分的分析和理解，只有在此基础之上才能做到合理、正确的布局。

1. 布局规则

(1) 整体布局要美观大方、疏密恰当和重心平稳

布局就是将元件封装按一定的规则排列和摆放在电路板中。在保证电气性能的前提下，元件应放置在栅格上且相互平行或垂直排列，以求整齐、美观，一般情况下不

允许元件重叠,元件排列要紧凑。大而重的元器件尽可能安装在印刷板上靠近固定端的位置,并降低重心,以提高机械强度和耐振、耐冲击能力,以及减小印刷板的负荷变形,如图 4-1 所示。

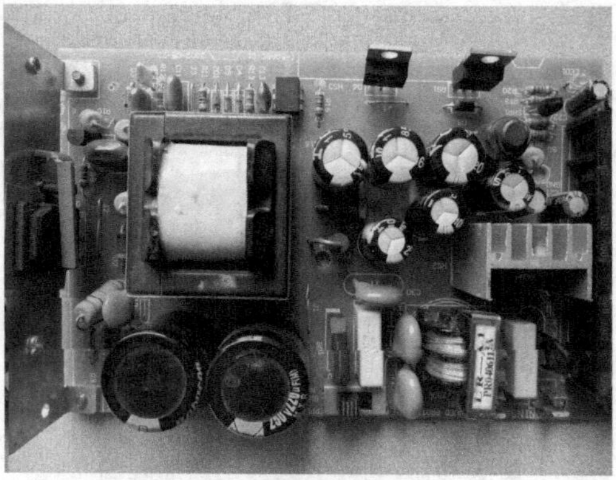

图 4-1 合理美观的整体布局

(2) 按照信号走向布局

通常按照信号的流程逐个安排各个功能电路单元的位置,以每个功能电路的核心元件为中心,围绕它进行布局。元件的布局应便于信号流通,使信号尽可能保持一致的方向。多数情况下,信号的流向要按照信号的顺序排列,安排输入、输出端,应尽可能远离,输入与输出之间用地线隔开,如图 4-2 所示。

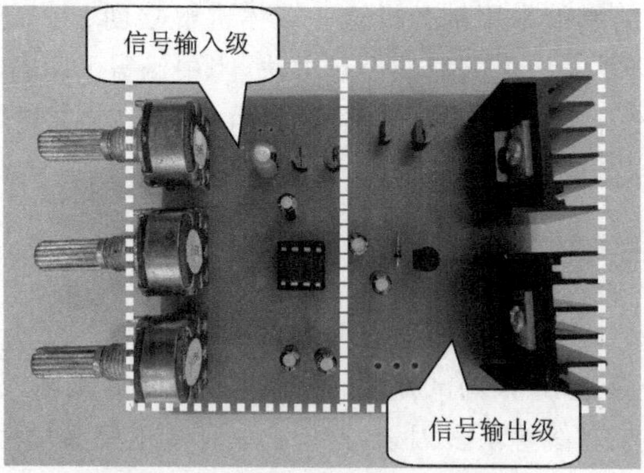

图 4-2 信号输入、输出级相隔离

(3) 防止电磁干扰

对辐射电磁场较强的元件,以及对电磁感应较灵敏的元件,应加大相互之间的距离或加以屏蔽,元件放置的方向应与相邻的印制导线交叉。尽量避免高低电压器件相互混杂、强弱信号的器件交错在一起。对于会产生磁场的电感器件,如变压器、扬声器、继电器和电感等,布局时应注意减少磁力线对印制导线的切割,相邻元件磁场方向应相互垂直，减少彼此之间的耦合，如图 4－3 所示。

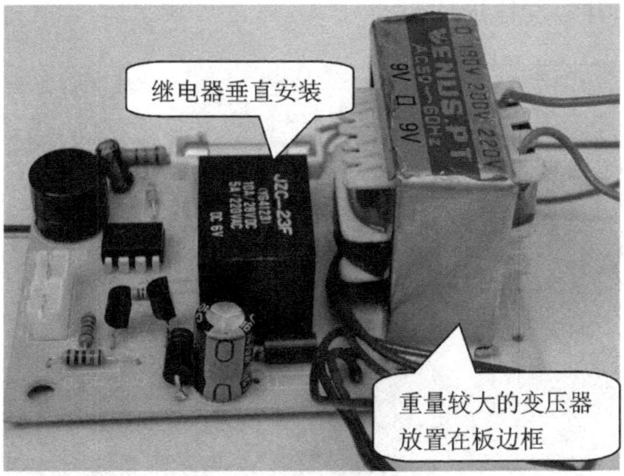

图 4－3　电感类器件的布局

（4）抑制热干扰

对于发热元件，应优先安排在利于散热的位置，必要时可以单独设置散热器或小风扇，以降低温度，减少对邻近元件的影响。一些功耗大的集成块，大或中功率管和电阻等元件，要布置在容易散热的地方，并与其他元件隔开一定距离，如图 4－4 所示。

图 4－4　带散热器件的布局

（5）可调元件的布局

对于电位器、可变电容器、可调电感线圈或微动开关等可调元件的布局应考虑整机的结构要求，若是机外调节，其位置要与调节旋钮在机箱面板上的位置相适应；若是机内调节，则应放置在印制电路板便于调节的地方，如图 4－5 所示。

2. 布线规则

（1）地线的布设

① 选择正确的接地方式　当电路工作在低频时，可采用“一点接地”的方式，每个电路单元都有自己的单独地线，因此不会干扰其他电路单元，如图 4－6 所示就是典型的一点接地方式。在实际布线时并不能绝对做到，而是使它们尽可能安排在一

个公共区域之内。当电路工作在频率 10 MHz 以上时,即高频状态,就不能采用一点接地的方法,而是采用多点接地。

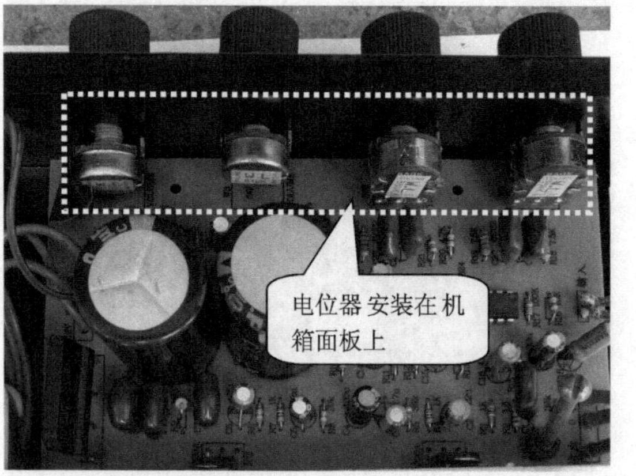

图 4-5　可调元件的布局

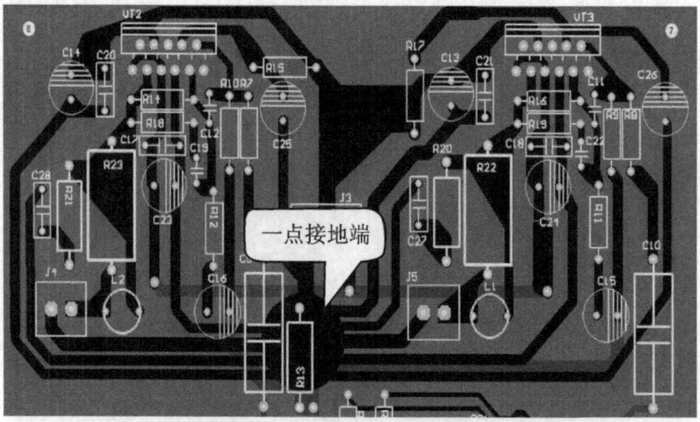

图 4-6　典型的一点接地

② 数字地与模拟地分开　电路板上既有高速逻辑电路,又有线性电路,应使它们尽量分开,两者的地线不要相混,分别与电源端地线相连。低频电路的地应尽量采用单点并联接地,实际布线有困难时可部分串联后再并联接地;高频电路宜采用多点串联接地,地线应短而粗。高频元件周围尽量用栅格状大面积地箔,要尽量加大线性电路的接地面积。

③ 接地线应尽量加粗　采用短而粗的接地线,增大地线截面积,以减小地阻抗,如图 4-7 所示。如有可能,接地线的宽度应根据电路板的实际大小尽量地大。此外,根据电路电流的大小,也应该相应加粗电源线宽度,以减少环路电阻。

(2) 印制焊盘和印制导线

① 焊盘的尺寸和形状　焊盘的尺寸取决于焊接孔的尺寸,焊盘直径应大于焊接孔

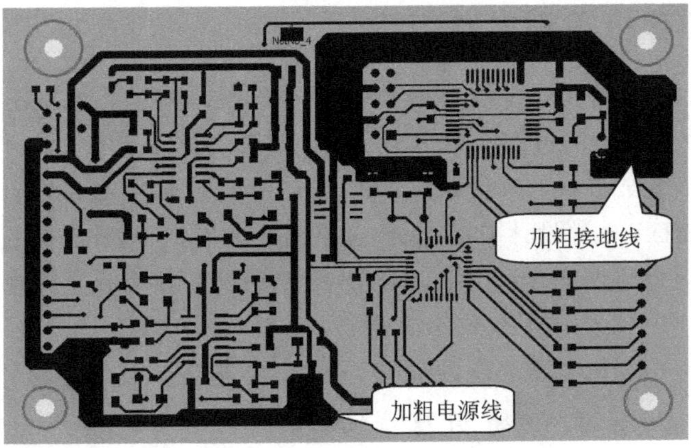

图 4-7　接地线和电源线加粗

内径的 2～3 倍，但不宜过大，焊盘过大易形成虚焊。焊盘外径 D 一般不小于 $(d+1.2)$mm，其中 d 为引线孔径。对高密度的数字电路，焊盘最小直径可取 $(d+1.0)$mm。焊盘形状的选用没有太具体的规则，一般多选择圆形，也可根据需要选择正方形、椭圆形和八角形等。

② 导线宽度、导线间距和导线的形状　导线的最小宽度主要由导线与绝缘基板的粘附强度和流过它们的电流值决定。当铜箔厚度为 0.5 mm、宽度为 1～15 mm 时，通过 2 A 的电流，温升不会高于 3℃。因此，导线宽度为 1.5 mm 可满足要求。对于集成电路，尤其是数字电路，通常选 0.02～0.3 mm 导线宽度。当然，只要允许，还是尽可能用宽线，尤其是电源线和地线。导线的最小间距主要由最坏情况下的线间绝缘电阻和击穿电压决定。对于集成电路，尤其是数字电路，只要工艺允许，可使间距小于 0.1～0.2 mm。

对于导线的形状，应走向平直，不应有急剧的弯曲和出现夹角，拐弯处通常采用圆弧形状，而直角或锐角在高频电路中会影响电气性能；导线要尽可能避免采用分支，如必须有，分支处应圆润，具体可参照图 4-8。

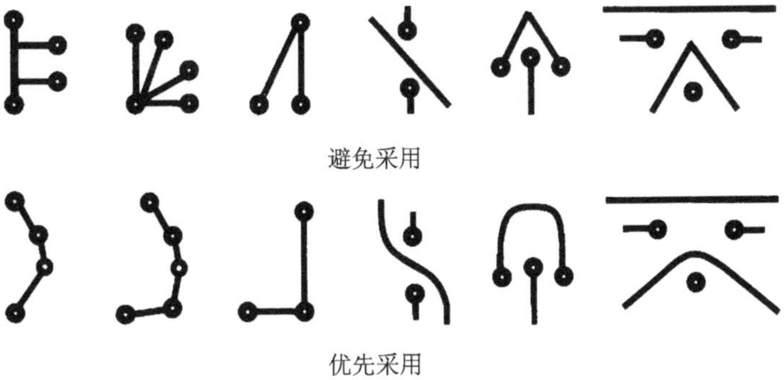

图 4-8　避免采用和优先采用的布线方式

4.2 扩音机印刷电路板设计

印刷电路板(PCB)设计是指根据设计人员的意图,将电路原理图转换成印制版图、确定加工技术要求的过程。PCB设计是一个既烦琐又细致的工作,需要经过多个过程才能最后完成。在实际设计过程中,往往要经过多次修改才能得到比较理想的结果。采用EDA软件设计PCB,大致分下面几个步骤:PCB文件的新建与保存→确定元件封装→原理图同步到PCB→PCB布局→PCB布线→设计规则检查→设置泪滴和铺铜→PCB预览→导出PCB文件。

下面仍然以扩音机电路为例讲解用立创EDA进行PCB设计的过程。

4.2.1 PCB文件的新建与保存

在新建PCB文件前,先要规划电路板,根据实际需要及为后期手工制作方便,将此次电路板规划为矩形(宽85 mm,高60 mm)的单面板。在创建时无法直接选择单面板,可选择2层板,在布线时进行单面布线即可。

1. 新建PCB文件

右击工作区"扩音机电路"工程文件夹,选择"新建PCB",会弹出"新建PCB"对话框,如图4-9和图4-10所示。设置宽为85 mm,高为60 mm,其他保持默认参数,单击"应用",完成PCB文件的新建,如图4-11所示。

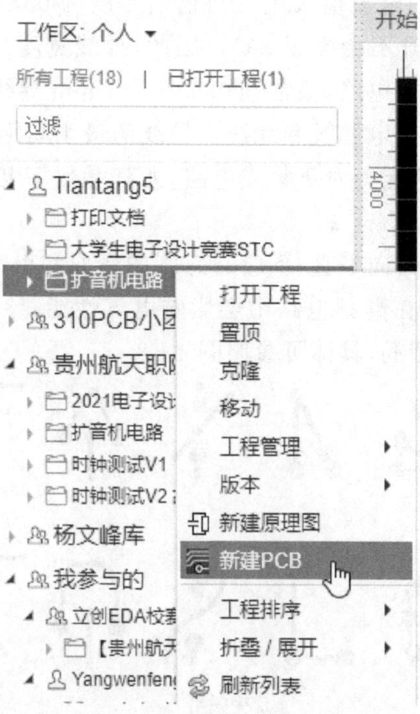

图4-9 新建PCB

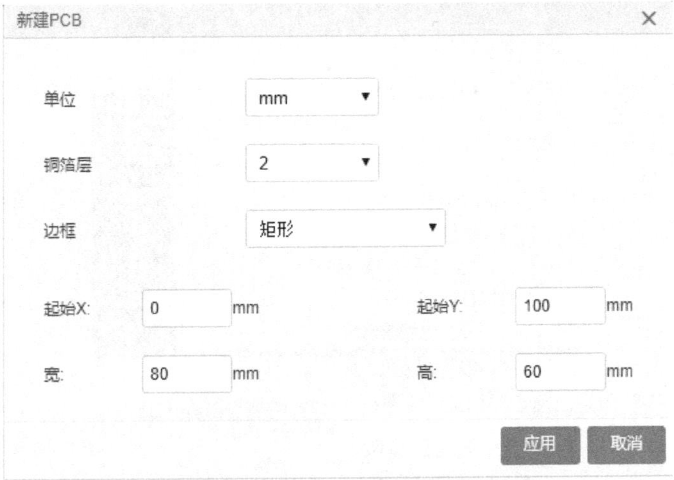

图 4-10 “新建 PCB”对话框

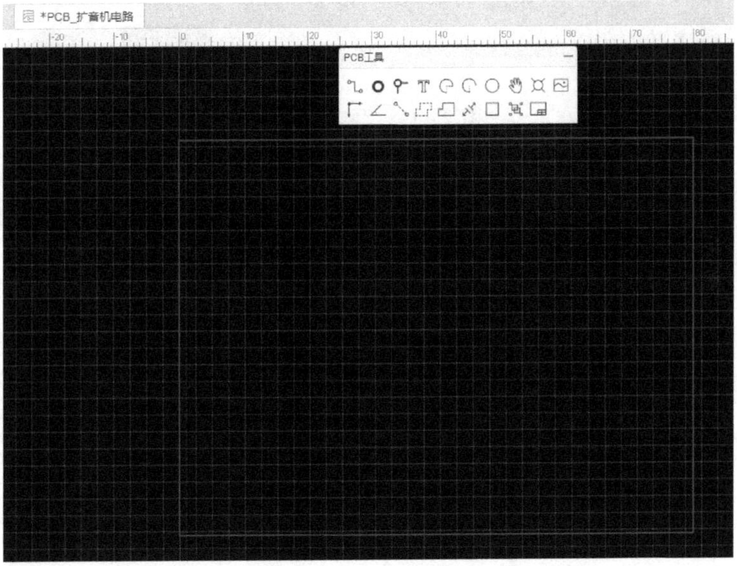

图 4-11 PCB 文件窗口

2. 保存 PCB 文件

PCB 文件新建完成后，单击主菜单“文件”→“保存”或者单击工具栏的“保存”按钮即可完成保存。保存后在工作区工程文件夹下可以看到新建的 PCB 文件。

右击“PCB_扩音电路”，选择“修改”，弹出“修改文档信息”对话框，如图 4-12 和图 4-13 所示，可以修改标题、添加 PCB 描述内容，修改完成后单击“确定”即可。

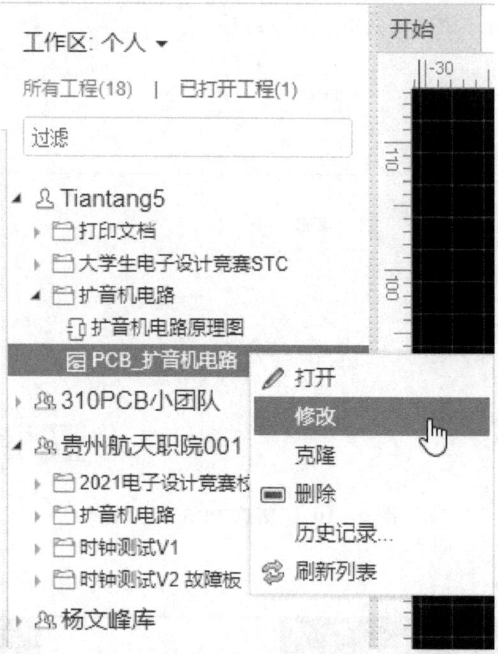

图 4-12 “修改”选项

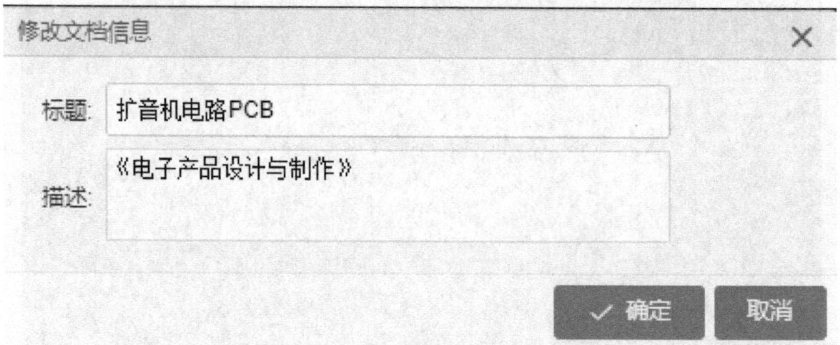

图 4-13 修改文档信息对话框

4.2.2 原理图同步到 PCB

1. 确定元件封装

原理图导入PCB文件以前,要先检查元件的封装,没有封装的元件要进行添加封装,元件封装不符合要求的要进行修改。

单击主菜单“工具”→“封装管理器”,会弹出“封装管理器”对话框,如图4-14所示。

在“封装管理器”对话框中,单击左侧元件列表中的元件,就可以看到元器件的封装样式,如果没有看到封装样式或者看到的样式和实际需要的不一样,则需要进行

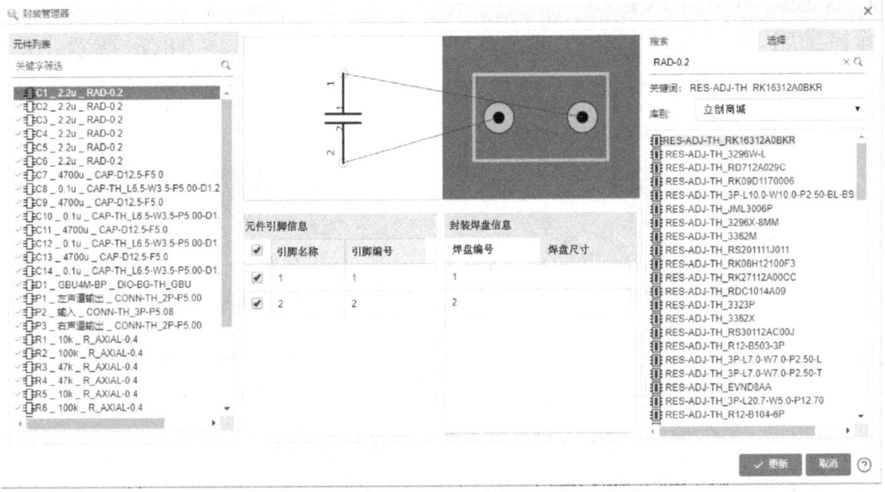

图 4-14　“封装管理器”对话框

修改。

例如，选择 TDA1521，在“搜索”框中输入“SOT157”，单击搜索框后面的“放大镜”图标，可以找到两个封装“SOT157-2”和“SOT157”，这里选择“SOT157-2”，单击对话框右下角的“更新”即可完成修改，如图 4-15 所示。

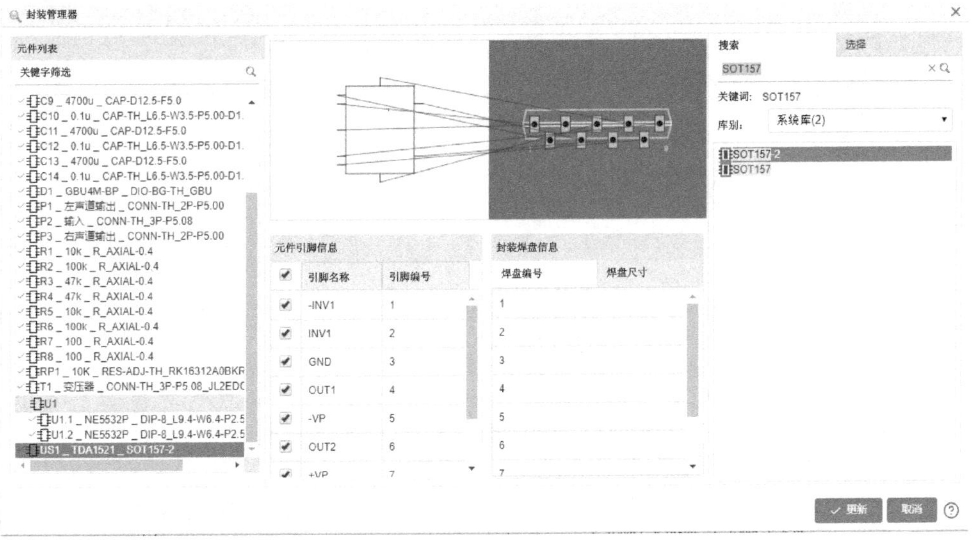

图 4-15　“封装管理器”对话框

其他元件可以按照相同的方法完成修改，如果找不到合适的封装，也可以自己绘制，具体方法大家可以在主菜单“帮助”→“使用教程”中查找。

2. 原理图同步到 PCB

在原理图界面,单击主菜单“设计”→“更新 PCB”,如图 4-16(a)所示。也可以在 PCB 文件,单击主菜单“设计”→“导入变更”,如图 4-16(b)所示。

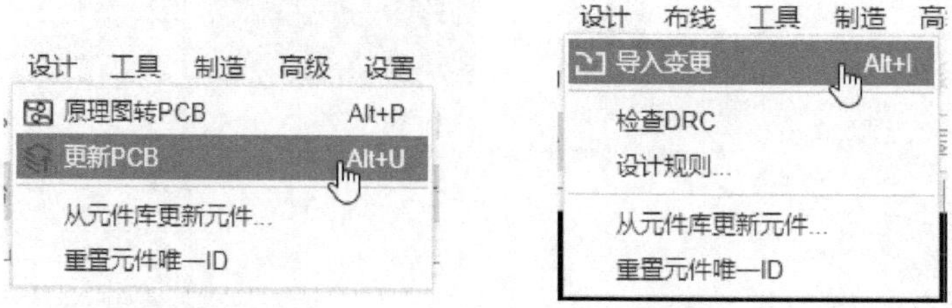

(a) 从原理图更新PCB　　(b) 从PCB导入更新

图 4-16　原理图同步到 PCB 选项

弹出的“确认导入信息”对话框,如图 4-17 所示,该对话框包括了“元件”和“网络”两部分信息,可单击“应用修改”。

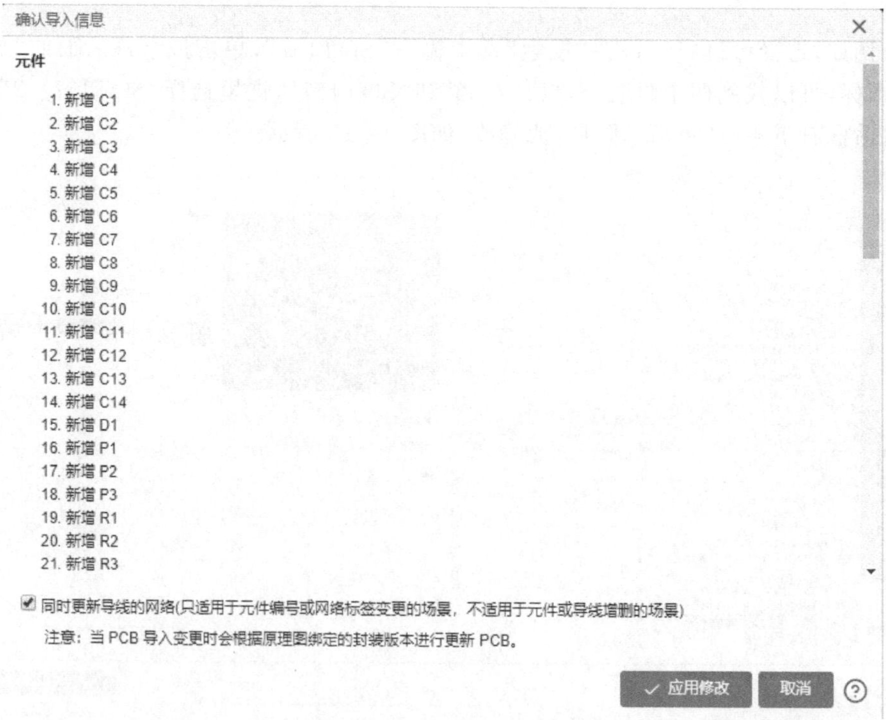

图 4-17　“确认导入信息”对话框

弹出的“设计规则”对话框,如图 4-18 所示,该对话框主要包括了线宽、间距等信息,此时选择默认参数,单击“设置”,原理图即同步到了 PCB 文件,如图 4-19 所示。“设计规则”对话框也可在 PCB 生成以后,单击主菜单“设计”→“设计规则”

打开。

图 4－18　“设计规则”对话框

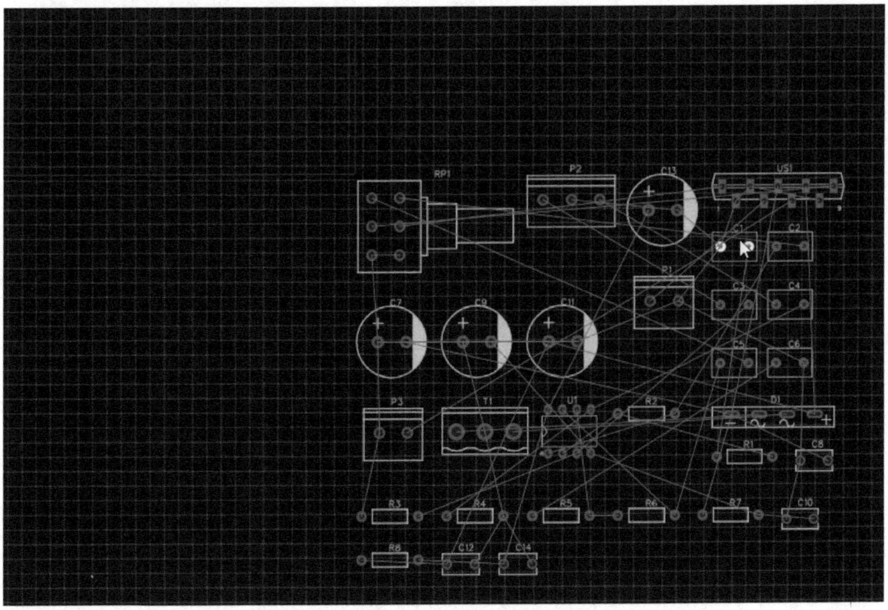

图 4－19　同步后 PCB 编辑窗口

4.2.3 PCB 布局

1. 添加安装孔

安装孔是电路板安装固定用的,在元器件布局前,要给 PCB 添加安装孔。此次设计的是单面板,并且将采用手工的方法进行制作,在 PCB 四个角放置“焊盘”表示安装孔即可。

(1) 放置安装孔

如图 4-20 所示,在“PCB 工具”悬浮窗口选择“焊盘”工具,将焊盘放置在 PCB 上,单击选中焊盘,右侧出现“焊盘属性”面板,如图 4-21 所示,将网络修改为“无”,宽、高设置为 5 mm,孔直径 3 mm。将设置好的焊盘复制粘贴 3 个。

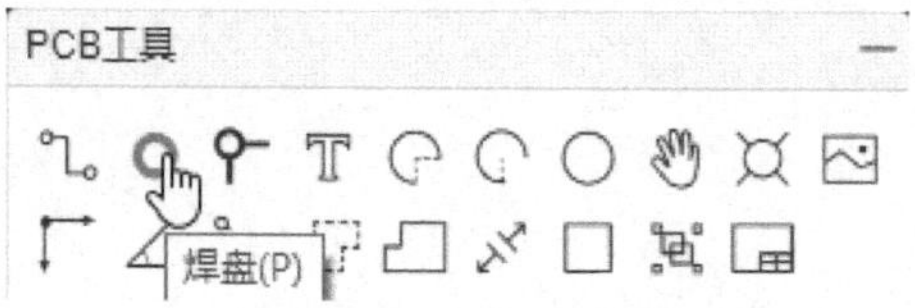

图 4-20 “焊盘”工具

图 4-21 修改后的焊盘属性

(2) 确定安装孔位置

将焊盘放置在 PCB 的四个角上,焊盘中心距边框 5 mm。为了精确定位,可以选择“PCB 工具”悬浮窗口的“尺寸”工具,如图 4-22 所示,在 PCB 角上放置横向和纵向两个 5 mm 的尺寸,再将焊盘放置在交点即可。

2. 布局传递

添加好安装孔以后,对元件进行布局。布局时,一般会根据原理图挑选出相关的元件,这时候可以选用“布局传递”功能。

此处以电源部分为例讲解。在原理图中,选择电源部分的所有元件,如图 4-23

所示。

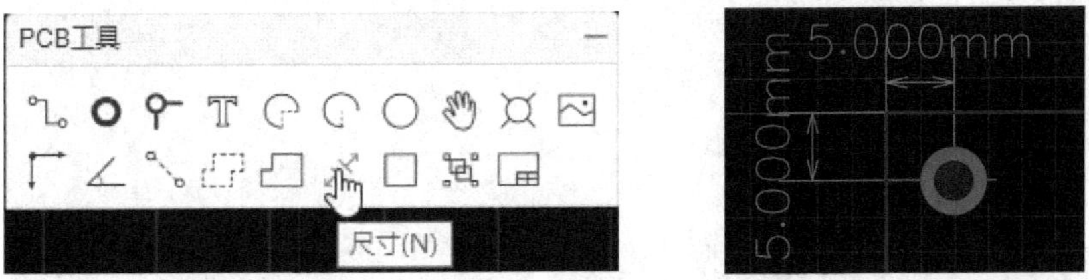

(a) “尺寸”工具　　(b) 放置尺寸

图 4－22　安装孔定位

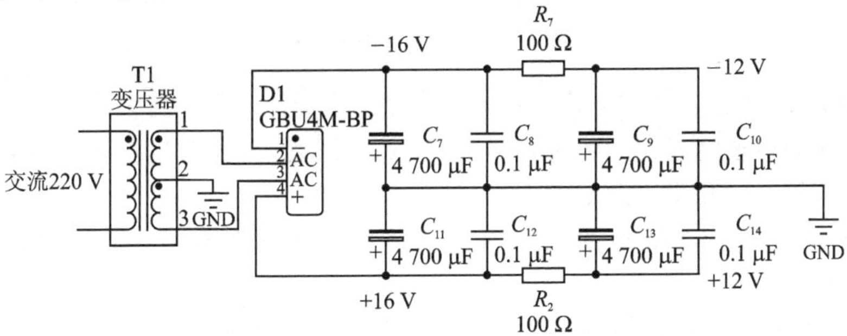

图 4－23　选择原理图电源部分

如图 4－24 所示，单击主菜单“工具”→“布局传递”，会自动跳转到 PCB 文件，并且选中了与原理图对应的所有元件，如图 4－25 所示，拖动鼠标到合适的位置放置即可。

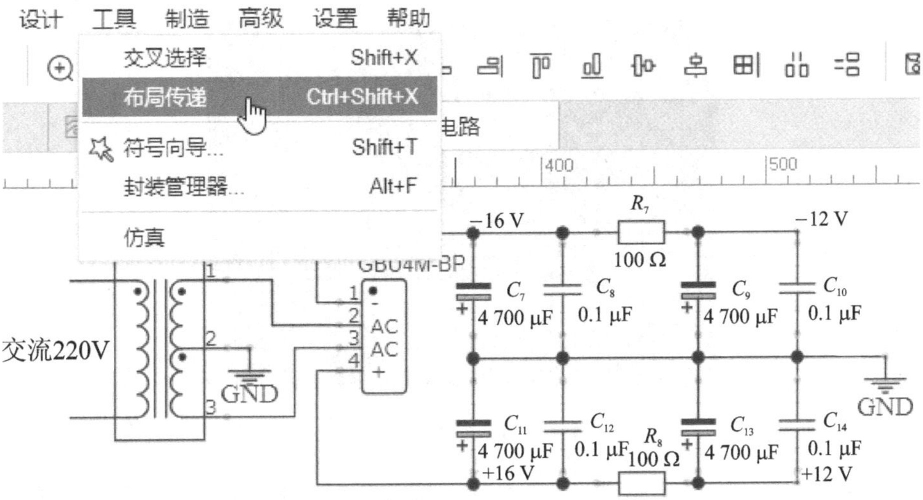

图 4－24　布局传递菜单

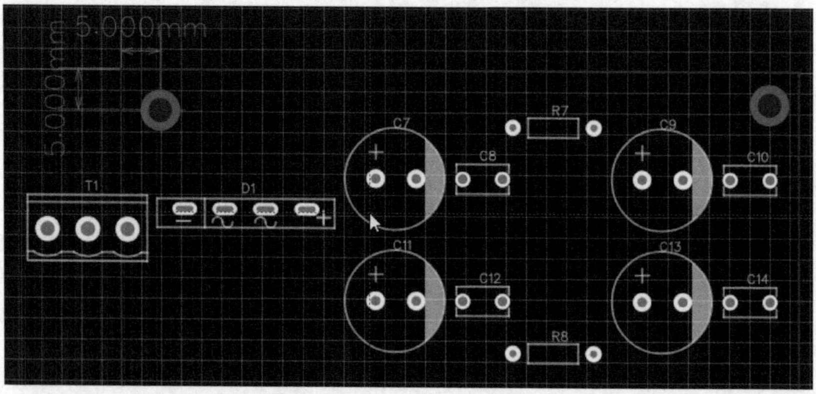

图4-25　布局传递的元件

3. 手动布局

采用布局传递将元件大致位置确定后,接下来对元件位置进行手动调整。

调整布局时的几个注意事项:

① 电源插座、输入插座、输出插座应该放在PCB边缘位置,而且方向应便于插头或者导线的连接。

② 音量电位器要将手柄露出在PCB之外,以便安装和使用。

③ 功率放大集成电路TDA1521要根据实物预留散热片安装位置。

④ 单面板设计,元件调整位置时不得“反转”。

手动布局操作:

拖动元件就可以进行位置调整,元件布局时可以根据需要对元件进行旋转。

手动调整后电源部分的布局如图4-26所示。

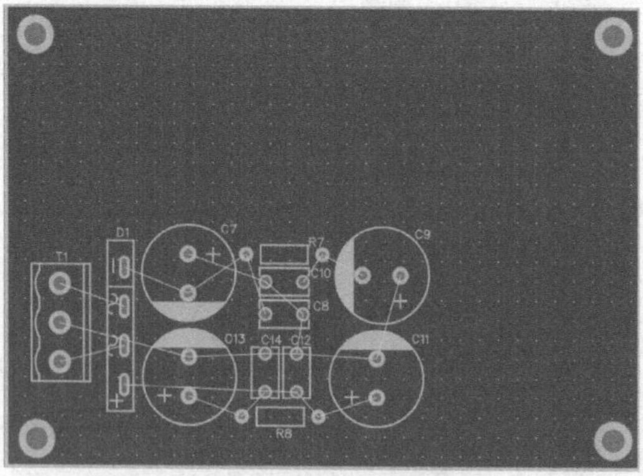

图4-26　电源部分布局

扩音机电路整体布局如图4-27所示。需要说明的是,对于初学者布局很难一次完成,先按照规则完成基本布局即可,后期根据布线等因素的需要仍可进行调整。

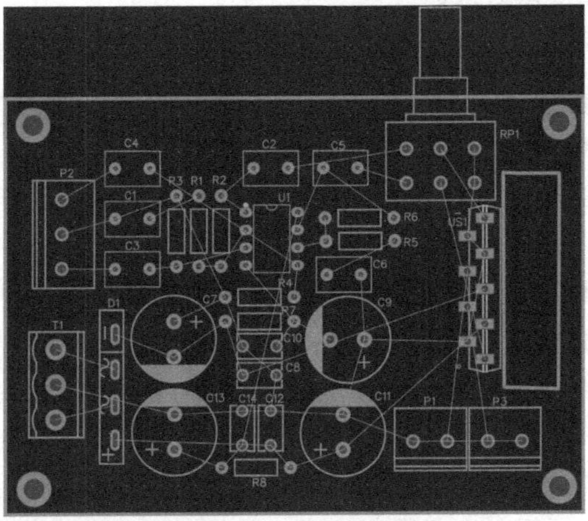

图 4-27　整体布局

4.2.4　PCB 布线

完成 PCB 布局以后，进入 PCB 布线操作，布线分为自动布线和手动布线。

1. 自动布线

（1）设计规则

自动布线前要先对“设计规则”进行设置。在 PCB 界面，点击主菜单“设计”→“设计规则”，弹出“设计规则”对话框，如图 4-28 所示。

图 4-28　设计规则对话框

"设计规则"对话框内容说明：

规则：默认规则是Default，单击"新增"按钮，可以设置多个规则，规则支持自定义名称，每个网络只能应用一个规则，每个规则可以设置不同的参数。

线宽：当前规则的走线宽度。PCB的导线宽度不能小于该线宽。

间距：当前规则的元素间距。PCB的两个具有不同网络的元素的间距不能小于这个间距。

孔外径：当前规则的孔外径。PCB的孔外径不能小于该孔外径，如通孔的外径、过孔的外径、圆形多层焊盘的外径。

孔内径：当前规则的孔内径。PCB的孔内径不能小于该孔内径，如过孔的内径、圆形多层焊盘的孔内径。

线长：当前规则的导线总长度。PCB的同网络的导线总长度不能大于该长度，否则报错。如果输入框留空则不限制长度。总长度包括导线、圆弧。

实时设计规则检测：当开启此功能后，在画图的过程中就会进行检测是否存在DRC错误，存在则显示"X"警示标识。当PCB比较大的时候开启这个功能可能会有卡顿现象。

检查元素到铺铜的距离：默认开启，检测元素到铺铜的间隙。如果不开启该项，移动了封装之后必须要重建铺铜，否则DRC无法检测出与铺铜短路的元素。

检查元素到边框的距离：开启此功能后，在后面输入检测的距离值，元素到边框的值小于这个值会报错。

布线与放置过孔时应用规则：开启此功能后，在画布放置与规则相同的过孔时，过孔的大小应用规则设置的参数，导线绘制同理。

布线时显示DRC安全边界：默认开启，绘制导线时，导线外面的一圈线圈，线圈的大小根据规则的间距。

(2) 为网络设置规则

使用者可以为每条网络设置对应的规则，目前立创EDA不支持设置复杂的规则。设置规则操作如下：

① 先单击"新建"按钮建立一个规则，或者使用默认规则。

② 在右边选中一个或者多个网络，支持按住"CTRL"键多选，也可以进行关键字筛选和按照规则分类筛选。

③ 在下方"设置规则"选择要设置的规则，然后单击"应用"按钮，这个网络就应用了该规则。

④ 单击"设置"按钮完成规则设置(见图4-29)。

(3) 安装本地布线服务器

立创EDA自动布线可以采用本地布线服务器，也可以采用云端服务器，建议尽量采用本地布线服务器。

图 4-29　新增设计规则

单击主菜单“布线”→“自动布线…”→“自动布线…”，弹出“自动布线设置”对话框，如图 4-30 所示，可以看到“布线服务器”本地不可用，此时单击“安装本地自动布线”，会弹出下载链接窗口，如图 4-31 所示，根据操作系统选择对应的版本进行下载。

图 4-30　布线服务器本地(不可用)

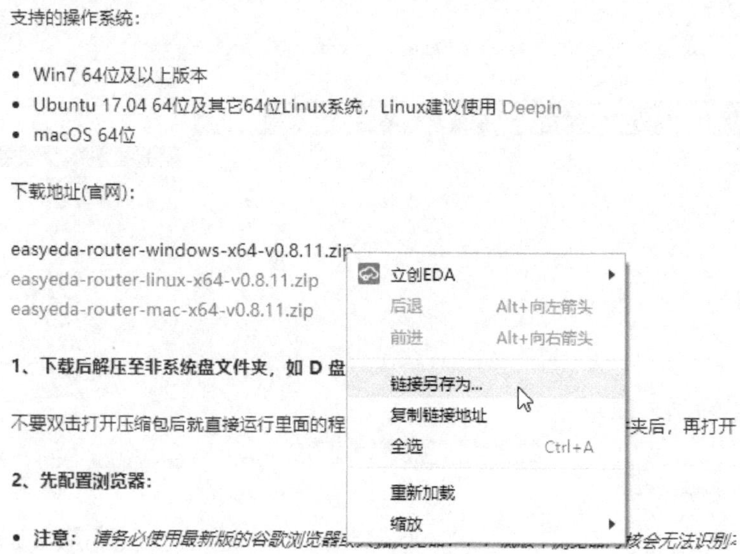

图 4-31　下载链接窗口

下载后解压文件，根据说明设置浏览器。运行“win64.bat”文件，如图 4-32 所示。

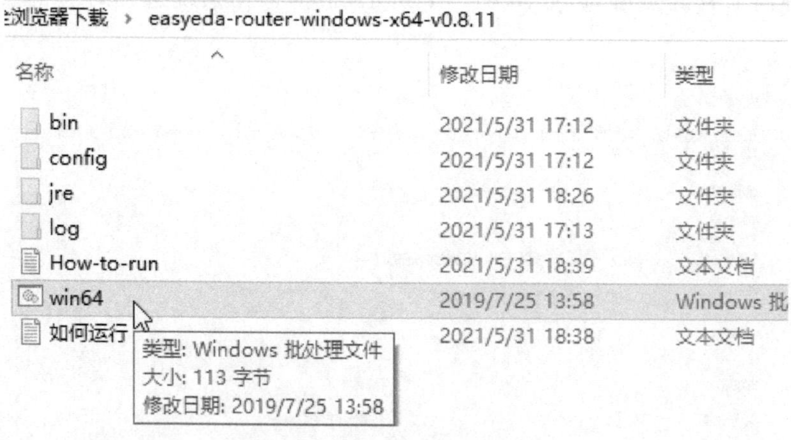

图 4-32　运行“win64”批处理文件

运行“win64.bat”文件后，返回到“自动布线设置”窗口，可看到布线服务器本地(可用)，如图 4-33 所示。

(4) 自动布线

在“自动布线设置”对话框的布线层选择“底层”，然后单击“运行”，系统即可进行自动布线，如图 4-34 所示。

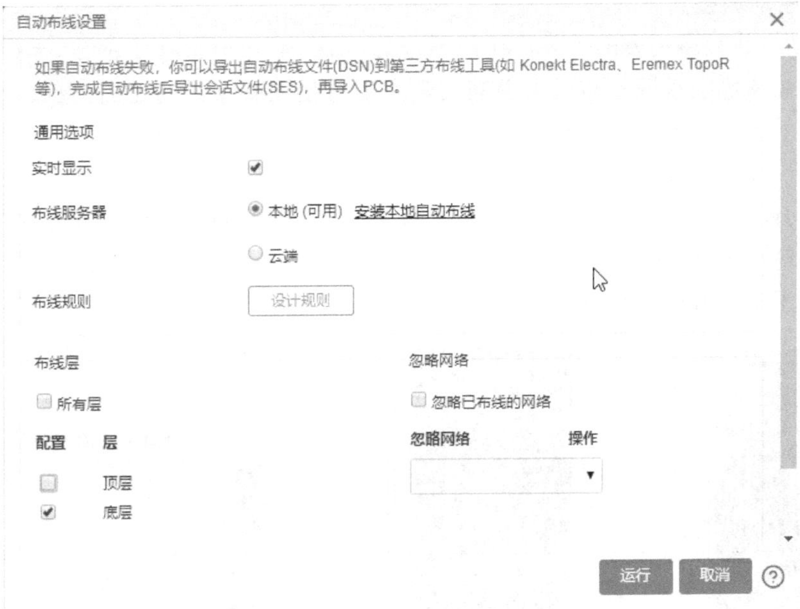

图 4-33　布线服务器本地(可用)

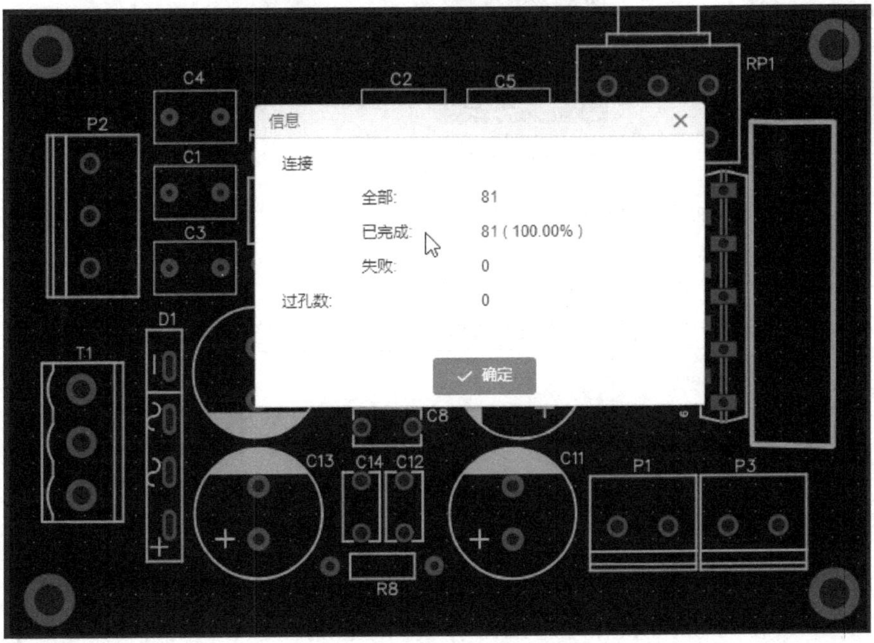

图 4-34　自动布线信息

2. 手动调整

自动布线很多地方的效果往往并不理想,如图4-35(a)所示部分,导线非常曲折,这时候需要手动调整布线。手动调整主要包括调整布线的走向、更改导线的宽度等。

(1) 手动调整方法

手动调整的方法是删除不合理的导线,进行手动绘制。绘制时首先在“层与元素”悬浮窗口选择“底层”,如图4-36所示。然后选择“PCB工具”中的“导线”工具进行绘制,手动修改后的结果如图4-35(b)所示。

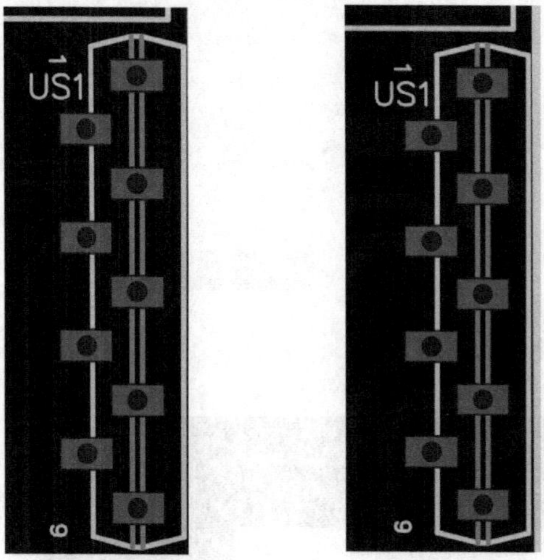

(a) 自动布线结果　　(b) 手动调整布线的结果

图4-35　自动布线结果与手动调整结果

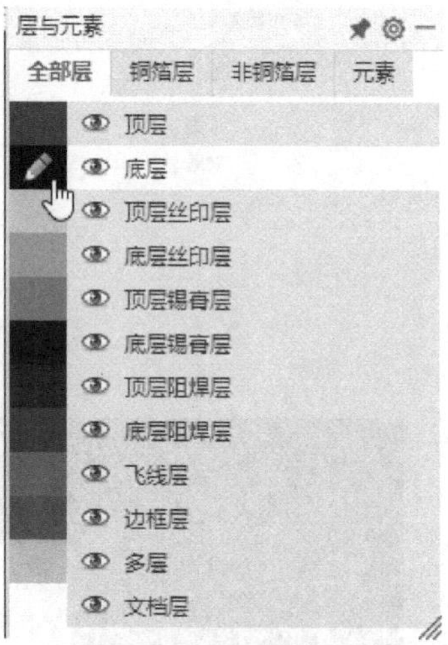

图4-36　选择“底层”

(2) 全局手动调整布线

按照上述方法,对扩音机电路PCB进行全局手动调整布线,调整完成后,结果如图4-37所示。

需要说明的是该图不一定是最佳方案,大家可以按照自己的思路进行布线。

3. 设计规则检查

在布线完成以后,运行设计规则检查,查找不符合设计规则的地方。

单击主菜单“设计”→“检查DRC”命令,在“设计管理器”中会报告DRC错误,如图4-38所示。

由图4-38可以看出,有两处DRC错误。单击第一处DRC错误“线宽”,定位到出错位置并高亮显示,如图4-39所示。可调整线宽进行修改。

单击第二处DRC错误“间距(导线—导线)”,定位到间距错误并高亮显示,如图4-40所示,可调整导线位置进行修改。

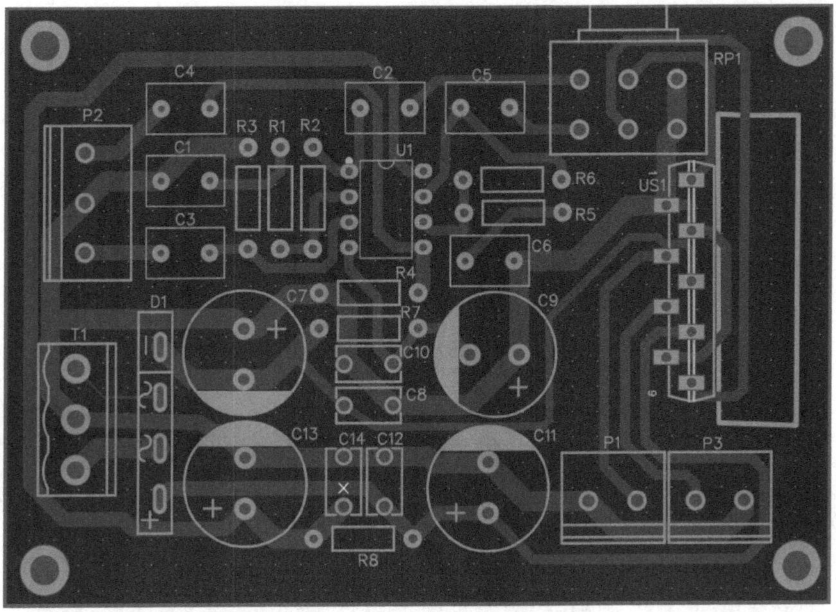

图 4－37　全局手动调整布线结果

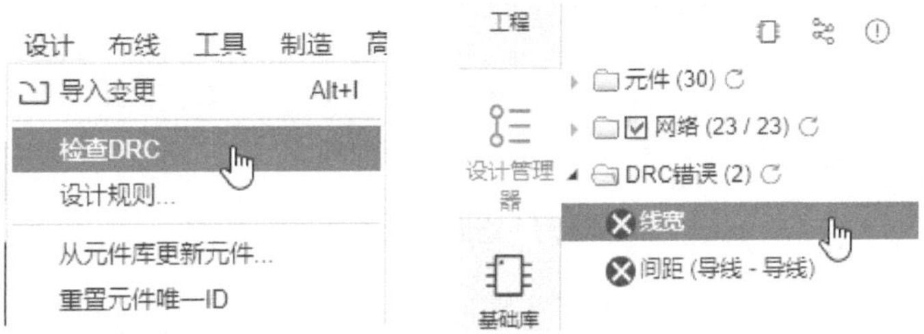

图 4－38　设计规则检查

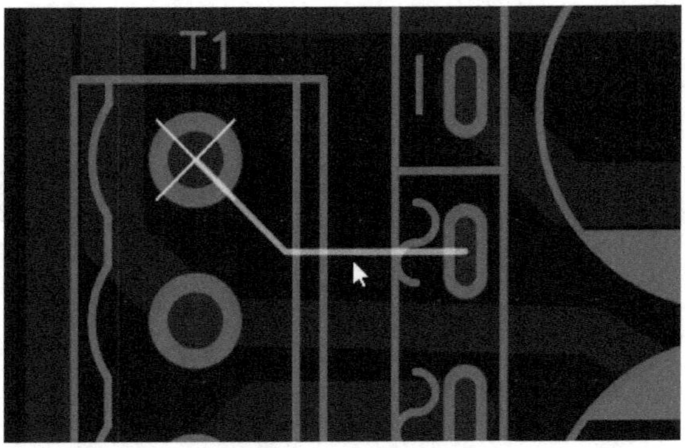

图 4－39　“线宽”错误

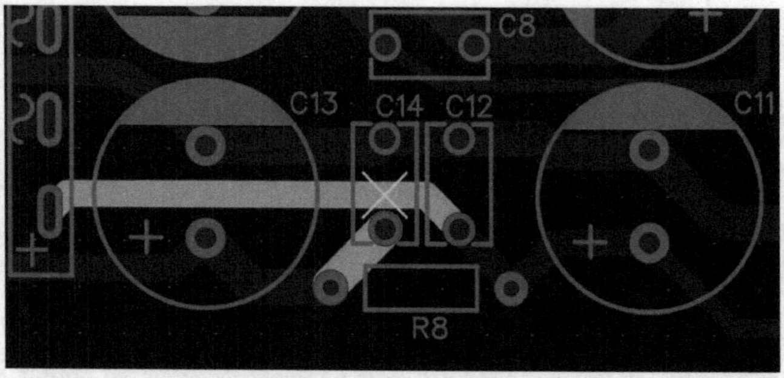

图 4-40 “间距”错误

4. 泪 滴

泪滴是导线与焊盘之间增加覆铜连接的部分,其作用是让电路在 PCB 板上的连接更加稳固,可靠性高,也可使 PCB 电路板显得更加美观,而且信号传输时平滑阻抗,减少阻抗的急剧跳变,避免高频信号传输时的反射。

(1) 添加“泪滴”方法

单击主菜单“工具”→“泪滴...”(见图 4-41),弹出“泪滴”对话框,如图 4-42 所示,可设置泪滴参数,然后单击“应用”,完成“泪滴”设置。

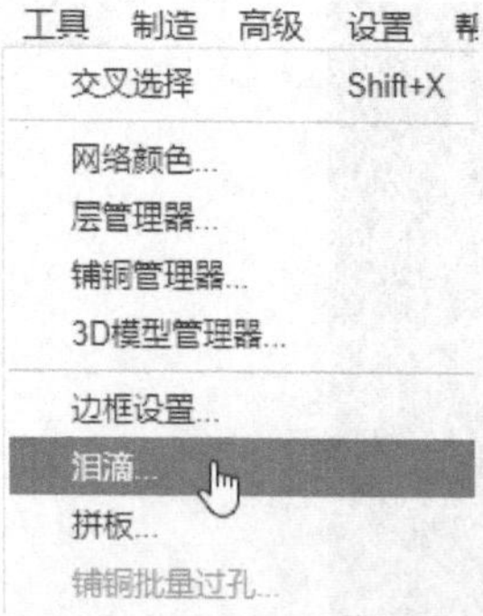

图 4-41 “泪滴”菜单

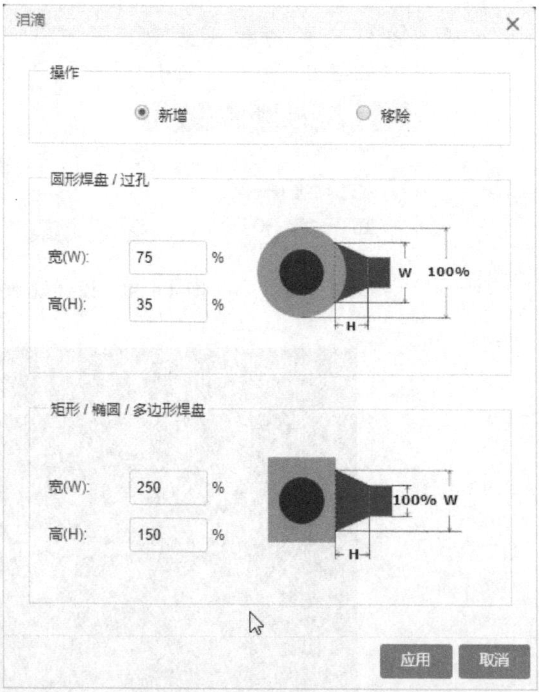

图 4-42 “泪滴”对话框

(2) 添加"泪滴"的效果

选择默认参数添加泪滴后的布线对比，如图 4－43 所示。

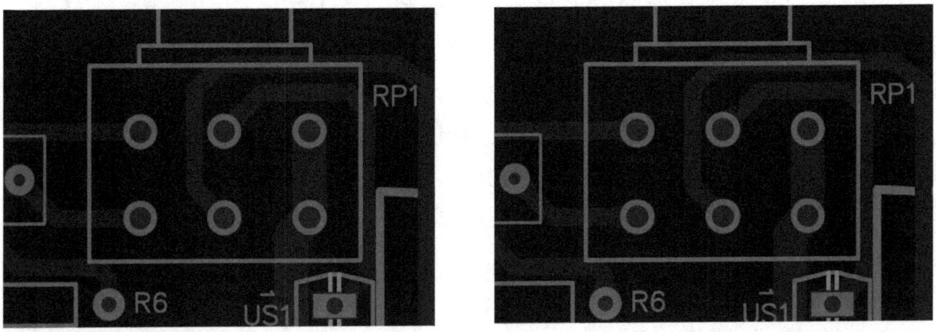

(a) 添加泪滴前　　(b) 添加泪滴后

图 4－43　添加"泪滴"前后对比

5. 铺　铜

铺铜的作用是保留整块铜箔区域使其连接到电路的某个网络，一般选择接地或者接电源。

(1) 铺铜方法

单击"PCB 工具"悬浮窗中的"铺铜"工具，或者使用快捷键 E，弹出"属性"对话框，选择"网络"后进行绘制铺铜，如图 4－44 所示。

可以围绕计划铺铜的区域绘制铺铜区，在绘制过程中支持按快捷键"L"和"空格"键切换布线拐角和方向；可以直接在板子边框外部绘制，不需要沿着板子边框，立创 EDA 会自动裁剪多余的铜箔。

如果顶层和底层均需要铺铜，则需要分别绘制。一块板子可以绘制多个铺铜区，并分别设置。

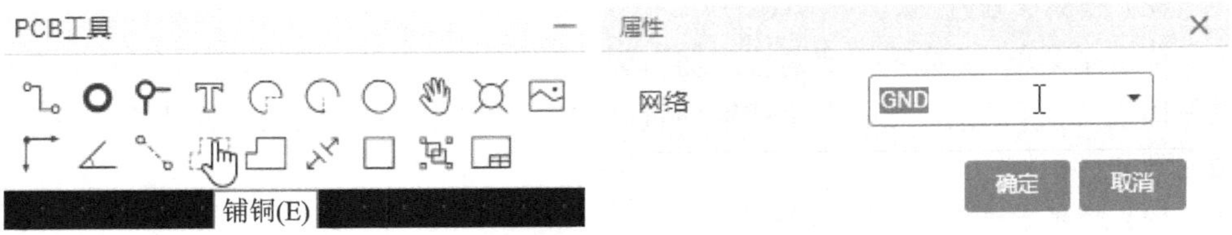

图 4－44　"铺铜"工具

(2) 铺铜属性

选中"铺铜"线框，在右边会弹出"铺铜属性"面板，如图 4－45 所示，可以对参数进行修改。

铺铜属性面板各项内容说明如下：

层：可以修改铺铜区的层。

名称:可以为铺铜设置不同的名称。

网络:设置铜箔所连接的网络。

间距:铺铜区距离其他同层电气元素的间隙。当设计规则有间距设置时,铺铜间距会与设计规则比较,取大的值产生间隙。

焊盘连接:焊盘与铺铜的连接样式。直连:直接与焊盘连接;发散:与焊盘产生十字连接。

发散线宽:当焊盘连接是发散时,此处可以设置十字的宽度。

保留孤岛:是或否,即是否去除死铜。

填充样式:全填充、网格 45°、网格 90°、无填充。

到边框间距:设置铺铜到边框的间距。

制造优化:网格铺铜默认启用制造优化。

锁定:仅锁定铺铜的位置。锁定后将无法通过画布修改铺铜大小和位置。

重建铺铜区:若对 PCB 做了修改,或者铺铜属性做了修改,那么可以不用重新绘制铺铜区,对其重建铺铜填充即可。

图 4-45 铺铜属性面板

编辑坐标点:可以很方便对铺铜线框进行编辑,可以在每个坐标点前后新建/移除一个坐标点,修改其坐标,设置圆弧拐角等。

添加/移除过孔:当设计需要放置大量过孔时,可以使用该按钮。必须是有两个不同层的相同网络铺铜时,交集的区域进行自动放置过孔,如果只有一个层有铺铜,则该功能无效。

(3) 铺铜管理器

单击主菜单“工具”→“铺铜管理器”,弹出“铺铜管理器”对话框,通过铺铜管理器调整铺铜的优先顺序,可以支持铺铜的重叠和交叉。顺序在前面的铺铜优先铺,即遵循先到先得原则。

(4) 对扩音机 PCB 进行铺铜

对扩音机 PCB 进行铺铜,单击选择“底层”,网络选择“GND”,其他参数选择默认,铺铜后结果如图 4-46 所示。

4.2.5 PCB 预览

立创 EDA 提供对 PCB 进行 2D 预览和 3D 预览,选择主菜单“视图”,可以选择“2D 预览”或“3D 预览”,扩音机电路 2D 预览如图 4-47 所示,3D 预览如图 4-48 所示。

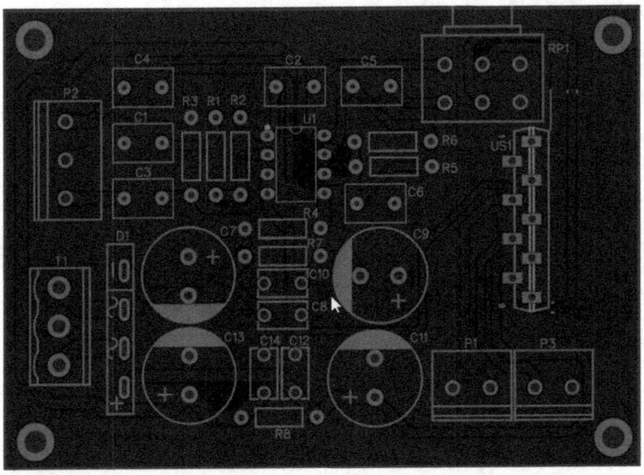

图 4－46　铺铜后的 PCB

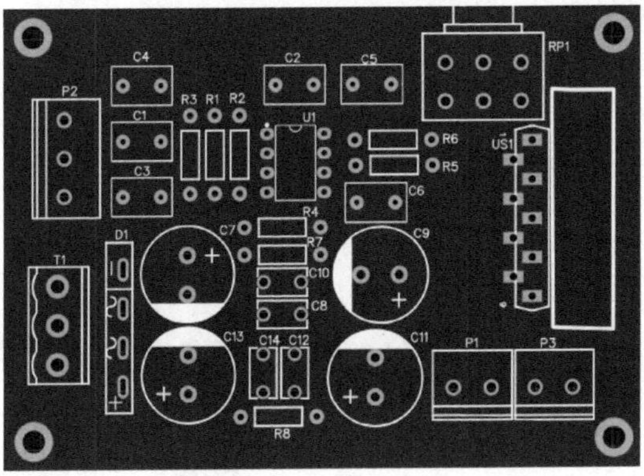

图 4－47　2D 预览

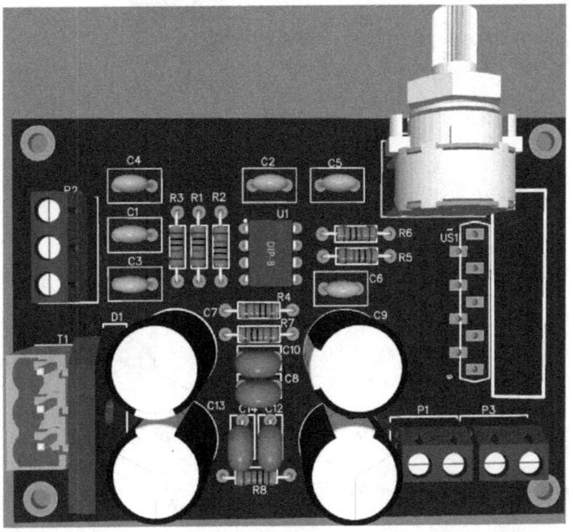

图 4－48　3D 预览

4.2.6 导出PCB文件

PCB设计完成后,可以在主菜单“制造”→“PCB制板文件(Gerber)”生成制板文件。本次设计的扩音机电路后期将采用手工制作的方法,需要导出PCB“制作图”文件和“装配图”文件。

1. PCB“制作图”文件

PCB“制作图”文件是手工制作电路板要用到的文件,后面将使用“热转印法”制作印刷电路板,“热转印法”制作电路板用到的电路图不需要镜像。

单击主菜单“文件”→“导出”→“PDF...”,弹出“导出文档”对话框,如图4-49所示。

“类型”选择“合并层”,“颜色”选择“白底黑图”,“导出层”选择“底层”“边框层”“多层”“通孔”,其余选择默认。然后,单击“导出”,选择保存路径,输入文件名导出文件。

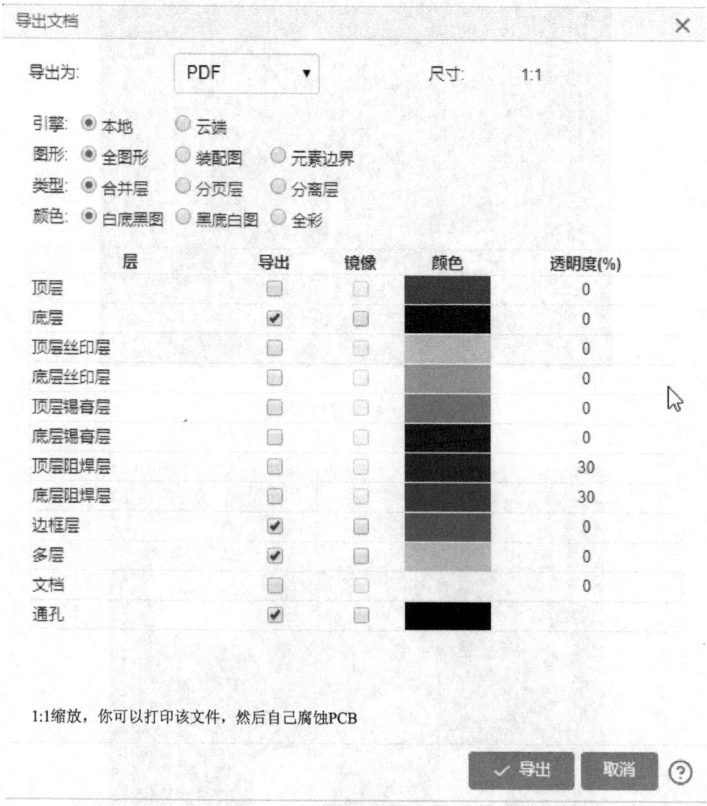

图4-49 PCB“制作图”选项

导出的PCB“制作图”文件需要用PDF阅读器打开,打开后的文件如图4-50所示。

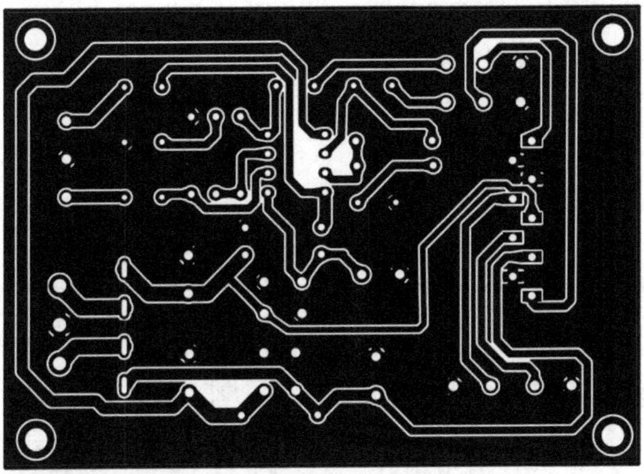

图 4－50　扩音机电路 PCB“制作图”

2. “装配图”文件

“装配图”是电路板制作完成以后，装配元器件时需要用到的图，导出方法与上述相同。如图 4－51 所示，在“导出文档”对话框进行参数选择。

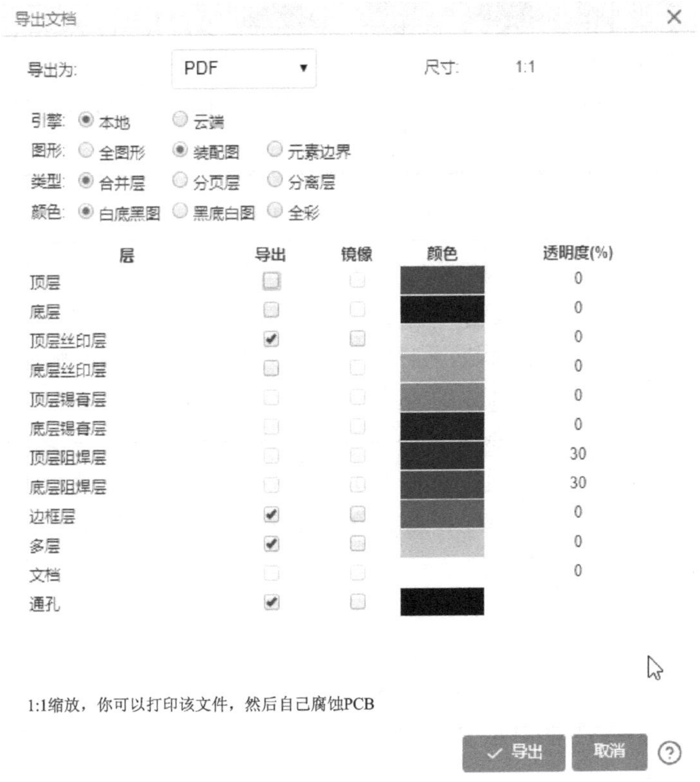

图 4－51　“装配图”选项

“图形”选择“装配图”,“类型”选择“合并层”,“颜色”选择“白底黑图”,“导出层”选择“顶层丝印层”“边框层”“多层”“通孔”。

导出后的“装配图”文件打开后如图 4－52 所示。

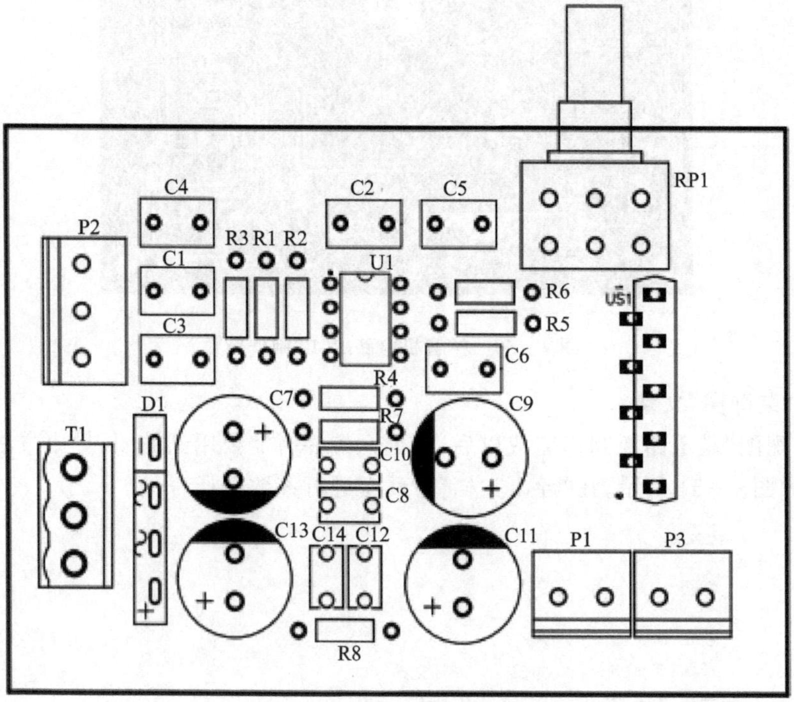

图 4－52　扩音机电路“装配图”

注意事项：

① 元件布局　对于电路板设计而言,这是非常关键的一步。根据电路图并考虑元器件的布局和布线的要求,哪些元件需要加固,要散热,要屏蔽,哪些元件在板外,需要多少连线,输入和输出在什么位置等。

② 手工布线　这是电路板设计的最后一步,也是最关键的一步,很多同学为了图省事方便往往采用自动布线。各种 EDA 软件提供的自动布线功能,往往不能达到预期效果,到最后都要用手工调整。在电路不是很复杂的情况下,可直接手工布线。

【巩固训练】

1. 训练目的：

① 掌握印刷电路板的一般设计规则。

② 掌握印刷电路板设计的基本方法与技巧。

2. 训练内容：

根据画好的功率放大器电原理图和准备好的电子元件和材料进行 PCB 板设计。

3. 训练检查：表 4－1 所列为印刷电路板的检查内容和记录。

表 4－1　检查内容和记录

检查项目	检查内容	检查记录
绘制电路原理图	(1) 根据提供的资料正确绘制电路原理图	
	(2) 正确绘制元件库没有的元件符号	
	(3)正确设置元件参数，选择正确的封装	
设计印刷电路板图	(1) 将导入 PCB 板中的元件进行布局调整	
	(2) 设置布线规则，编辑元件封装	
	(3) 按布线规则绘制电路板线路	
安全文明操作	(1) 注意用电安全，遵守操作规程	
	(2) 遵守劳动纪律，一丝不苟的敬业精神	
	(3) 保持工位清洁，正确使用计算机，养成人走关机的习惯	

4.3　印刷电路板的制作

4.3.1　印刷电路板的制造

1. 印刷电路板的制造工艺流程

工业上生产印刷电路板比较复杂，一般要经过数十道工序才能最终完成，其大致的制造工艺流程如下：

① 底图制版　在印制电路板设计完成后，就要绘制照相底图，可采用手工绘制或计算机辅助设计(CAD)，按 1∶1、2∶1或 4∶1比例绘制，它是制作印制板的依据。然后再由照相底图获得底图胶片，确定印制电路板上要配置的图形。获得底图胶片有两个基本途径：一是先绘制黑白底图，再经照相制版得到，二是利用计算机辅助设计系统和激光绘图机直接绘制出来。

② 机械加工　印制电路板的外形和各种用途的孔(如引线孔、中继孔、机械安装孔等)都是通过机械加工完成的。机械加工可在蚀刻前进行，也可在蚀刻后进行。

③ 孔的金属化　孔的金属化就是在孔内电镀一层金属，形成一个金属筒，与印制导线连接起来。双面和多层印制电路板两面的导线和焊盘的连接就是通过金属化孔来实现的。

④ 图形转移　图形转移就是将电路图形由照相底版转移到覆铜板上去。常见的方法有丝网漏印法和光化学法。

⑤ 蚀刻　蚀刻就是将电路板上不需要的铜箔腐蚀掉，留下所需的铜箔线路。常用的蚀刻溶液有三氯化铁、酸性氯化铜、碱性氯化铜、过硫酸铵和氨水等。

⑥ 金属涂覆　在印制板的铜箔上涂覆一层金属，可提高印制电路的导电性、可靠性、耐磨性，延长印制板的使用寿命。金属镀层的材料有：金、银、锡、铅锡合金等，

方法有电镀和化学镀两种。

⑦ 涂阻焊剂、印字符　涂阻焊剂的作用是限定焊接区域,防止焊接时造成短路,防止电路腐蚀,常见的阻焊剂是"绿油"。印字符是为了电路板元器件的装配和维修方便。

⑧ 涂助焊剂　在印制电路板上,特别是焊盘的表面喷涂助焊剂,可以提高焊盘的可焊性。

⑨ 检验　最后工序是检验加工印制电路板质量并包装,成品出厂。

2. 印刷电路板的手工制作方法

(1) 雕刻法

此法最直接。将设计好的PCB板图用铅笔画在覆铜板的铜箔面上,使用特殊雕刻刀具或者美工刀,直接在覆铜板上用力刻画,去除并撕去图形以外不需要的铜箔,保留电路图的铜箔走线。此法适合制作一些铜箔走线比较平直、走线简单的小电路板。

(2) 手工描绘法

在没有采用计算机CAD设计的情况下,此法被广泛采用。其具体方法是:先将设计好的PCB板图用复写纸复写到覆铜板的铜箔面,然后按照线路部分用记号笔、涂改液或者油漆(将油漆装入注射器中,并将针尖磨平进行涂画效果较好)等在线路上覆盖一层保护层。待保护层晾干后将覆铜板放入三氯化铁溶液中进行腐蚀,由于线路部分涂有保护层而被保留了下来,除去保护层后再涂抹上酒精松香水,最后再打上孔就是一块PCB板成品了。

(3) 热转印法

此法通常与计算机CAD设计相结合使用,制作工艺简单、速度快、精度高,是目前电子爱好者最常采用的手工制作方法之一。其原理是先用激光打印机把设计好的电路图打印在一种特殊的热转印纸上(其打印面较光滑),然后通过加温和加压的方式将打印在热转印纸上的电路图转移到电路板上,从而使电路板上覆盖一层电路图形的碳粉,然后再采用腐蚀法将电路板不需要的部分去掉。

(4) 感光法

此法也是电子爱好者常采用的手工制作方法之一。是采用一种具有感光特性材料的感光膜贴覆在电路板上,再将经过黑白反转处理后的电路图打印在透明胶片上,然后将透明胶片覆盖在电路板上用紫外线曝光机曝光,最后用显影剂将未曝光的部分去除,就可得到留有带膜线路的电路板了。

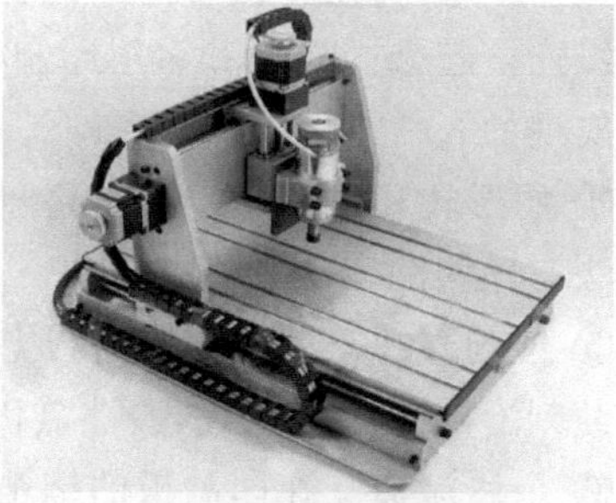

图4-53　PCB雕刻机

(5) PCB雕刻机制作法

PCB板雕刻机又称电路板刻制机、线路板刻制机,如图4-53所示。即采用机械雕刻技术直接用刀具刻制电路图形,制作电路板的设备。可根据 PCB 线路设计软件(如 Protel)设计生成的线路文件,自动、精确地制作单、双面印制电路板。用户只需在计算机上完成 PCB 文件设计并依据生成加工文件后,通过 LPT 通信接口传送给雕刻机的控制系统,雕刻机就能快速自动完成雕刻、钻孔、隔边的全部功能,制作出一块精美的线路板来,真正实现了低成本、高效率的自动化制板。

4.3.2　热转印法制作印刷电路板

热转印法制作印刷电路板方法简单,精度高,相对其他制作方法成本较低,是手工制作单面印刷电路板的首选方案。其原理是采用特殊的热转印油墨把各种图案印刷在特殊的热转印纸上面,然后通过加温和加压的方式将打印在热转印纸上的图案转移到产品上。热转印法制作 PCB 板是利用一般的激光打印机将 PCB 版图打印在热转印纸上,再将热转印纸上的 PCB 版图转移到覆铜板上的一种制作方法。

1. 所需设备材料准备

如图 4-54 所示,热转印法并不需要多么昂贵的设备和材料,业余条件下完全可以制作出精度极高的印刷电路板。

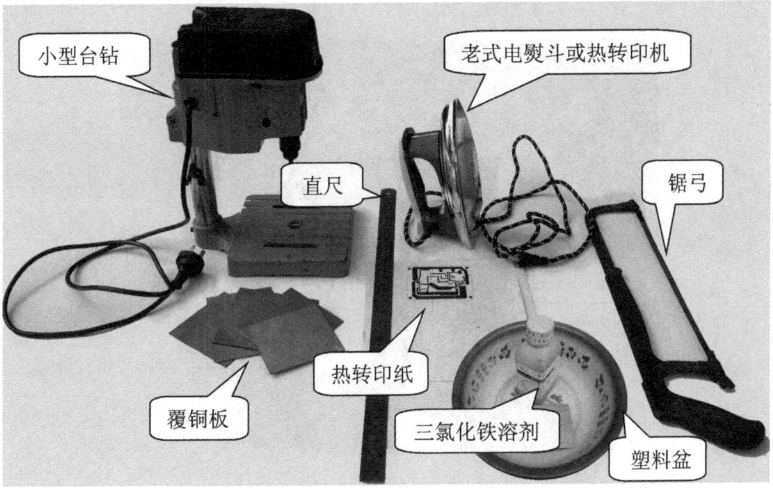

图 4-54　热转印法所需的工具材料

所需设备:

① 一台激光打印机或者一台复印机(复印机需要有复印原稿,原稿可以用喷墨打印机打印出来)。

② 一台热转印机或一台老式电熨斗(非蒸气式)。

③ 一台台钻,配置直径为 0.5～3 mm 的钻头。

工具材料:

① 一张热转印纸。

② 一只油性记号笔。

③ 一瓶三氯化铁及用于腐蚀的容器(不能为铁或铜的)。

④ 一块覆铜板(单面或双面),这里以单面板为例。

⑤ 一把锯弓或裁板机,一张细砂纸,一把美工刀。

2. 制作步骤

(1) 打印PCB板图

将PCB版图用激光打印机打印到热转印纸光滑的一面上。注意,热转印法制作打印时不要选择镜像。

(2) 裁剪处理PCB板

根据设计的PCB板图边框尺寸将覆铜板毛料用钢锯裁剪到合适大小,注意在裁剪时留些余量。裁剪好后覆铜板要用锉刀将边框的毛刺修整光滑,然后将覆铜板有覆铜的一面用洗涤剂清洗干净,以使热转印油墨能有效地附着。

(3) 覆热转印纸

把打印好的热转印纸有图的一面平铺到PCB板有覆铜的一面,用透明胶或双面胶固定一个边,选择一个光滑平整的工作台,将覆好热转印纸的PCB板放置在上面,如图4-55所示。

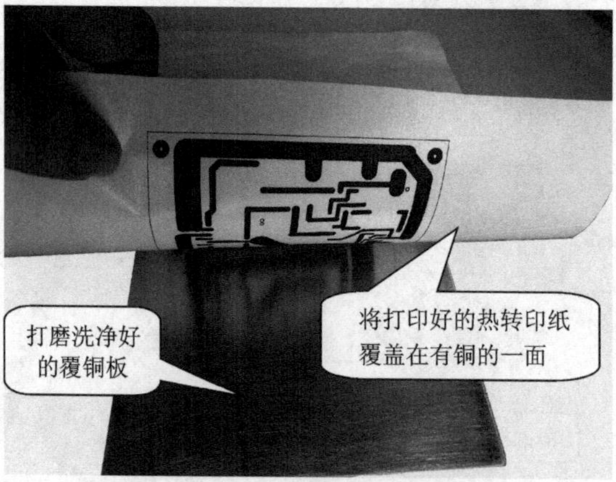

图4-55 覆热转印纸

(4) 热转印

热转印是制板的最关键部分。加热电熨斗至合适温度(140～170 ℃),用力压到电路板有纸的一面(注意进行操作的桌面要平整且可耐高温,否则可能烫坏桌面并导致热转印失败),然后慢慢移动电熨斗,让覆铜板均匀升温,电熨斗来回熨几次,如图4-56所示。等电路板恢复至室温时将纸慢慢撕下来,撕下后若覆铜板上有断线的地方,可以用记号笔补上。值得注意的是,热转印法所用的电熨斗是传统的靠电阻丝发热的老式电熨斗,不能采用蒸气电熨斗。当然,也可采用较专业的热转印机来制作,热转印好的电路板如图4-57所示。

图 4-56 用电熨斗进行热转印

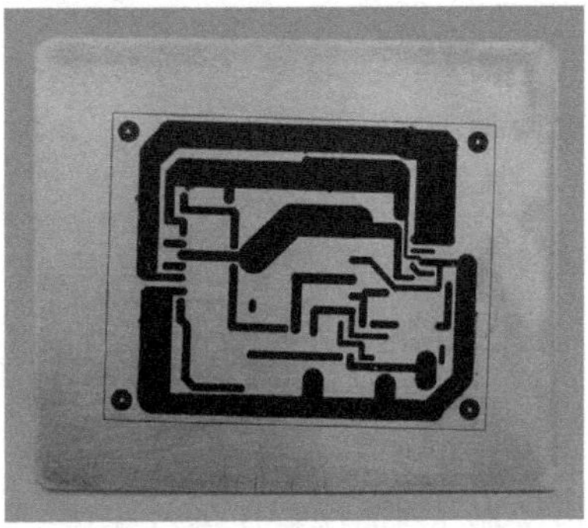

图 4-57 热转印好的电路板

(5) 用三氯化铁($FeCl_3$)溶液进行腐蚀

将三氯化铁晶体和水按体积比 3∶5的比例配成溶液，倒入事先准备好的容器中(可找一个塑料盆代替)，然后将电路板放到盆中进行腐蚀。注意，放置时电路板的覆铜面应朝上，以防打印油墨层与盆底相互摩擦导致脱离。在腐蚀过程中需要不停地摇动，最好戴上手套。

注意：三氯化铁具有腐蚀性，如果不小心沾在皮肤上尽快用清水冲洗。等裸露的覆铜被三氯化铁腐蚀完后，将电路板取出来用清水清洗干净。注意，要时刻观察腐蚀的进度，特别是容易脱落的地方，腐蚀完成后尽快取出来并冲洗干净。正在腐蚀的电路板如图 4-58 所示。

图 4-58 腐蚀中的电路板

(6) 钻 孔

钻孔时一般用直径 0.8 mm 的钻头，也可以以实际的元件引脚大小来选择钻头的直径。

(7) 打　磨

用细砂纸打磨,把电路板上的油墨除去,打磨后残留的油墨可用酒精清洗去除,再用清水清洗干净并用纸巾擦干待用。

注意:打磨时不宜过度,防止将铜箔打磨过薄。打磨好的电路板铜箔看上去应光洁发亮,没有污垢。

(8) 涂松香酒精液

打磨好的电路板还要在有铜箔的一面刷上一层松香酒精液,这样可以防止铜箔迅速氧化并有助于提高焊接质量。选择一块干净明亮的松香,研磨成粉末,将其与酒精按照1:3的体积比进行配置,放置一段时间,待其清澈透明后,用排笔将其均匀地刷在印刷电路板上,待第一遍刷完快干时再刷第二遍,一般重复刷2～4遍,待酒精完全挥发后松香就均匀地涂在印刷电路板上,这样,一块手工制作的PCB板就完成了。

(9) 制作过程中的要领

① 打印所需的热转印纸必须平整、光滑、无皱褶,否则热转印纸与板不能紧密结合,在热转印过程中极易造成脱落。另外,需要注意的是,在打印时要选择热转印纸光滑的一面打印,否则可能造成转印失败。

② 热转印前,应保证覆铜板上覆铜面的清洁,若有油污或杂质存在会影响到覆铜板的热转印效果,造成油墨的脱落。

③ 在热转印过程中,电熨斗的温度不宜过高(最好选用调温电熨斗),否则会造成覆铜板的铜箔鼓起。另外,加热时间要适中,在加热过程中注意观察转印纸的变化,当纸上的墨粉显现出渗透的迹象,则说明已转印好,可将电熨斗移开。

④ 考虑到热转印法的精度,PCB板的设计线宽最好在0.635 mm以上,线间距不小于0.254 mm,大电流导线按照一般布线原则进行设置。为布通线路,局部可以到0.508 mm。焊盘间距最好大于0.381 mm,焊盘要在1.778 mm以上,推荐2.032 mm。否则会由于打孔精度不高使焊盘损坏。孔的直径可以全部设成0.254～0.381 mm,不必是实际大小,以利于钻孔时钻头对准。

注意事项:

① 在打磨加工裁剪好的印刷电路时,注意电路板上的粉末掉落手背上可能导致皮肤过敏。

② 用曝光法或热转印法制作印刷电路板时均要用到三氯化铁。三氯化铁是一种腐蚀性极强的化学药剂,使用时注意不可用手直接接触,以防止烧伤手。更不可让液体飞溅到眼、口鼻中。

③ 在使用台钻给电路板打孔时,不可用力向下压,以防钻头断裂飞溅到人眼造成安全事故;女生在使用台钻时,要戴安全帽,以防头发卷入。

④ 制作后废弃的三氯化铁溶液不可随意倾倒,以免造成环境污染。

【巩固训练】

1. 训练目的:掌握手工制作印刷电路板的工艺流程和方法。

2. 训练内容：

根据现有的设备和材料，将设计好的功率放大器 PCB 板图用热转印法制作成印刷电路板。

3. 训练检查：表 4 - 2 所列为手工制作印刷电路板的工艺流程的检查内容和记录。

表 4 - 2 检查内容和记录

检查项目	检查内容	检查记录
手工制作功率放大器印刷电路板	(1) 电路板边框是否规范	
	(2) 布线层是否光洁	
	(3) 电路板布线层走线是否清晰	
安全文明操作	(1) 注意用电安全，遵守操作规程	
	(2) 遵守劳动纪律，注意培养一丝不苟的敬业精神	
	(3) 保持工位清洁，不随意倾倒三氯化铁废液，整理好工具设备	

4.4 扩音机的装配

1. 装配工艺技术基础

(1) 装配技术要求

① 元器件的标志方向应按照图纸规定的要求，安装后能看清元件上的标志。若装配图上没有指明方向，则应使标志向外易于辨认，并按照从左到右、从下到上的顺序读出。

② 安装元件的极性不得装错，安装前应套上相应的套管。

③ 安装高度应符合规定要求，同一规格的元器件应尽量安装在同一高度上。

④ 安装顺序一般为先低后高，先轻后重，先易后难，先一般元器件后特殊元器件。

⑤ 元器件在印刷板上的分布应尽量均匀，疏密一致，排列整齐美观。不允许斜排、立体交叉和重叠排列。

⑥ 元器件的引线直径与印刷焊盘孔径应有 0.2～0.4 mm 的合理间隙。

⑦ 一些特殊元器件的安装处理，MOS 集成电路的安装应在等电位工作台上进行，以免静电损坏器件。发热元件要与印刷板面保持一定的距离，不允许贴面安装，较大元器件的安装应采取固定(绑扎、粘、支架固定等)措施。

(2) 装配方法

① 功能法　功能法是将电子产品的一部分放在一个完整的结构部件内。

② 组件法　组件法是制造一些在外形尺寸和安装尺寸上都统一的部件，这时部件的功能完整性退居到次要地位。

③ 功能组件法　功能组件法是兼顾功能法和组件法的特点，制造出既有功能完

整性又有规范化的结构尺寸和组件。

(3) 连接方法

电子产品组装的电气连接,主要采用印制导线连接、导线、电缆以及其他电导体等的连接。

① 印刷电路连接　是元器件间通过印制板的焊接盘把元件焊接在印刷电路板上,利用印刷电路导线进行连接。对于体积过大、质量过重以及有特殊要求的元器件则不能采用这种方式,因为印刷电路板的支撑力有限。

② 导线、电缆连接　对于印刷电路板外的元器件与元器件、元器件与印刷电路板、印刷电路板与印刷电路板之间的电气连接基本上是采用导线与电缆的连接方式。在印刷电路板上的飞线及有特殊要求的信号线用导线与电缆进行连接。

③ 其他连接方式　在多层电路板之间采用金属化孔进行连接。金属封装的大功率晶体管及其他类似器件通过焊片用螺钉压接。

2. 印刷电路板的装配工艺

由于印刷电路板具有布线密度高、结构紧凑和图形一致性好等优点,并且具有利于电子产品实现小型化、生产自动化和提高劳动生产率的诸多优点。因此,印刷电路板组装件在电子产品中得到了广泛应用,使之成为电子产品中最基本、最主要的组件,当然印刷电路板的装配就成为电子装配中最主要的组成部分。

(1) 元器件引脚的成形

元器件引脚的成形就是根据焊点之间距离,预先把元器件引线弯曲成一定的形状,以便有利于提高装配质量和效率,同时可以防止在焊接时元件发生脱落、虚焊和增强元器件的抗震能力和减小热损耗等,而且可以达到整机整齐美观的效果。图 4-59 所示为几种元器件的成形实例。

图 4-59　元器件引脚成形

引线成形的基本要求有以下几点：

① 元器件引脚均不准从根部弯曲(极易引起引脚从根部折断)，一般应留 2 mm 以上的距离。

② 弯曲半径不应小于引脚直径的两倍。

③ 对热敏感的元器件引脚增长。

④ 尽量将元器件有字符标识的面置于容易观察的位置。

图 4-60 所示为引脚成形的基本要求。图中 $A \geqslant 2$ mm；$R \geqslant 2d$；图(a)：h 为 0～2 mm，图(b)：$h \geqslant 2$ mm；$C = np$(p 为印制电路板坐标网格尺寸，n 为正整数)。

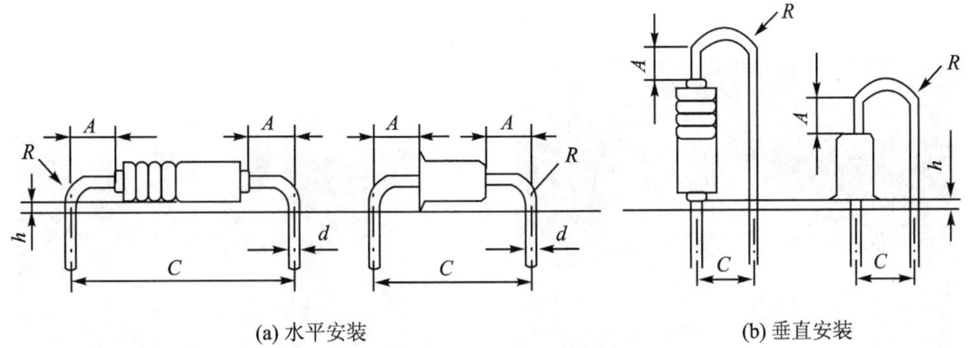

图 4-60　引脚成形基本要求

元器件引脚成形的方法有自动成形和手工成形两种。流水线上生产采用的是专业的成形设备，可一次成形，如图 4-61 所示。对于小批量手工制作的元器件的引脚成形，可采用扁口钳和镊子等工具将引脚加工成图中的形状就可以了。

图 4-61　专业成形设备成形的元件

(2) 元器件的安装方法

① 贴板安装　它适用于安装防震要求高的产品。元器件紧贴印制板基板上，安装间隙小于 1 mm，安装形式如图 4-62 所示。

② 悬空安装　它适用于发热元件的安装。元器件距离电路板留有一定的高度，安装距离一般在 3～8 mm 范围内，以利于对流散热，大功率电阻、半导体器件等的安装多采用本方法，如图 4-63 所示。

③ 垂直安装　如图 4-64 所示，它适用于安装密度较高的场合。元器件垂直于电路板面，但对质量大引线细的元器件不宜采用。

图 4-62　贴板安装

图 4-63　悬空安装

图 4-64　垂直安装

④ 埋头安装　这种安装方式可以提高元器件的防震能力,降低安装高度。元器件的壳体埋在电路板的嵌入孔内,如图 4-65 所示。

⑤ 有高度限制的安装　对于有高度限制的元件,通常是先将元件引脚弯曲好后,再将元件焊接上去,安装形式如图 4-66 所示。

图 4-65　埋头安装

⑥ 支架安装　对大型器件要做特殊处理,以达到足够的安装强度,经得起震动和冲击,如图 4-67 所示。这种方法适用于安装重量较大的元件,如继电器、变压器和扼流圈等大型器件,一般采用金属或塑料支架在电路板上将元件固定。

(3) 手工装配工艺

当产品在小批量生产或试制样品时,印刷电路板的装配主要依靠手工装配,其操作步骤如下:

① 检查元器件。

② 将已检查好的元器件的引线进行整形。

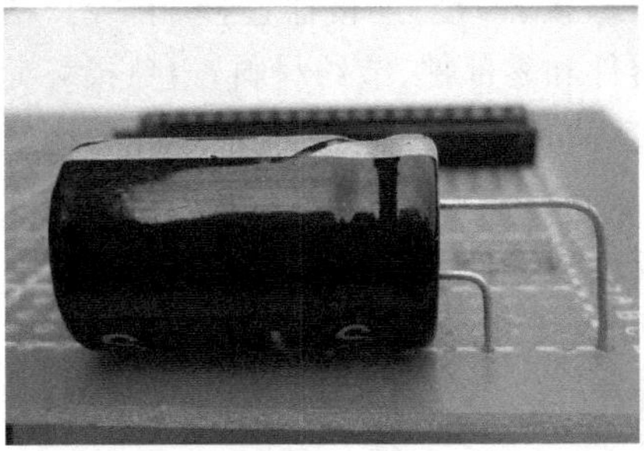

图 4-66　有高度限制的安装

图 4-67　支架安装

③ 将整形好的元器件插入到印制板中。

④ 调整元器件的位置和高度。

⑤ 焊接固定。

⑥ 剪切元器件引脚。

⑦ 连接导线。

⑧ 检查。

(4) 自动装配工艺

随着现代科技的发展，大规模、大批量、高效率生产越来越成为厂家追求的目标，因而自动化生产已经成为现代不可替代的生产方式。自动装配和手工装配的过程基本上是一样的。只是从元件的装插、引脚成形、剪切引脚到最后的焊接都是由计算机控制的自动化设备流水作业完成的。

3. 其他部件的装配工艺

(1) 连接工艺

电子产品几乎都要采用一定的连接方式将各个部件组成一个整体，构成电气或机械上的连接,其连接方式有导线连接、螺接、铆接、连接器连接、卡接和粘接等。其总的装配要求是:牢固可靠、不损坏元器件和零部件、节约材料;避免损坏元器件或零部件涂覆层,不破坏元件绝缘性能;连接线布设合理、整齐美观、绑扎紧固。

(2) 面板和机壳的安装

面板和机壳是电子产品整机的重要组成部件,其装配工艺要求如下:

① 机壳、后盖打开后,当外露元件可触及时,应无触电危险。

② 机壳、后盖上的安全标志应清晰。

③ 面板、机壳外观要整洁。

④ 面板上各种可动件,应固定牢靠、操作灵活。

⑤ 装配面板、机壳时,一般是先里后外,先小后大。搬运面板、机壳要轻拿轻放,不能碰压。

⑥ 面板、机壳上使用旋具紧固自攻螺钉时,扭力矩大小要合适,力度太大容易产生滑牙甚至出现穿透现象,将损坏面板。

⑦ 在面板上贴铭牌、装饰、控制指示片等,应按要求贴在指定位置,并要端正牢固。

⑧ 面板与外壳合拢装配时,用自攻螺钉紧固应无偏斜、松动、并准确装配到位。

(3) 散热器的装配

在电子产品的电路中,其中的大功率元器件在工作过程中会发出热量而产生较高的温度,需要采取散热措施,保证元器件和电路能在允许的温度范围内正常工作。电子元器件的散热一般使用铝合金或铜材料制成的散热器,多采用叉指形结构。散热器的装配工艺要求如下:

① 元器件与散热器之间的接触面要平整,以增大接触面,减小散热热阻。而且元器件与散热器之间的紧固件要拧紧,使元器件外壳紧贴散热器,保证有良好的接触。

② 散热器在印制电路板上的安装位置由电路设计决定,一般应放在印制电路板的边沿易散热的地方。

③ 元器件装配散热器要先使用旋具使晶体管(或集成块)紧固于散热器上,再进行焊接。

4. 整机装配工艺

整机装配主要包括机械装配和电气装配两大部分。具体来说,装配的内容包括将各零件、部件、整件(如各机电元件、印制电路板、底座、面板以及装在其上面的元件),按照设计要求,安装在不同的位置上,组成一个整体,再用导线将元器件与部件之间进行电气连接,完成一个具有一定功能的完整的机器。

(1) 整机装配的原则和要求

① 装配时,按照先轻后重,先小后大,先铆后装,先装后焊,先里后外,先下后上,先平后高,易损部件后装,上道工序不得影响下道工序的安装原则。

② 安装要达到线路的连接坚固可靠，机械结构便于调整与维修，操作调谐结构精确、灵活，线束的固定和安装有利于组织生产，并使整机装配美观的基本要求。

(2) 整机总装的工艺流程

电子产品整机总装就是依据设计文件，按照工艺文件的工序安排和具体工艺要求，把各种元器件和零部件安装、紧固在电路板、机壳、面板等指定的位置上，装配成完整的电子整机，再经调试检验合格后成为产品包装出厂。整机装配的工艺流程为：准备→机架→面板→组件→机芯→导线连接→传动机构→总装检验→包装。

5. 扩音机的装配工艺

整机装配是电子产品生产中的重要工艺过程。其整机装配工艺有用于批量生产的流水线作业装配工艺和用于试制研发、小批量生产的手工装配工艺两种方式，在此叙述扩音机整机手工装配的工艺流程。

扩音机的装配原则和方法与其他电子产品的整机装配是一样的，只是一些关键元件需要特别注意。其装配步骤可按以下进行：

① 根据元件清单清点好元件。

② 处理好元件引脚部位。

③ 将电阻器、电容器、二极管、集成电路插入印制板相应位置，电解电容器的极性和二极管、集成电路的引脚不要插错。

④ 在安装带散热片的集成块时，应先将集成块用螺丝固定好，再将引脚装入电路板上的安装孔中进行焊接，否则，可能将导致散热片无法安装到位。

⑤ 焊接元器件时，注意保留元器件引线的适当长度，焊点要光滑，防止虚焊和搭锡。值得注意的是，由于手工制作的电路板没有刷阻焊层(也可手工刷阻焊层，但较难掌握)，在焊接时，焊锡会向四周不均匀扩散，会使焊点不美观，但并不会影响电路板的性能。焊接完成后的产品如图 4－68 所示。

图 4－68 制作好的扩音机电路板成品

⑥ 通电前的检查:

1) 对照电路图和印制板,仔细核对元器件的位置是否正确,极性是否正确,有无漏焊、错焊和搭锡。

2) 特别检查TDA1521和NE5532是否焊好,安装是否正确,各引脚之间是否有短路,TDA1521引脚短路会导致其损坏。

3) 用万用表电阻挡测正负电源与接地端之间的电阻,正常值应大于1 kΩ。若阻值很小,说明有短路现象,应先排除故障,再通电调整。

注意事项:

① 在拿到装配套件后,不要急于安装,应先根据元件清单清点好元件,归类放置。

② 深刻理解电路图纸,根据对电路的理解确定安装元件顺序。

③ 元器件的型号规格的选择应根据电路图和安装工艺要求进行,切勿搞错型号类别。对于有极性区分的元器件应先判断正确后再安装。

④ 元器件在焊接前应先按设计要求将引脚成形,对于引脚氧化的要进行搪锡预处理。

⑤ 焊点的外观应光洁、平滑、均匀、无气泡和无针眼等缺陷,不应有虚焊、漏焊和短路等。

【巩固训练】

1. 训练目的:

① 能正确识别与检测扩音机元器件,并能根据电原理图进行扩音机的装配,提高整机电路图及电路板图的识读能力。

② 掌握电子产品生产工艺流程,进一步强化提高手工焊接技术水平。

2. 训练内容:印制电路板的焊接工艺及扩音机的整机组装工艺。

3. 训练检查:功率放大器制作的检查内容如表4-3所列。

表4-3 检查内容和记录

检查项目	检查内容	检查记录
功率放大器的装配	(1)是否能正确识别检测功率放大器的电子元器件	
	(2)是否能正确对元器件进行整形和导线搪锡处理	
	(3)是否能按正确的安装顺序对功率放大器进行装配	
	(4)元器件的焊接质量是否达到标准	
安全文明操作	(1)注意用电安全,遵守操作规程	
	(2) 遵守劳动纪律,注意培养一丝不苟的敬业精神	
	(3)保持工位清洁,整理好工具设备	

4.5 扩音机的调试

扩音机制作完成后要与音箱配接，将音乐还原出来。但刚制作好的扩音机由于元器件均是新件，性能并不稳定，需要进行“煲机”（“煲机”是一种快速使器材老化稳定的措施。有些元器件例如晶体管、集成电路、电容在全新的时候电器参数不稳定，经过一段时间的使用后才能逐渐稳定）。在“煲机”的同时，可以通过仪器设备测试扩音机的性能指标并进行适当的电路调整，以达到最佳的音响效果。

扩音机的性能指标很多，有输出功率、频率响应、失真度、信噪比、输出阻抗、阻尼系数等，其中以最大不失真输出功率、频率响应、灵敏度三项指标为主，下面分别对这三项指标进行测试。

1. 最大不失真输出功率的测试

扩音机的输出功率是指功放输送给负载的功率，以瓦（W）为基本单位。功放在放大量和负载一定的情况下，输出功率的大小由输入信号的大小决定。由于高保真度的追求和对音质的评价不一样，采用的测量方法不同，形成了许多名目的功率称呼。目前，有最大不失真输出功率、音乐输出功率、峰值音乐输出功率等。目前主要测试的是最大不失真输出功率。最大不失真输出功率指的是放大器输入一定频率正弦波，调节输入信号幅度，输出失真度不大于某值时的最大输出功率。由于人耳对10%以下的失真感觉不明显，故音响界把10%失真度对应的输出功率称为不失真功率。最大不失真功率的测量方法是：输入信号电平 0 dB（775 mV），输出接标准负载，调节音量使功放输出信号的失真度刚好为10%，此时对应的输出功率即为最大不失真功率。

具体的测试步骤如下：

① 用 8 Ω/10 W 电阻代替扬声器。

② 将调试所需仪器仪表与电路板连接好。

③ 调节低频信号发生器的输出电压缓慢增大，直至放大器输出信号在示波器上的波形刚要产生切峰失真而又未产生失真时为止。用毫伏表测出输入电压和输出电压的大小，并记录下来。测试线路和仪器连接如图 4－69 所示。

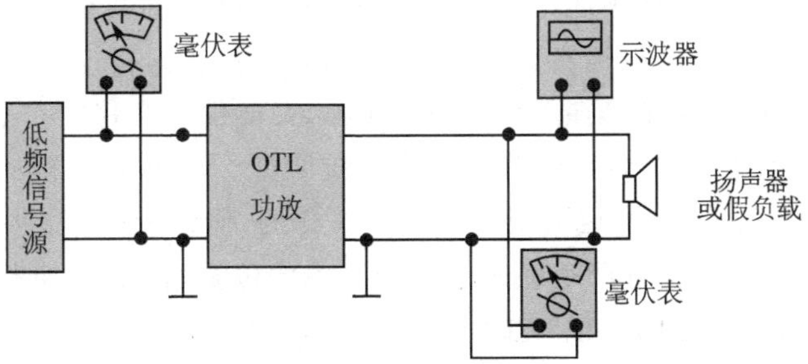

图 4－69 测试线路和仪器连接图

2. 频率响应的测试

频率响应是指扩音机对声频信号各频率分量的均匀放大能力。频率响应一般可分为幅度频率响应和相位频率响应。幅度频率响应表征了功放的工作频率范围,以及在工作频率范围内的幅度是否均匀和不均匀的程度。所谓工作频率范围是指幅度频率响应的输出信号电平相对于1 000 Hz信号电平下降3 dB处的上限频率与下限频率之间的频率范围。在工作频率范围内,衡量频率响应曲线是否平坦,或者称不均匀度,一般用分贝(dB)表示。例如某一功放的工作频率范围及其不均匀度表示为:20 Hz～20 kHz,±1 dB。相位频率响应是指功放输出信号与原有信号中各频率之间相互的相位关系,也就是说有没有产生相位畸变。通常,相位畸变对功放来说并不重要,这是因为人耳对相位失真反应不很灵敏的缘故。所以,一般功放所说的频率响应就是指幅度频率响应。由于人耳能够听到的声音频率范围为20 Hz～20 kHz,所以目前扩音机的工作频率也在这个范围取值。

具体的测试步骤如下:

① 测出输入信号在 $f=1$ kHz,$v_i=150$ mV时的低频放大器输出电压并记录下来。

② 保持输入电压不变($v_i=150$ mV),改变输入信号频率,分别测出它们的输出电压值并记录。

③ 计算出 A_v,并在坐标纸上画出频率响应曲线。

3. 灵敏度的测试

用低频信号发生器输出1 kHz信号,调节其输出电压,让放大器的输出电压最大为2 V,用毫伏表测输入信号的大小即为输入灵敏度。此数值越大,说明扩音机的灵敏度越低,反之则越高。测试完毕后,拆下假负载电阻,换上扬声器,试听音乐音质。

4. 扩音机使用的注意事项

经过调试"煲机"后的扩音机装上外壳就可以正常使用了。正确的使用方式可以延长功放的使用寿命,减少设备的故障发生率,使其工作在最佳状态。

① 扩音机的输出功率要和音箱的功率匹配。不要用过大功率的功放去推动小功率的音箱或用过小功率的扩音机去推动大功率的音箱。在一定阻抗条件下,扩音机功率应大于音箱功率,但不能太大。在一般应用场所扩音机的不失真功率应是音箱额定功率的1.2～1.5倍;而在大动态场合则应该是1.5～2倍。参照这个标准进行配置,既能保证扩音机工作在最佳状态下工作,又能保证音箱的安全。

② 扩音机的输出阻抗要和音箱的功率阻抗匹配。市场上音箱的标称阻抗常用的有4 Ω、8 Ω、16 Ω等几种,也有阻抗为5 Ω、6 Ω的,但较少采用。

③ 开机前检查,主音量控制旋钮是否处于关的位置,高低音控制旋钮是否调到较小位置,这样可以避免因开机产生的脉冲信号,使扩音机过载,烧毁扩音机或音箱扬声器。

④ 开机时,先开启其他音响设备,然后打开扩音机。关机时,先关闭扩音机,后

关闭其他音响设备，这样可以避免因开、关其他音响设备产生脉冲信号，使扩音机过载。

⑤ 扩音机工作时，音量要由关调到大，直到适中。关闭时，音量由大调到关，然后关闭功放电源。

⑥ 为了避免功放IC输出直流损坏音箱，最好安装一个扬声器保护器。扬声器保护器可以买成品，也可自制。

注意事项：

① 在通电调试前，应再次检查电路板上各焊点是否有短路、开路，各连接线是否有错接、漏接等。

② 测试所用的变压器容量应保证与功放模块的输出功率相匹配。

③ 功放电路板如果没有制作外壳，调试时，电路板要置于有绝缘的工作台上，以免发生短路。

④ 通电测试前，应检查好线路是否连接正确。

⑤ 在调试过程中要随时观察功放模块散热片是否过热，以免损坏器件。

【巩固训练】

1. 训练目的：

① 掌握扩音机调试的基本步骤和一般方法。

② 掌握扩音机简单故障的分析和检修。

2. 训练内容：

① 调整扩音机的各部分电路，完成整机联调。

② 排除扩音机出现的各种故障。

3. 训练检查：表4-4为功率放大器的检查内容和记录。

表4-4　检查内容和记录

检查项目	检查内容	检查记录
功率放大器的调试	(1)是否能正确使用信号发生器、示波器和毫伏表等仪器设备	
	(2) 是否能正确连接电路板和仪器设备	
	(3) 测试参数方法及实验数据是否正确记录	
安全文明操作	(1) 注意用电安全，遵守操作规程	
	(2) 遵守劳动纪律，注意培养一丝不苟的敬业精神	
	(3) 保持工位清洁，整理实验仪器，养成人走关闭电源的习惯	

项目三　北斗时钟的设计与制作

2020 年 6 月 23 日，北斗三号最后一颗全球组网卫星顺利进入预定轨道，发射任务取得圆满成功。这是我国第 55 颗北斗导航卫星，也是北斗三号全球卫星导航系统的最后一颗组网卫星。发射任务完成意味着北斗三号的 30 颗组网卫星全部到位，北斗三号星座部署全面完成，北斗将进入服务全球、造福人类的新时代。

本次设计与制作的北斗时钟以北斗卫星作为时钟源，具有时间准确，无须手动调节的优点。北斗时钟以单片机为控制核心，结合卫星定位模块、液晶屏、蜂鸣器等元器件，再配以相应的软件来达到制作的目的。其硬件部分难点在于元器件的选择，软件部分难点在于程序总体框架的设计。北斗时钟的设计与制作的基本步骤是：设计目标→设计思路→硬件设计→软件设计→硬件制作与测试→软件集成调试等。下面通过几个任务来学习北斗时钟的设计与制作的基本流程。

该项目在设计与调试中需要用到大量的程序，为了节约篇幅，在介绍时只截取其中必要部分进行讲解。

任务 5　北斗时钟的设计

【任务导读】

本任务介绍北斗时钟的设计过程，包括设计目标、设计思路、硬件设计、软件设计等。硬件部分包含单片机最小系统、卫星定位模块、液晶屏等部分，硬件设计包括硬件组成框图、元件选择、电路原理图；软件部分包括时钟功能、闹钟功能、闹钟设置、界面显示等功能模块，软件设计包括系统框图、主程序流程图、串口中断流程图、UTC 解析流程图设计。本任务旨在让读者熟悉元器件的选择，学会模块化电路设计和模块化程序设计。

5.1　设计目标及思路

5.1.1　设计目标

本项目设计基于北斗定位系统自动校时、具有闹钟功能的桌面时钟。平时显示日期和时间，在闹钟设定时刻具有声音提醒。

具体要求如下：

① 用液晶屏显示日期、星期和北京时间；

② 基于北斗定位系统自动校准日期时间，不需要手动调节；

③ 具有 10 个闹钟，每个闹钟可按星期循环；

④ 每个闹钟的时间和星期可调节；

⑤ 闹钟断电保存，停电后不需要重新设置闹钟参数。

5.1.2　设计思路

(1) 硬件组成框图

本项目采用单片机作为核心部件，配合卫星定位模块、液晶屏、按钮、蜂鸣器等元器件来实现设计目标。系统硬件组成框图如图 5－1 所示。

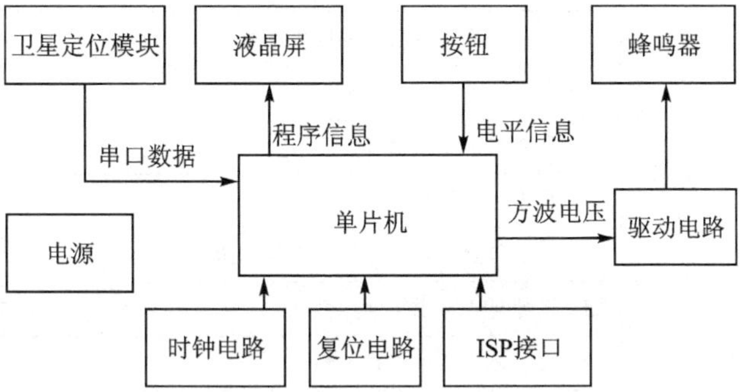

图 5－1　硬件组成框图

(2) 硬件组成框图各部分功能

硬件组成各部分功能说明如下。

① 单片机、时钟电路、复位电路和 ISP 接口组成单片机最小系统，它是程序能运行的基本条件。

② 卫星定位模块接收北斗卫星信息，以串口形式向单片机发送数据。

③ 液晶屏负责实现显示功能。单片机将程序运行的各种信息送到液晶屏显示，便于用户查看。

④ 按钮是用户操作的输入设备。本项目的操作是对闹钟进行设置。

⑤ 蜂鸣器经驱动电路连接到单片机，用于闹钟响铃。也可以在每按一次按钮时候短响一声，提醒按键动作。

⑥ 电源连接到各个模块，提供电路运行必须的条件。

单片机从北斗卫星获得日期时间数据信息，从按钮获得按键状态，经内部各种运算处理后，将信息显示在液晶屏上，并且在设定时刻送出方波电压信号让蜂鸣器发声，实现闹钟功能。

【巩固训练】

1. 训练目的：掌握单片机电路的设计思路。

2. 训练内容：

① 以单片机为核心元件，设计一个篮球计时计分器，写出设计目标。

② 根据上述设计，绘制出电路硬件组成框图。

利用常见的元器件设计一个篮球计时计分器电路，说明设计目标，绘制出电路硬件组成框图。

3. 训练检查:表5-1所列为设计目标时检查内容与记录。

表5-1 检查内容与记录

检查项目	检查内容	检查记录
设计目标	(1) 设计目标是否符合包含了所有基本功能	
	(2) 设计目标是否考虑了产品的拓展性	
	(3) 设计目标是否符合实际生活需要	
电路组成框图设计	(1) 是否包含了电源部分	
	(2) 是否包含了键盘部分	
	(3) 是否包含了显示部分	
	(4) 是否包含了设计目标所需要的所有部分	
其他事项	(1) 设计是否考虑了通用性	
	(2) 设计是否考虑了扩展性	
	(3) 设计是否考虑了适用场合	

5.2 硬件设计

5.2.1 元器件选择

根据设计目标和硬件组成框图,考虑综合成本,以及制作的难度和实用性,对选择的具体元器件进行简单介绍。

1. 单片机

(1) 单片机实物

单片机选用STC12C5A32S2-35I-PDIP40。单片机实物图片如图5-2所示。

图5-2 STC12C5A32S2-35I-PDIP40单片机实物图

(2) 单片机引脚图

STC12C5A32S2-35I-PDIP40引脚如图5-3所示。

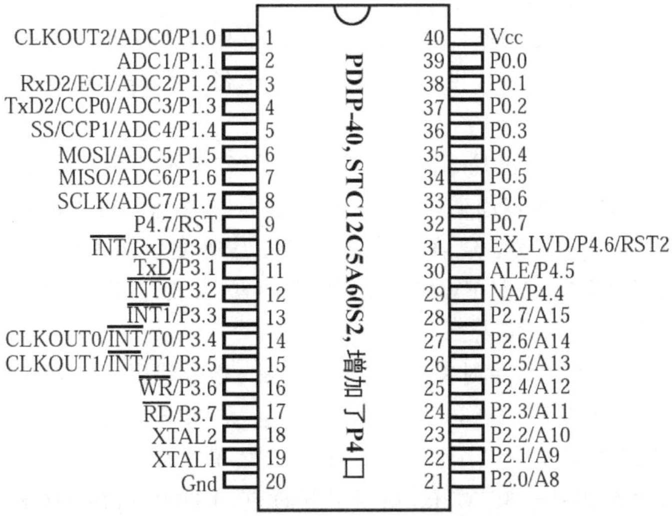

图 5－3　STC12C5A32S2－35I－PDIP40 引脚图

(3) 单片机命名规则

STC12 系列单片机命名规则如图 5－4 所示。

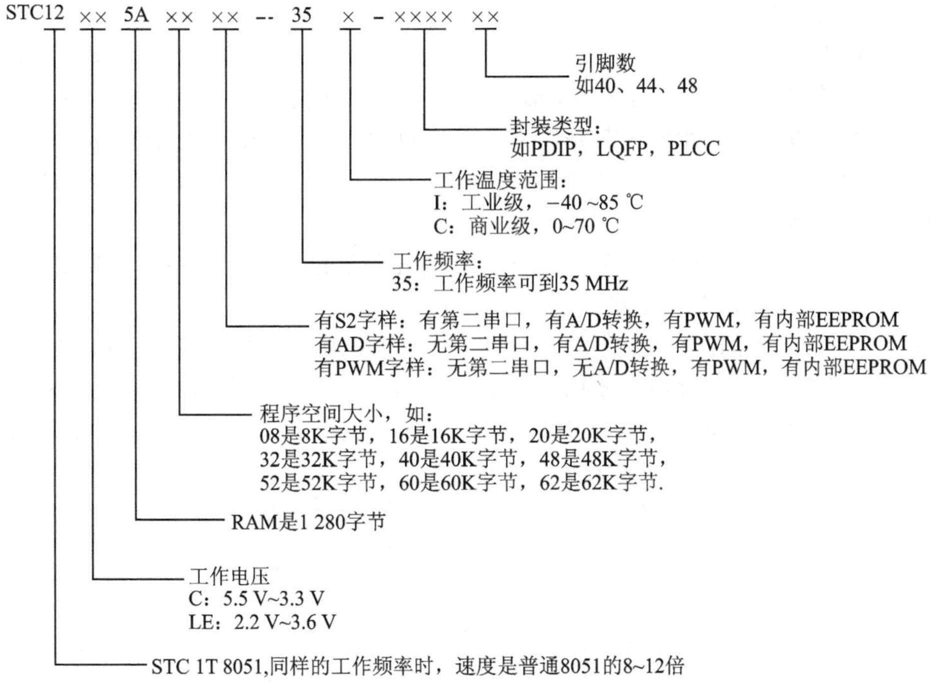

图 5－4　STC12C5A60S2 系列单片机命名规则

(4) STC单片机特点

单片机必须具备一定的条件才能运行,能让单片机运行程序的硬件条件,称之为"单片机最小系统"。除了单片机自身,还应具备电源、时钟电路、复位电路以及程序下载接口。

STC12C5A32S2单片机是STC12C5A60S2/AD/PWM系列单片机的一个型号,是STC生产的单时钟/机器周期(1T)的单片机,是高速/低功耗/超强抗干扰的新一代8051单片机,指令代码完全兼容传统8051,但速度快8~12倍。其内部集成MAX810专用复位电路,2路PWM,8路高速10位A/D转换,针对电机控制、强干扰场合。单片机具有以下特点:

① 增强型8051 CPU,单时钟/机器周期(1T),指令代码完全兼容传统8051。

② 工作电压:STC12C5A60S2系列工作电压:5.5~3.3 V(5 V单片机);STC12LE5A60S2系列工作电压:3.6~2.2 V(3 V单片机)。

③ 工作频率范围:0~35 MHz,相当于普通8051的0~420 MHz;

④ 用户应用程序空间8K/16K/20K/32K/40K/48K/52K/60K/62K字节;

⑤ 片上集成1 280字节RAM;

⑥ 通用I/O口(36/40/44个),复位后为:准双向口/弱上拉(普通8051传统I/O口),可设置成四种模式:准双向口/弱上拉,推挽/强上拉,仅为输入/高阻,开漏,每个I/O口驱动能力均可达到20 mA,但整个芯片最大不要超过120 mA。

⑦ ISP(在系统可编程)/IAP(在应用可编程),无须专用编程器,无须专用仿真器,可通过串口(P3.0/P3.1)直接下载用户程序,数秒即可完成。

⑧ 有EEPROM功能(STC12C5A62S2/AD/PWM无内部EEPROM)。

⑨ 内部集成MAX810专用复位电路(外部晶体12 MHz以下时,复位脚可接1 kΩ电阻到地)。

⑩ 外部掉电检测电路:在P4.6口有一个低压门槛比较器,5 V单片机为1.33 V,误差为±5 %,3.3 V单片机为1.31 V,误差为±3 %。

⑪ 时钟源:外部高精度晶体/时钟,内部R/C振荡器(温漂为±5 %~±10 %),在下载用户程序时,可选择是使用内部R/C振荡器还是外部晶体/时钟。常温下内部R/C振荡器频率为:5.0 V单片机11~17 MHz,3.3 V单片机8~12 MHz。精度要求不高时,可选择使用内部时钟,但因为有制造误差和温漂,应以实际测试为准。

⑫ 共4个16位定时器、2个与传统8051兼容的定时器/计数器。16位定时器T0和T1,没有定时器2,但有独立波特率发生器做串行通信的波特率发生器,2路PCA模块可再实现2个16位定时器。

⑬ 3个时钟输出口,可由T0的溢出在P3.4/T0输出时钟,可由T1的溢出在P3.5/T1输出时钟,独立波特率发生器可以在P1.0口输出时钟。

⑭ 外部中断I/O口7路,传统的下降沿中断或低电平触发中断,并新增支持上升沿中断的PCA模块,Power Down模式可由外部中断唤醒,INT0/P3.2,INT1/

P3.3,T0/P3.4,T1/P3.5,RxD/P3.0,CCP0/P1.3(也可通过寄存器设置到 P4.2),CCP1/P1.4(也可通过寄存器设置到 P4.3)。

⑮ PWM(2 路)/PCA(可编程计数器阵列,2 路):可用来当 2 路 D/A 使用、也可用来再实现 2 个定时器和再实现 2 个外部中断(上升沿中断/下降沿中断均可分别或同时支持)。

⑯ A/D 转换,10 位精度 ADC,共 8 路,转换速度可达 250 KHz/s;

⑰ 通用全双工异步串行口(UART),由于 STC12 系列是高速的 8051,可再用定时器或 PCA 软件实现多串口;

⑱ STC12C5A60S2 系列有双串口,后缀有 S2 标志的才有双串口,RxD2/P1.2(可通过寄存器设置到 P4.2),TxD2/P1.3(可通过寄存器设置到 P4.3);

⑲ 工作温度范围:−40～85 ℃(工业级)/0～75 ℃(商业级)。

⑳ 封装:PDIP-40,LQFP-44,LQFP-48。

2. 卫星定位模块

(1) 卫星导航系统

导航系统选用卫星定位模块,模块接收格林尼治时间、并转换为北京时间即可。全球卫星导航系统也称全球导航卫星系统(Global Navigation Satellite System,GNSS),它是一个能在地球表面或近地空间的任何地点为用户提供全天候的 3 维坐标、速度和时间信息的空间无线电导航定位系统。其包括一个或多个卫星星座及其支持特定工作所需的增强系统。

全球卫星导航系统国际委员会公布的全球 4 大卫星导航系统,包括美国的全球定位系统 GPS、俄罗斯的格洛纳斯卫星导航系统(GLONASS)、欧盟的伽利略卫星导航系统(GALILEO)和中国的北斗卫星导航系统(BDS)。

全球卫星导航系统的应用基于两个基本服务:空间位置服务和时间服务。

1) 空间位置服务

① 定位:如汽车防盗、地面车辆跟踪和紧急救生。

② 导航:如船舶远洋导航和进港引水、飞机航路引导和进场降落、智能交通、汽车自主导航及导弹制导。

③ 测量:主要用于测量时间、速度、大地测绘(如水下地形测量、地壳形变测量),大坝和大型建筑物变形监测、浮动车数据(利用 GPS 定期记录车辆的位置和速度信息),从而计算道路的拥堵情况。

2) 时间服务

① 系统同步:如 CDMA 通信系统和电力系统。

② 授时:准确时间的授入、准确频率的授入。

中国高度重视北斗系统建设发展,自 20 世纪 80 年代开始探索适合国情的卫星导航系统发展道路,形成了"三步走"发展战略。

第一步,建设北斗一号系统。1994 年,启动北斗一号系统工程建设;2000 年,发射2颗地球静止轨道卫星,建成系统并投入使用,采用有源定位体制,为中国用户提供定位、授时、广域差分和短报文通信服务;2003年,发射第3颗地球静止轨道卫星,进一步增强系统性能。

第二步,建设北斗二号系统。2004年,启动北斗二号系统工程建设;2012年年底,完成14颗卫星(5颗地球静止轨道卫星、5颗倾斜地球同步轨道卫星和4颗中圆地球轨道卫星)发射组网。北斗二号系统在兼容北斗一号系统技术体制基础上,增加无源定位体制,为亚太地区用户提供定位、测速、授时和短报文通信服务。

第三步,建设北斗三号系统。2009年,启动北斗三号系统建设;2018年年底,完成19颗卫星发射组网,完成基本系统建设,并向全球提供服务。作出2020年年底前,完成30颗卫星发射组网,全面建成北斗三号系统的计划。

2020年6月23日,北斗三号最后一颗全球组网卫星顺利进入预定轨道,发射任务取得圆满成功。这是我国第55颗北斗导航卫星,也是北斗三号全球卫星导航系统的最后一颗组网卫星。

2020年7月31日上午,北斗三号全球卫星导航系统建成暨开通仪式在北京人民大会堂举行。习近平宣布:"北斗三号全球卫星导航系统正式开通!"。从此,北斗将进入服务全球、造福人类的新时代。

(2) 卫星定位模块

1) 卫星定位模块型号

本项目的卫星定位模块选用中科微电子的"ATGM332D 5N-31"型号,它可以接收北斗和GPS卫星的定位信息。卫星定位模块实物如图5-5所示。

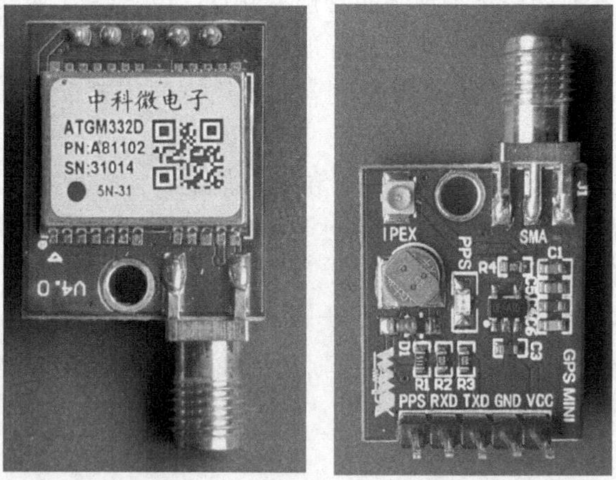

(a) 正面　　(b) 背面

图5-5 卫星定位模块实物图

2) 引脚功能

5N-31模块引出了5个引脚,分别为VCC、GND、TXD、RXD、PPS,引脚功能说明见表 5 - 2。

表 5 - 2　卫星定位模块引脚功能

序　号	名　称	说　明
1	VCC	电源(3.3～5.0 V)
2	GND	地
3	TXD	模块串口发送脚(TTL 电平,不能直接接 RS232 电平)
4	RXD	模块串口接收脚(TTL 电平,不能直接接 RS232 电平)
5	PPS	时钟脉冲输出脚

3) 数据信息

卫星定位模块工作时,从 TXD 引脚输出 NMEA - 0183 格式的数据信息。NMEA - 0183 是美国国家海洋电子协会为海用电子设备制定的标准格式。各条语句都以 $ 开头,格式为:$ AAXXX,ddd…ddd, * hh<CR><LF>。

格式解释:$ 后面的 AAXXX 为信息类型,其中 AA 为识别符,XXX 为语句名。信息类型后面的 ddd…ddd 为发送的数据内容, * 后 hh 为校验和,<CR><LF>为回车、换行符。GPS 模块默认输出多种数据格式,如 GGA、ZDA、GLL、GSA、GSV、VTG 等格式。具体信息类型说明如下:

- GSV:可见卫星信息
- GLL:地理定位信息
- RMC:推荐最小定位信息
- VTG:地面速度信息
- GGA:GPS 定位信息
- GSA:当前卫星信息

本项目使用推荐最小定位信息,其数据格式为:$ BDRMC,<1>,<2>,<3>,<4>,<5>,<6>,<7>,<8>,<9>,<10>,<11>,<12> * hh。

例如:$ BDRMC,150437.000,A,2743.2673,N,10703.3767,E,0.00,0.00,010920,A * 7C。

其中,每部分的内容如下:

- <1>UTC 时间,hhmmss(时分秒)格式
- <2>定位状态,A=有效定位,V=无效定位
- <3>纬度 ddmm.mmmm(度分)格式(前面的 0 也将被传输)
- <4>纬度半球 N(北半球)或 S(南半球)
- <5>经度 dddmm.mmmm(度分)格式(前面的 0 也将被传输)
- <6>经度半球 E(东经)或 W(西经)
- <7>地面速率(000.0～999.9 节,前面的 0 也将被传输)

➢ ＜8＞地面航向(000.0°～359.9°,以真北为参考基准,前面的0也将被传输)

➢ ＜9＞UTC日期,ddmmyy(日月年)格式

➢ ＜10＞磁偏角(000.0°～180.0°,前面的0也将被传输)

➢ ＜11＞磁偏角方向,E(东)或W(西)

➢ ＜12＞模式指示(仅NMEA01833.00版本输出,A=自主定位,D=差分,E=估算,N=数据无效)

具体内容解析:

① UTC时间,这是格林尼治时间,也是世界时间(UTC),但需要把它转换成北京时间(BTC),BTC和UTC差了8个小时,要在这个时间基础上加8个小时。

② 定位状态,在接收到有效数据前,这个位是‘V’,后面的数据都为空,接到有效数据后,这个位是‘A’,后面才开始有数据。

③ 纬度,需要把它转换成度分秒的格式,计算方法:整数部分除以100的商得到度,整数部分对100取余得到分,小数部分乘以60得到秒。例如,接收到的纬度是:4546.40891,则整数部分除以100的商为4546/100=45,得到45°;整数部分对100取余为4546%100=46,得到46′;小数部分乘以60为0.40891×60=24.5346,得到24″,所以纬度是:45°46′24″。

④ 纬度半球,这个位有两种值‘N’(北纬)和‘S’(南纬)。

⑤ 经度的计算方法和纬度的计算方法一样。

⑥ 经度半球,这个位有两种值‘E’(东经)和‘W’(西经);

⑦ 地面速率,这个速率值是海里/时,单位是节,要把它转换成千米/时,根据:1 nmile(海里)=1.85 km,把得到的速率乘以1.85即可。

⑧ 地面航向,指的是偏离正北的角度。

⑨ UTC日期,转换为BTC时间时,若UTC时间大于15时59分59秒,则对应的日期要加一天。

得到卫星定位模块之后,首先要进行测试。给模块接通5 V电源,用USB转TTL数据线连接电脑端的串口助手,接收并保存卫星定位模块数据信息,提取其中一行BDRMC的数据:“$BDRMC,150439.000,A,2743.2673,N,10703.3767,E,0.00,0.00,010920,,,A*72”。

项目需要其中的UTC时间、UTC日期和有效信息,如图5-6所示。

分析图中数据可知,本次定位信息有效,UTC日期为2020年9月1日,UTC时间为15时04分39秒。

3. 液晶屏

(1) 液晶屏型号和特点

液晶屏选用控制芯片为ST7920的12864屏,该屏呈蓝色、带背光、带中文字库。

12864液晶屏是一种统称,只说明这类屏的一个特征,对于液晶屏的特性则没有说明。12864是128*64点阵液晶模块的点阵数简称,它可以显示4行16点阵的文

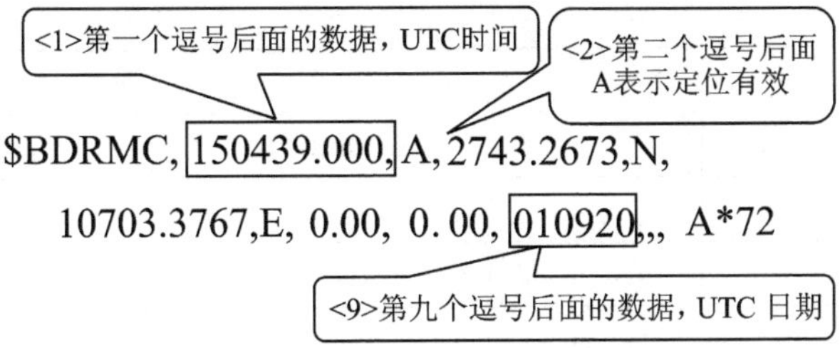

图 5-6 RMC 字串中的日期时间信息

字，每行可以显示 16 个 ASCII 字符或者 8 个 16 点阵汉字，或者汉字与 ASCII 字符的组合显示。

虽然都是 12864 液晶屏，不同的屏也有不同的芯片方案，主要有以下几种方案：

① ST7920/ST7921，支持并行或串行数据操作方式，内置汉字字库，支持画图方式。引脚有 PSB 的都是 ST7920 方案的液晶屏；

② KS0108，只支持并行数据操作方式，不带字库，引脚带 CS1 和 CS2；

③ ST7565P，支持并行或串行数据操作方式；

④ S6B0724，支持并行或串行数据操作方式，与 ST7565P 指令兼容；

⑤ T6963C，只支持并行数据操作方式，引脚带 FS。

(2) 液晶屏引脚功能

液晶屏有 20 个引脚，可以工作于并行模式，也可以采用串行模式。

1) 并行模式

并行模式的引脚功能定义见表 5-3。

表 5-3 ST7920 并行模式的引脚功能定义表

引脚号	名 称	电 平	功能说明
1	VSS	0 V	电源负极
2	VDD	+5 V	电源负极
3	V0	—	对比度调节
4	RS	H/L	RS=H：显示数据 RS=L：控制指令
5	R/W	H/L	R/W=H，E=H：数据被读到 DB7～DB0 R/W=L，E=H－L：DB7～DB0 的数据被写到 IR 或 DR
6	E	H/L	使能端
7～14	DB0～DB7	H/L	数据线
15	PSB	H/L	PSB=H：并行模式 PSB=L：串行模式
16	NC	—	空 脚
17	/RESET	H/L	复位端，低电平有效

续表 5-3

引脚号	名　称	电　平	功能说明
18	Vout	—	模块驱动电压输出端
19	A	+5 V	背光电源正极
20	K	0 V	背光电源负极

使用时,7～14号引脚需要连接到单片机的一个完整端口,并且高低位顺序要一一对应。

2）串行模式

串行模式下引脚功能定义见表5-4。

表5-4　ST7920串行模式的引脚功能定义表

引脚号	名　称	电　平	功能说明
1	VSS	0 V	电源负极
2	VDD	+5 V	电源正极
3	V0	—	对比度调节
4	CS	H/L	片选端,高电平有效
5	SID	H/L	串行数据输入端
6	CLK	H/L	串行同步时钟
15	PSB	H/L	PSB=H:并行模式　PSB=L:串行模式
17	/RESET	H/L	复位端,低电平有效
19	A	+5 V	背光电源正极
20	K	0 V	背光电源负极

并行模式占用引脚多,电路装焊稍微麻烦,好处是比串行模式编程简单,数据传输速度较快;串行模式引脚数较少,编程稍复杂,数据传输占用时间较长。

对于北斗时钟项目,单片机有足够引脚,所以液晶屏采用并口模式。

4. 其他材料

按钮采用四个独立按键,分别定义为"上""确认""下""取消"。其中"确认"按钮用于功能选择和确认,"上""下"按钮用于数值调节,"取消"按钮用于退出当前调节。

蜂鸣器采用无源蜂鸣器,采用三极管设计驱动电路,让三极管工作在开关状态。

5.2.2　电路设计

1. 电路原理图及材料清单

(1) 电路原理图

按功能划分,北斗时钟的硬件电路分为最小系统、液晶显示、蜂鸣器电路、卫星定位模块和按钮电路。图5-7为电路原理图,图中用AT89C52型单片机代替选用的STC12C5A32S2单片机。

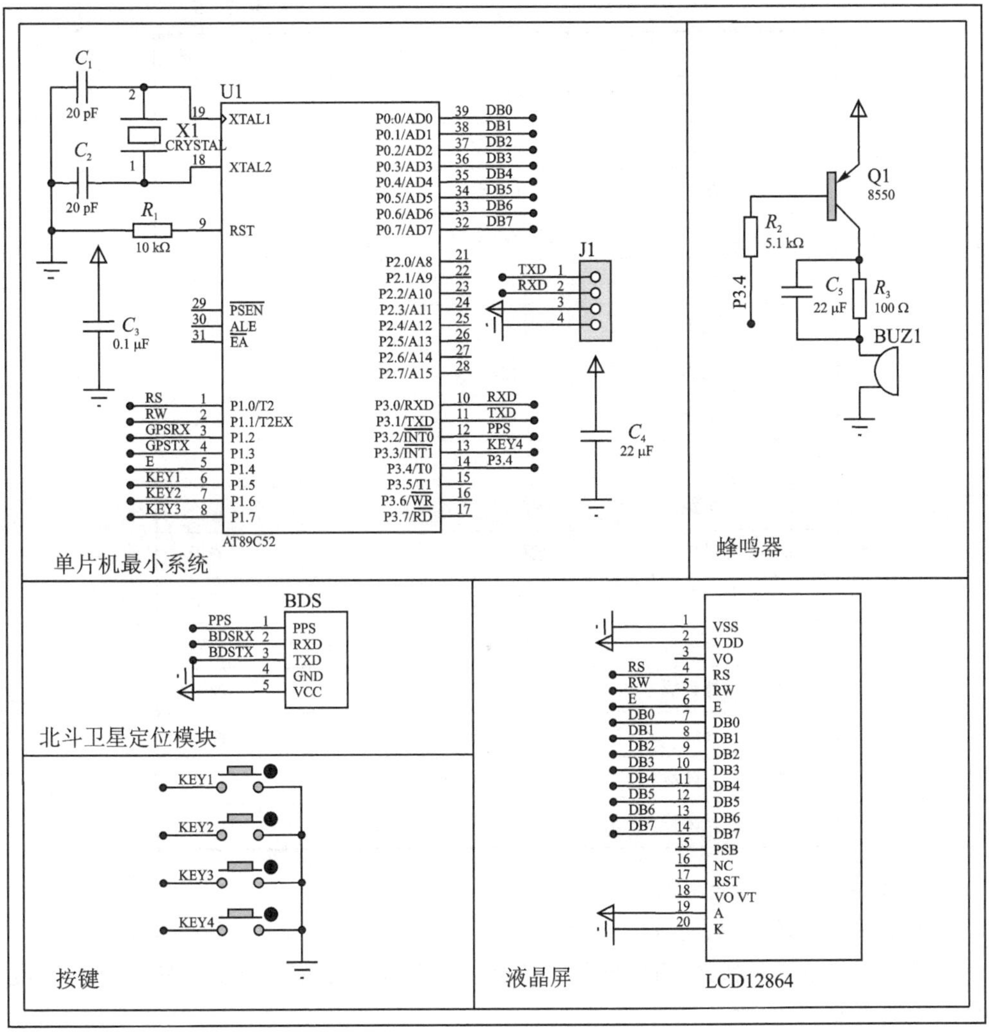

图 5－7　北斗时钟电路原理图

(2) 材料清单

该项目用到的材料清单如表 5－5 所列材料清单。

表 5－5　材料清单表

序　号	名　称	规格型号	数　量
1	单片机	STC12C5A32S2(DIP40 封装)	1 片
2	单片机座子	DIP40	1 块
3	卫星定位模块	中科微电子 5N－31(带天线)	1 块
4	液晶屏	LCD12864(ST7920 主控)	1 块

续表 5-5

序 号	名 称	规格型号	数 量
5	蜂鸣器	无源蜂鸣器(扬声器)	1个
6	三极管	S8550	1支
7	按钮	12 mm * 12 mm(带圆形键帽)	4个
8	晶振	11.059 2 MHz	1个
9	瓷片电容	20 pF	2个
10	电解电容	22 μF	1个
11	电阻	5.1 kΩ	1支
12	电阻	100 Ω	1支
13	电源座子	5.5 mm * 2.1 mm	1个
14	电源	5V2A	1个
15	排针	间距 2.54 mm	若干
16	排母	间距 2.54 mm	若干
17	外壳盒子	200 mm * 120 mm * 75 mm	1个
18	螺钉螺帽	M3	若干
19	导线	0.3 mm 各颜色	若干
20	点阵板	单面喷锡 9 cm * 15 cm	1块
21	点阵板	单面喷锡 7 cm * 9 cm	1块

2. 单片机最小系统电路

最小系统包括电源、时钟电路、复位电路和程序下载接口,如图 5-8 所示。

最小系统电路是按照 STC 器件手册介绍的最小系统来设计的。官方介绍的最小系统如图 5-9 所示。

本项目最小系统电路见图 5-8,时钟电路由晶振 X1、电容 C_1 和 C_2 组成,连接到单片机第 18、19 脚。晶振频率选用 11.059 2 MHz,是因为要使用串口通信,该频率的晶振使得定时器的理论误差为 0。

复位电路:一般复位电路有上电复位、手动复位和专用器件复位。图 5-9 所示的最小系统电路,其时钟频率低于 12 MHz,复位引脚接 10 kΩ 电阻到地即可。

STC 单片机的器件手册可到 STC 官方网站搜索,从中查得单片机型号,并找到链接,下载对应的 PDF 文件。

电源和程序下载接口由图 5-8 中的 J1 组成,可以采用 XH2.54-4P 插座,也可以用 4P 单排针代替。J1 提供电源正负极接口,以及 RxD 和 TxD 引脚,用以系统供电及程序下载。

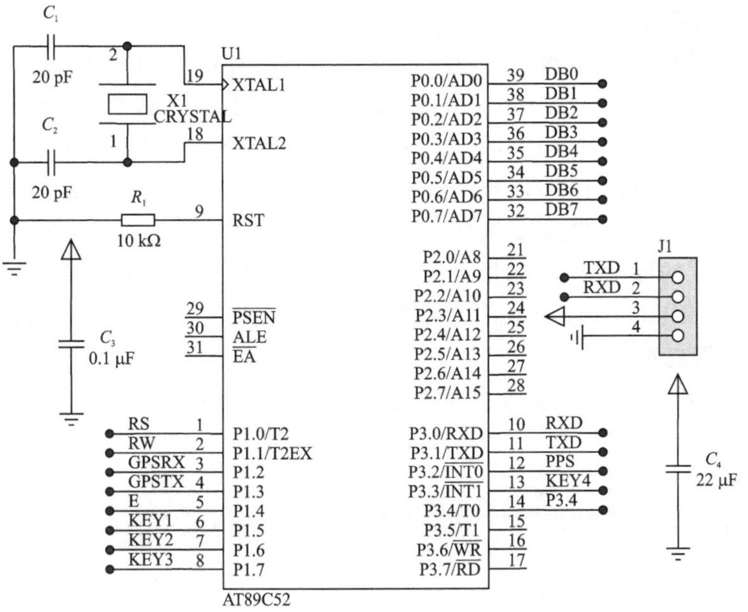

单片机最小系统

图 5－8　最小系统电路

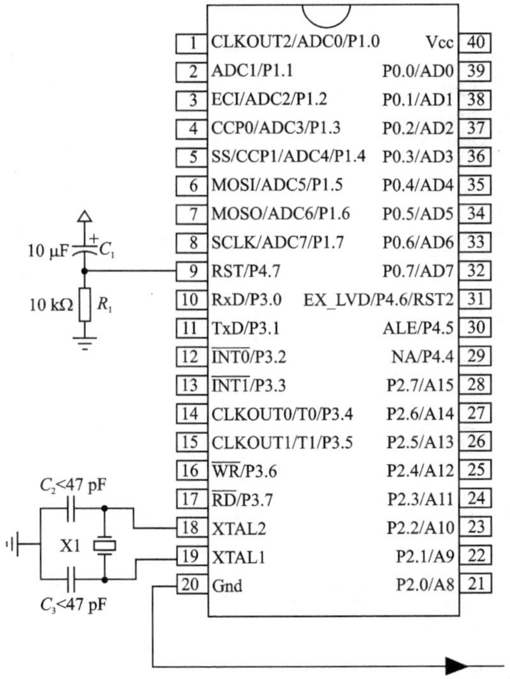

关于复位电路：
时钟频率低于12 MHz时，可以不用C1，R1接1 kΩ电阻到地

图 5－9　官方介绍的最小系统电路

3. 液晶屏电路

液晶屏采用并行工作模式并与单片机连接,连接如图 5-10 所示。

本项目采购的液晶屏自带对比度调节电位器,而且默认情况下已经调整到了最佳值。如果在实际使用过程中,发现液晶屏显示的字符颜色很淡,或者有底影,甚至黑成一片,此时需要调节对比度。第三引脚 V0 是对比度电位引脚,实际通常采用 10 kΩ 的可变电阻滑动端连接引脚 V0,两个固定端的其中一端接 VCC,另外一端接哪里由引脚 18 的标记决定,如果引脚 18 写的是 NC ,那么另一端接 GND,如果是 VOUT 或者 VEE,那么就应该接到引脚 18,因为这时的引脚 18 是负压输出端。

4. 蜂鸣器电路

蜂鸣器采用无源蜂鸣器,实物制作时用一个 8 Ω、0.5 W 的扬声器代替。蜂鸣器电路如图 5-11 所示。

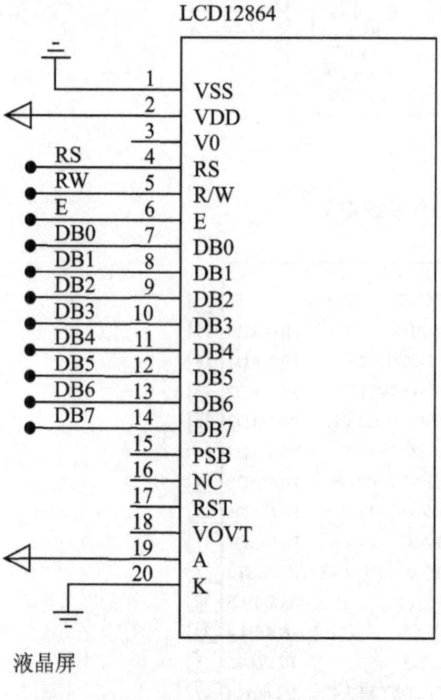

图 5-10 液晶屏与单片机的连接

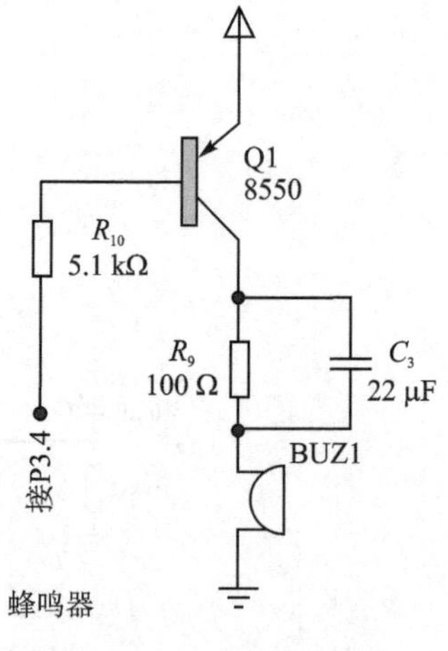

图 5-11 蜂鸣器电路

单片机 P3.4 脚输出低电平时,三极管 Q1 导通;输出高电平时,三极管 Q1 截止。P3.4 引脚为单片机的 CLKOUT0 输出,程序初始化 T0 为 CKLOUT 模式,可以由 T0 产生方波驱动扬声器发声。电阻 R_9 和电容 C_3 的作用是降低扬声器的直流成分,降低蜂鸣器发声时对电源的影响。

5. 卫星定位模块电路

卫星定位模块接收北斗卫星定位信息,从串口发出数据,从 PPS 引脚产生对齐脉冲信号。需要连接单片机串口以接收数据,用外中断接收 PPS 信号,电路如图 5-12

所示。

卫星定位模块电路连接关系如表 5－6 所列。

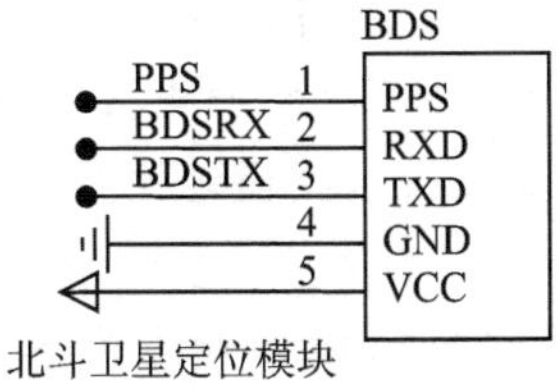

图 5－12　卫星定位模块电路

表 5－6　卫星定位模块连接表

引脚序号	引脚名称	电路连接	功能说明
1	PPS	单片机 P3.2	时钟脉冲输出
2	RXD	单片机 P1.2	模块串口接收
3	TXD	单片机 P1.3	模块串口发送
4	GND	5 V 电源负极	地
5	VCC	5 V 电源正极	电源

对于北斗时钟项目，我们只接收推荐最小定位信息，主要用的是卫星定位模块第 3 引脚，可以不用第 4 引脚。

6. 按钮电路

单片机系统中，按钮可以采用独立连接方式，也可以采用矩阵连接方式。在按钮数量不多，单片机的引脚数够用的情况下，采用独立连接方式；而在按钮数量较多时，一般采用矩阵连接方式。

本项目只有 4 个按钮，采用独立连接方式，电路图如图 5－13 所示。

将四个按钮的名称分别设定为“上”“确认”“下”“取消”，其中“确认”按钮也可称为“OK”按钮。选用不同颜色的键帽以便于区别。四个按钮的名称、颜色、连接关系如表 5－7 所列。

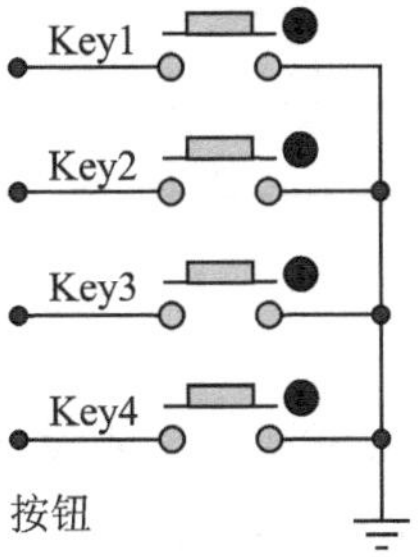

图 5－13　按钮电路

表 5－7　按钮说明

序　号	名　称	颜　色	连接单片机	备　注
1	上	黄	P1.7	上、加、开
2	确认	绿	P1.6	功能选择和确认
3	下	黄	P1.5	下、减、关
4	取消	红	P3.3	取消

按钮一端连接单片机引脚，另一端接地。当不按的时候，按钮处于断开状态，单片机引脚为高电平。当按下按钮，按钮闭合，单片机引脚被接地，变为低电平。程序通过检测引脚电平状态，就可以判断按钮是否按下，并进行对应的数据处理。

【巩固训练】

1. 训练目的：掌握单片机电路的硬件选择与电路设计方法。

2. 训练内容:

① 以单片机为核心元件,设计一个篮球计时计分器电路。

② 根据上述电路分析元件的选择。

利用常见的元器件设计一个篮球计时计分器电路,说明设计思路和电路工作原理,电路应当包含单片机最小系统、键盘部分、显示部分、声光提示部分、编程接口等,要求能够实现正确的计时和计分功能,并且具备暂停、场地交换等真实篮球比赛所需要的功能。

3. 训练检查:表5-8所列为单片机电路元器件选择与电路设计检查内容与记录。

表5-8 检查内容与记录

检查项目	检查内容	检查记录
元器件选择	(1) 单片机型号的选择是否合理	
	(2) 显示器件的选择是否合理	
	(3) 按键、蜂鸣器等其他元器件选择是否合理	
电路设计	(1) 电源电路设计是否合理	
	(2) 显示电路设计是否合理	
	(3) 键盘电路设计是否合理	
	(4) 单片机最小系统电路设计是否正确	
	(5) 其他电路设计是否正确	
其他事项	(1) 元件的选择是否考虑了通用性	
	(2) 元件的选择是否考虑了性价比	
	(3) 电路的设计是否考虑了抗干扰措施	

5.3 软件设计

北斗时钟的软件设计主要包含了程序流程的设计和程序的编写调试。具体设计过程是:先设计软件系统组成框图,再分别对各部分进行设计和调试,然后编程实现。

5.3.1 总体设计

从软件功能来看,整个软件应该由主控模块、显示模块、闹钟模块等组成。设计软件系统框图如图5-14所示。

图中,大虚线框上面的部分是硬件,包括卫星定位模块、液晶屏、按钮和蜂鸣器;虚线框里面部分是软件各模块,箭头表示数据流向,箭头旁边的文字表示数据内容。

下面对各软件模块及数据流向进行介绍。

① 卫星定位模块输出串行数据,数据进入单片机后,经过串口接收、UTC解析、时区转换程序模块,得到系统日期和时间,首先实现时钟功能,也用于闹钟时间比对。

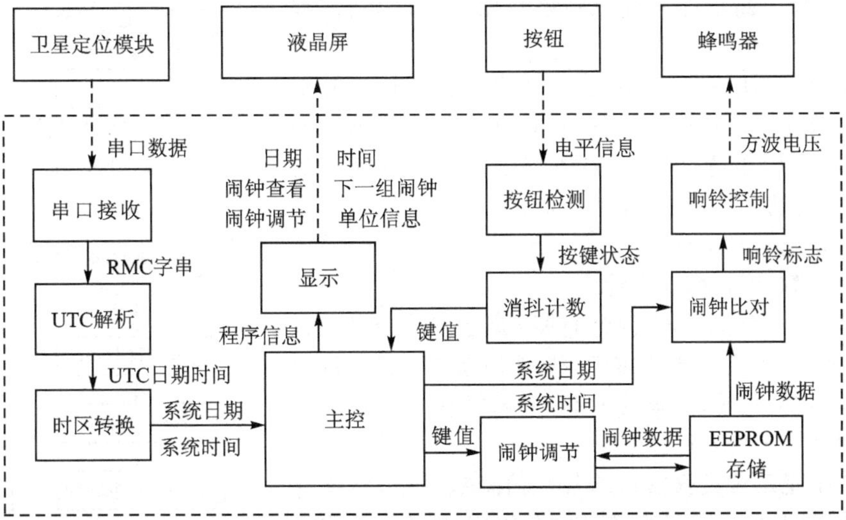

图 5 - 14　软件系统框图

② 按钮的电平信息进入单片机，经按钮检测和消抖计数程序模块，得到键值信息，用于各种操作。

③ 闹钟调节模块获取按键操作的键值信息，经 EEPROM 存储模块取得闹钟数据，调节后再送到 EEPROM 存储区域保存起来。

④ 闹钟比对模块将系统日期时间和闹钟数据进行比对，符合闹钟条件时置位响铃标志。响铃控制模块根据响铃标志，向外部送出方波电压信号，使得蜂鸣器发声。

⑤ 显示模块负责将程序运行时的各种信息送到液晶屏进行显示。这些信息包括系统日期时间、闹钟查看、闹钟调节、下一组闹钟，还加入了单位信息，显示“贵州航天职院”。

5.3.2　详细设计

有了总体设计，接下来设计各程序模块。首先设计几个关键的程序模块，其他部分在程序集成调试过程中逐步给出详细设计。几个关键的程序模块包括：主程序、串口接收、UTC 解析、闹钟比对和响铃控制。

1. 主程序设计

主程序即图 5 - 14 中的主控模块，负责总体调度各模块的运行和关联。在 C 语言程序中就是 main 函数中的大循环部分。

主程序流程如图 5 - 15 所示。

可以看到，流程中调用了各个功能模块，这也决定了北斗时钟程序的程序框架，因此各程序模块在设计时要采用非占用方式完成功能。

2. 串口接收设计

“串口接收”通过单片机的串口 2 实现，串口每接收到一字节数据，产生接收中断,在接收中断里即可读取到该数据,串口中断流程如图5-16所示。

串口采用中断方式接收数据,没有数据进入时不执行接收流程。在接收流程中,处理完当前数据后即退出,不产生等待过程,也就不影响其他程序模块的运行,这种方式即是非占用方式,可以保证每个程序模块都得到及时运行。

3. UTC 解析模块设计

从卫星定位模块接收到的数据包含很多信息,如,经纬度、海拔高度、地面速率、地面航向、UTC日期时间、定位模式等,这里的UTC解析模块负责挑选出日期时间字符串并保存起来。

在卫星定位模块发送的各类信息数据中,本项目选取推荐最小定位信息,即以“$BDRMC”开头的字符串,所以UTC解析负责按顺序逐字符比对,遇到相符的字符串,则保存起来,并通知“时区转换”模块进行处理。

UTC解析模块负责在串口数据流中筛选出以“$BDRMC”开头的字符串,并转存到另一个数组,给出有效标志,供时区转换模块用。

使用的卫星定位模块,购买后默认开启了GPS和北斗卫星定位,推荐最小定位信息是以“$GNRMC”开头的字符串。在实际流程编制和程序调试过程中,为了保证程序的通用性,只检测第0、3、4、5字节,即只检测“$”及后面的“RMC”即可。

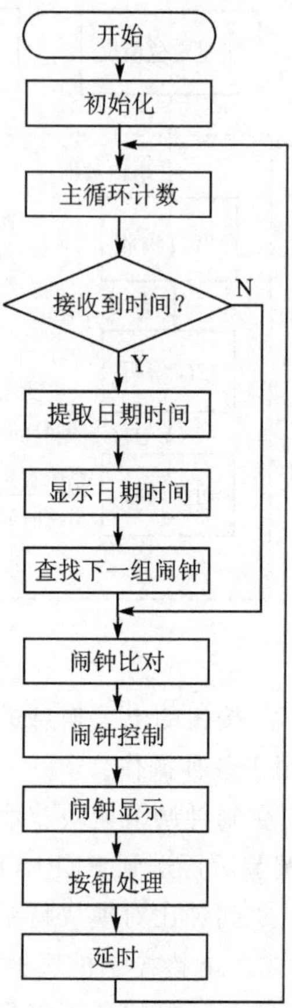

图5-15 主程序流程图

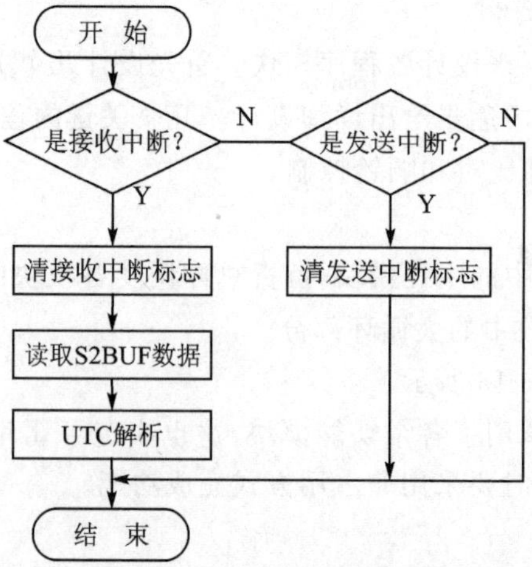

图5-16 串口中断流程图

UTC 解析模块的程序流程图如图 5－17 所示。

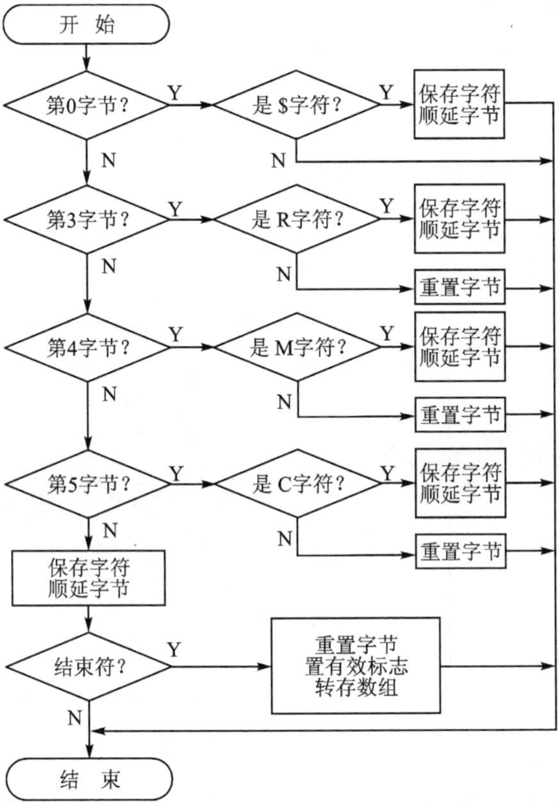

图 5－17　UTC 解析模块的程序流程图

程序用一个变量记录当前是第几字节，第 0 字节必须是 $ 符号，第 3 字节必须是 R 字符……如果不是指定字符，则重新从第 0 字节开始比对。

只要前面的字符相符，后续则持续保存数据，直到遇到结束符为止。

4. 闹钟比对模块设计

本项目设计的闹钟，能在指定时间蜂鸣器发声，以给出提醒的功能。本项目要设计 10 组闹钟，每组闹钟可以设置时、分以及循环日期三个参数。闹钟比对模块在系统时间的秒数值为 0 的时候进行比对，如果符合条件，则控制蜂鸣器发声。

闹钟比对模块流程如图 5－18 所示。

可以看到，图 5－18 中只有“打开响铃开关”操作，没有“关闭响铃开关”的操作，这会造成蜂鸣器一直响。为什么不设计“关闭响铃开关”呢？

考虑到发声部分是无源蜂鸣器，需要单片机输出方波信号驱动，而闹钟时间只有日期、时、分，在系统时间秒数值为 0 时候进行闹钟比对，无法在这一个特定时刻给出方波信号，所以本模块只给出一个“需要响铃”的响铃标志作为响铃开关信号，至于响铃及关闭响铃的工作,就交由另外的“响铃控制”模块来完成。

5. 响铃控制模块设计

本模块根据响铃标志来控制蜂鸣器发声。当需要响铃时,控制蜂鸣器发声,发声过程中若有按钮按下,则停止发声。若发声过程中一直没有按钮按下,则在一定时间后关闭响铃。

响铃控制模块流程如图 5-19 所示。

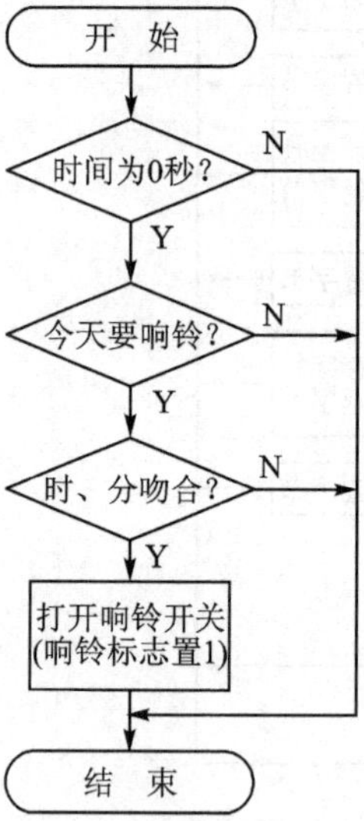

图 5-18 闹钟比对流程图

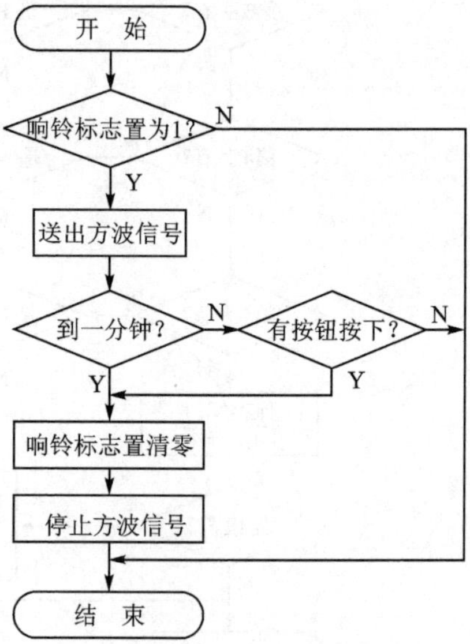

图 5-19 响铃控制流程图

【巩固训练】

1. 训练目的:掌握单片机电路的软件设计方法。

2. 训练内容:

① 绘制篮球计时计分器电路的系统框图。

② 设计篮球计时计分器主程序流程图和各模块流程图。

根据上一任务设计的篮球计时计分器电路的功能要求,绘制篮球计时计分器的系统框图,设计主程序流程图和各模块流程图。设计应当包含主程序、键盘电路、显示驱动流程图和其他子程序流程图,且流程图应能够反映出篮球计时计分器的工作流程,满足功能要求。

3. 训练检查:表 5-9 所列为单片机电路软件设计检查与记录内容。

表 5-9　检查内容和记录

检查项目	检查内容	检查记录
系统框图的绘制	(1) 系统框图是否包含了所有部分	
	(2) 系统框图各部分连接关系是否正确	
	(3) 系统框图设计是否符合硬件设计	
流程图设计	(1) 系统主程序流程图绘制是否正确	
	(2) 键盘电路流程图绘制是否正确	
	(3) 显示驱动流程图绘制是否正确	
	(4) 其他部分流程图绘制是否正确	
其他事项	(1) 流程图的绘制是否符合规范	
	(2) 程序的设计方案是否最佳	

任务 6　单片机程序开发软件

【任务导读】

北斗时钟的设计与制作项目用到了单片机，单片机的运行程序需要先进行调试和编译，然后才能将编译好的程序烧录至单片机中。单片机程序开发软件有很多，此处我们介绍常用的 Keil C51μVision 软件。通过本任务的学习，掌握 Keil C51μVision 软件程序调试的基本方法和步骤。

Keil C51 μVision2 是德国 Keil Software 公司出品的 51 系列兼容单片机 C 语言软件开发系统，针对 51 系列单片机开发的基于 32 位 Windows 环境的单片机集成开发平台，如图 6-1 所示。

图 6-1　Keil C51 μVision2 软件的界面

它包括一个编辑软件，可以在线编辑用 C 语言或 51 系列单片机汇编语言写成的源程序，Keil C51 标准 C 编译器为 8051 微控制器的软件开发提供了 C 语言环境，同时保留了汇编代码高效、快速的特点。

C51 编译器的功能不断增强,使你可以更加贴近 CPU 本身及其他的衍生产品,包括单片机软件仿真器 Dscope51,可以采用软件模拟仿真和实时在线仿真两种方式对目标系统进行开发。

C51 已被完全集成到 μVision2 的集成开发环境中,包含高效的编译器、项目管理器和 MAKE 工具。集成了 C51 交叉编译器、A51 宏汇编器、BL51 连接定位器等工具软件和 Windows 集成编译环境。

6.1 熟悉 Keil C51 软件界面

为方便掌握该软件,此处首先列写出常用菜单涉及的英文和图标的中文含义,然后通过一个实际案例来讲解该软件的基本使用方法,Keil C51 窗口界面如图 6-2 所示,包含了标题栏、菜单栏、工具栏、项目窗口、程序窗口、输出窗口等部分。

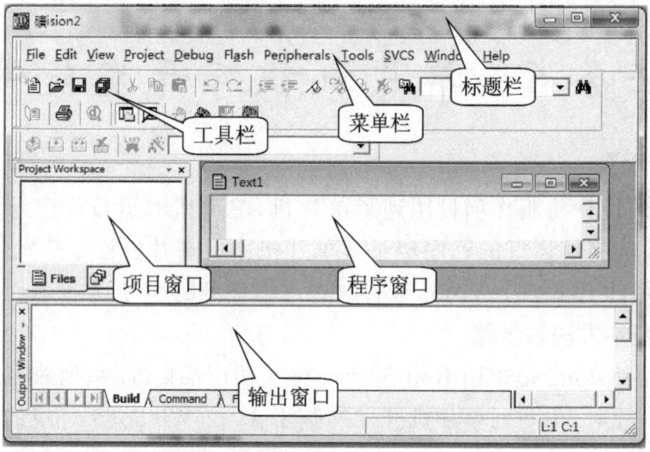

图 6-2 Keil C51 窗口界面

6.1.1 标题栏

标题栏位于窗口界面的最上面。左端显示正在运行的应用程序的名称,右端三个控制按钮:分别为“最小化”“最大化/还原”和“关闭”按钮。

6.1.2 菜单栏

菜单栏位于窗口界面标题栏的下方,其常用菜单项有 File(文件)、Edit(编辑)、View(查看)、Project(项目)、Debug(调试)、Peripherals (外围器件)、Tools (工具)等,下面列出这些常用菜单项的中英文对照。

(1) File(文件)

New:新建文件。

Open:打开文件。

Close:关闭文件。

Save:存储文件。

Save　As :另存文件。

Save　All: 存储全部文件。

Device　Database:器件库。

Print　Setup:打印设置。

Print:打印。

Print　preview:打印预览。

(2) Edit　(编辑)

Undo:取消上次操作。

Redo: 重复上次操作。

Cut:剪切所选文本。

Copy:复制所选文本。

Paste:粘贴。

Indent Selected Text:右移一键距离。

Unindent Selected Text :左移一键距离。

Toggle Bookmark:设置/取消标签。

Goto Next Bookmark:移到下一标签。

Goto Previous Bookmark:移到上一标签。

Clear All Bookmarks:清除所有标签。

Find:查找文本。

Replace:替换特定的字符。

(3) View(查看)

Status　Bar:状态工具条。

File　Bar:文件工具条。

Build　Bar:编译工具条。

Debug　Bar:调试工具条。

Project　Widows:项目窗口。

Output　Windows:输出窗口。

Source　Browser:源文件浏览器。

还包括调试时可以选择的显示窗口:

Disassembly Windows:反汇编文件窗口。

Memory Windows:存储器窗口。

(4) Project(项目)

New Project:创建新项目。

Import　μVision1 Project:导入项目。

Open Project:打开项目。

Close Project:关闭当前项目。

Select Device for Target: 选择对象的 CPU。

Remove:从项目中移走一个组或文件。

Options:设置对象、组或文件的工具选项。

Build Target:编译修改过的文件并生成应用。

Rebuild Target:重新编译文件并生成应用。

Translate:编译当前文件。

Stop Build:停止生成应用的过程。

(5) Debug(调试)

Start/Stop Debug:开始/停止调试。

Go:运行程序。

Step:单步执行程序。

Run to Cursor line:运行到光标行。

Stop Runing: 停止程序运行。

Breakpoints:打开断点对话框。

Insert/Remove Breakpoint:设置/取消断点。

Enable/Disable Breakpoint:使能/禁止断点。

Memory Map:打开存储器空间。

Performance Analyzer:打开设置分析窗口。

Inline Assembly:某一行重新汇编。

Function Editor:编辑调试函数。

(6) Peripherals (外围器件)

Reset CPU:复位 CPU

根据选择的 CPU 在调试中出现如下对话框:

Interrupt:中断观察。

I/O-Ports: I/O 口观察。

Serial:串口观察。

Timer:定时器观察。

A/D Conoverte:A/D 转换器。

D/A Conoverter:D/A 转换器。

I^2C Conoverter: I^2C 总线控制器。

Watchdog:看门狗。

(7) Tools (工具)

Setup PC-Lint:设置 PC-Lint 程序。

Lin:用 PC-Lint 处理当前文件。

Lint all C Source Files:用 PC-Lint 处理 C 源代码文件。

Setup Easy-Case:设置 Siemens 的 Easy-Case 程序。

Start/Stop Easy-Case:运行/停止 Easy-Case 程序。

Show File (Line) :处理当前编辑的文件。

Customize Tools Menu:添加用户程序到工具菜单中。

6.1.3　工具栏

工具栏位于菜单栏的下方,包含文件管理工具、常用的编辑按钮、常用编译工具按钮、调试工具按钮,下面对各图标的含义进行简要说明。

(1) 文件管理工具按钮

 :新建文件。

 :打开文件。

 :存储文件。

 :存储所有文件。

 :打印文件。

 :寻找文件(find in files)。

(2)常用编辑按钮

 :文件剪切(cut),快捷键 Ctrl+X。

 :文件复制 (copy),快捷键为 Ctrl+C。

 :文件粘贴(paste),快捷键为 Ctrl+V。

(3) 常用编译工具按钮

 :编译当前文件,快捷键为 Ctrl+F7。

 :编译当前对象文件,快捷键为 F7。

 :编译当前所有文件。

 :停止编译(Stop build)。

(4) 调试工具按钮

 :开始/停止调试模式。

 :打开/关闭项目窗口。

 :打开/关闭输出窗口。

 :设置/取消当前行的断点。

 :取消所有的断点。

 :使能/禁止当前行的断点。

:禁止所有的断点。

:对CPU复位,光标处于第一条指令处。

:全速运行程序,快捷键为F5。

:暂停程序运行,快捷键为Esc键。

:单步运行程序。

:宏单步运行程序,跳过子程序运行。

:从子程序中跳出,执行到当前函数结束。

:运行程序到当前光标所在行。

6.1.4 其他窗口

(1) 项目窗口

提供对项目的管理功能。三个选项:文件管理(Files)、寄存器组(Regs)和说明书(Books)选项。

(2) 程序窗口

对源程序文件进行编辑,如移动、修改、删除等操作。

(3) 输出窗口

有编译(Build)、命令(Command)和找到文件(Find in files)三个子项供选择。

调试中,可以通过View(查看)菜单的选择,在输出窗口中显示或预置存储器单元、堆栈等内容。

6.2 程序的调试

6.2.1 程序调试的过程

① 新建项目文件,* .UV2文件。

② 新建源程序文件,建立和保存一个汇编或C语言源程序文件(*.ASM或*.C文件)。

③ 选择器件,把源文件添加到项目中。

④ 编译(Build)项目生成目标文件,*.HEX文件。

⑤ 调试程序(Debug)。

⑥ 固化程序,程序固化到ROM。

6.2.2 创建项目和设置环境参数

1. 启动Keil C51 μVision2集成开发环境

双击快捷图标 打开并进入Keil C51开发环境,如图6-3所示。

2. 新建(或打开)一个项目文件

① 选择“Project”→“New Project”选项,新建一个项目,如图6-4所示。

② 选择要保存项目文件的路径,输入项目名(此处输入text_01),然后单击“保

存”按钮即可，如图 6－5 所示。

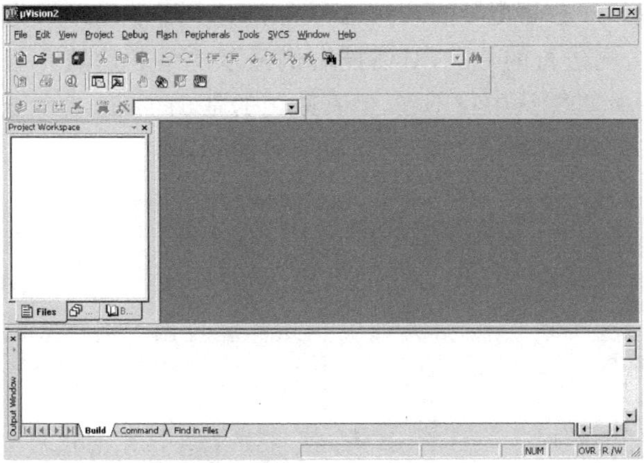

图 6－3　Keil C51 开发环境

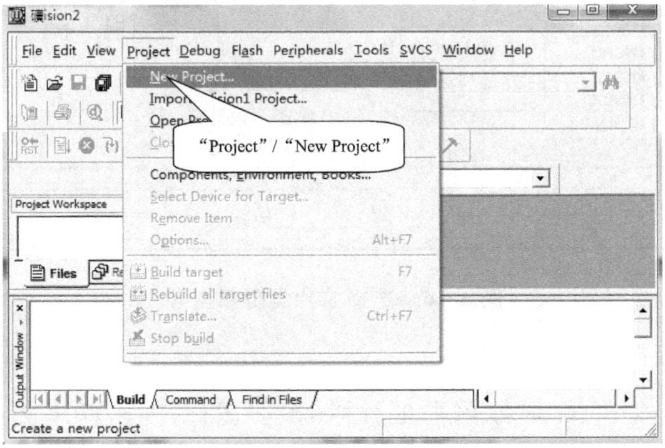

图 6－4　新建一个项目

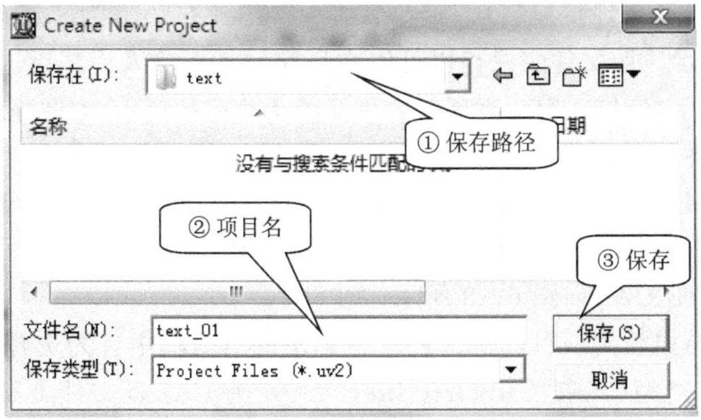

图 6－5　保存项目文件

③ 选择芯片类型和型号。单击保存后，弹出芯片选择对话框，如图6-6所示，选择芯片类型和型号(芯片型号的选择也可在后面步骤中选择)，此处出现的文件夹是以芯片的生产公司进行的分类，对话框右侧显示的是芯片的介绍。此次设计采用的STC11F04E单片机默认中找不到，但其采用的是51内核，此处选择常用的Atmel公司的AT89C52来代替，单击“确定”完成项目的建立。

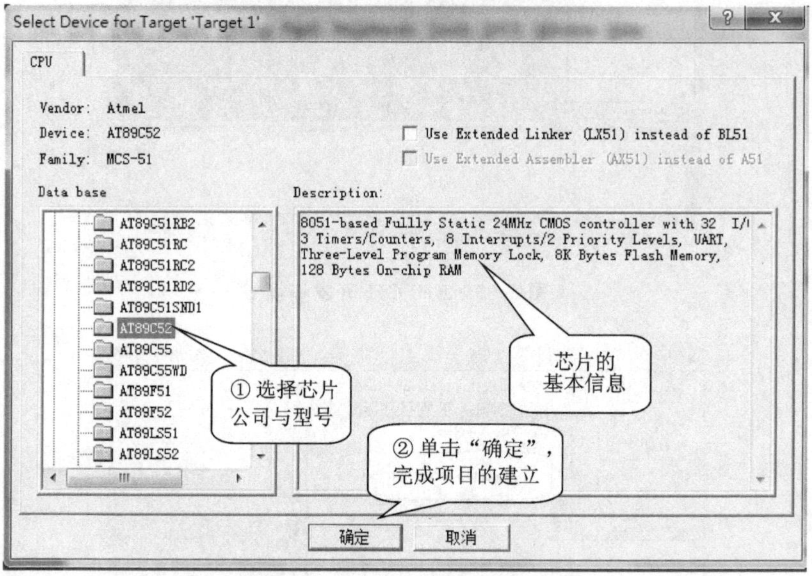

图6-6 选择芯片类型和型号

3. 新建和保存一个源文件

① 选择“File”→“New”或单击工具栏的 图标，弹出程序文本框，如图6-7所示。

② 保存源文件。选择“File”→“Save”选项或直接单击工具栏的图标；选择保存路径，输入文件名和文件扩展名(汇编语言为＊.ASM，C语言为＊.C)，单击“保存”即可，如图6-8所示。源文件的保存也可以在程序文本框输入程序后进行，应习惯先将空白文件保存一下，这样在编写程序时软件会给予相应的提示，方便程序的编写。

4. 将源文件加入项目中

① 在项目窗口中，单击Target1前面的＋号，展开里面的内容Source Group1，用右键单击Source Group1，在弹出的快捷菜单中选择“Add File to Group`Source Group1'”选项添加文件，如图6-9所示。

② 选择需要加载到项目的源文件。在弹出的对话框中首先选择源文件的路径，然后选择文件的类型(其中“C Source file(＊.c)”为C语言文件类型，“Asm Source file(＊.s＊;＊.src;＊.a＊)”为汇编语言文件类型；“All files(＊.＊)”为所有文件类型)，如果不确定文件类型选择“All files(＊.＊)”，然后选择相应的文件，单击“Add”

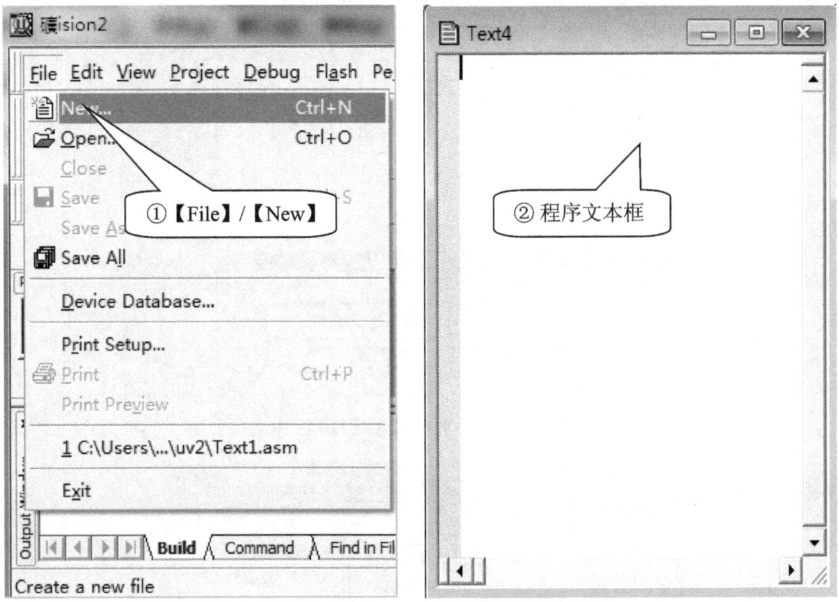

图 6-7　新建一个源文件

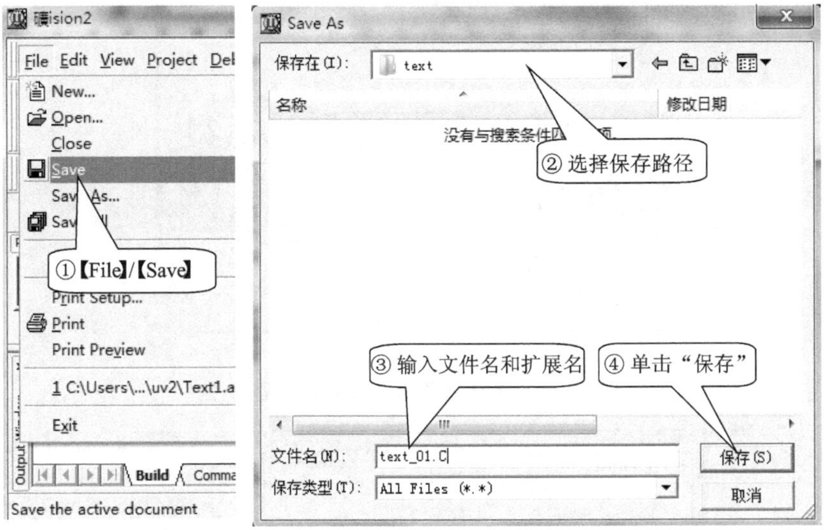

图 6-8　保存程序源文件

完成源文件的添加,然后单击“Close”关闭该对话框,如图 6-10 所示。

③ 编写源文件。在项目窗口中,单击“Source Group1”前面的“+”号,展开里面的内容,双击“text_01.C”,在右侧程序编辑窗口单击窗口最大化图标,将文件编辑窗口最大化以方便文件的编写,在程序编辑窗口可以进行源程序的编辑,可以直接输入源程序,也可以复制粘贴源文件,如图 6-11 所示。

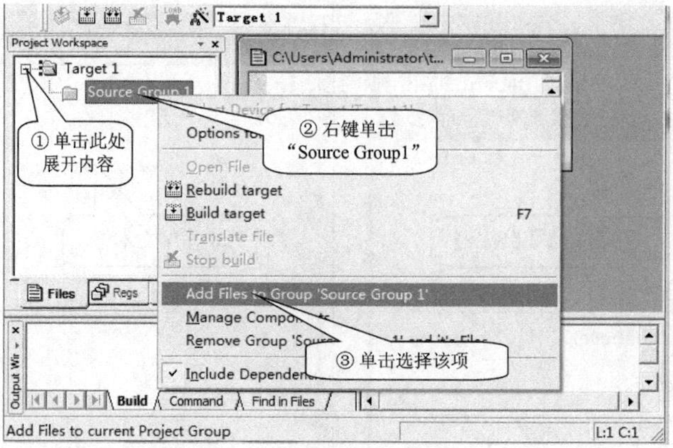

图 6-9　添加源文件到项目中

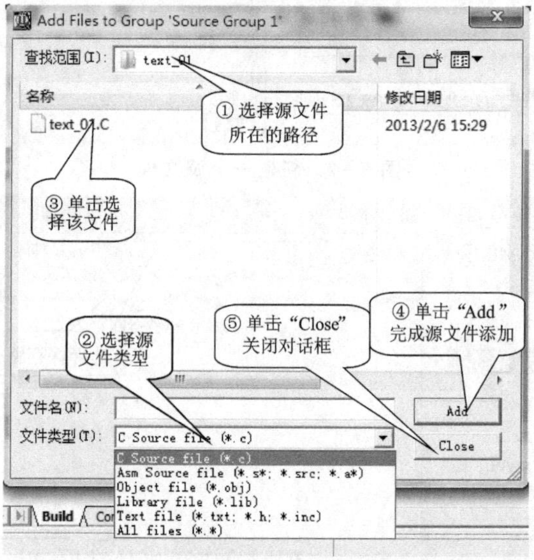

图 6-10　选择需要加载到项目的源文件

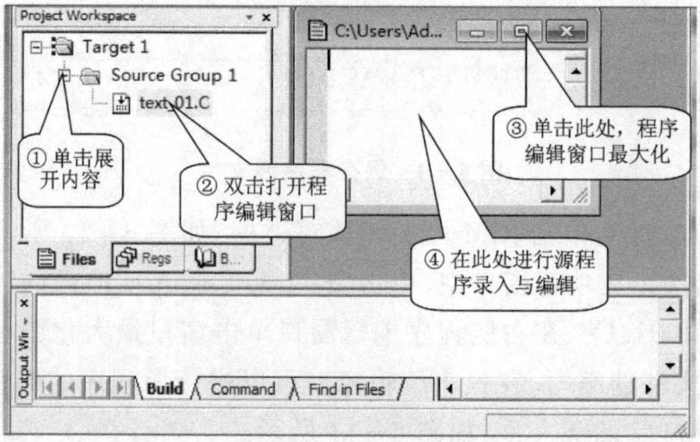

图 6-11　编写源文件

5. 设置调试参数及运行环境

右键单击项目中"Target1",在弹出的菜单中选择"Options for Target Target1"或主菜单"Project"中选择"Options for Target Target1",如图6-12所示。弹出"Options for Target Target1"对话框,其中有8个选项卡,下面首先对常用选项卡进行简要的说明,然后例解常用的设置。

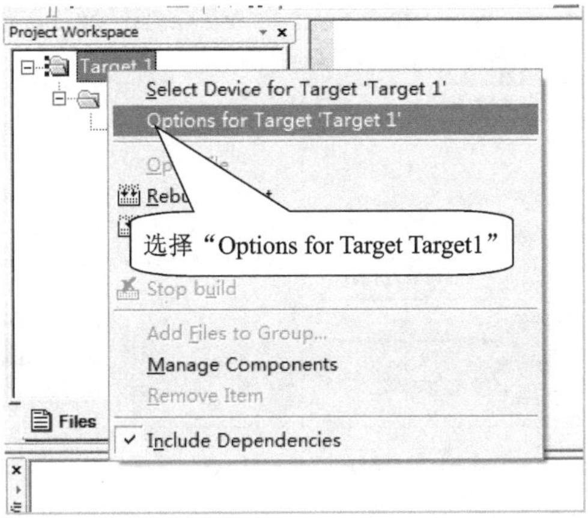

图6-12 "Options for Target Target1"对话框

① Device器件选项卡设置　该选项与创建项目时弹出的"芯片选择"对话框一样,如果在创建项目时没有选择芯片或者现在需要更换芯片型号,均可通过该选项来进行芯片类型的设置(见图6-13),如:Atmel—>AT89C52。

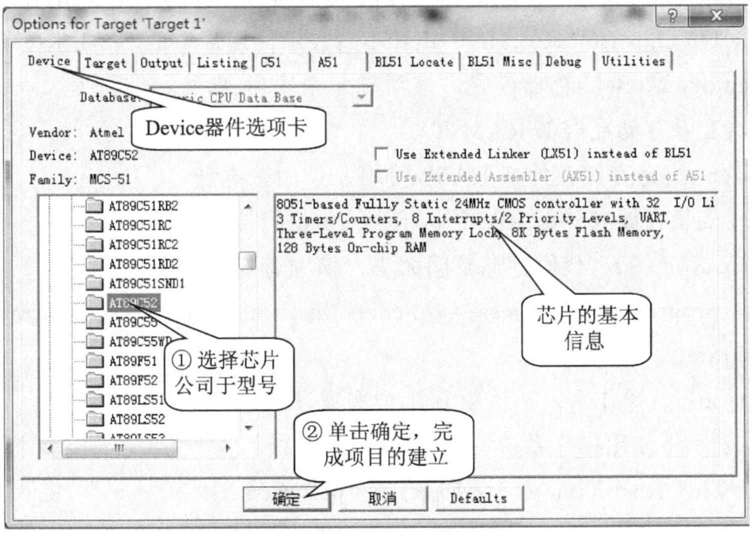

图6-13 Device器件选项卡设置

② “Target”选项卡设置 Target 选项卡包含了单片机晶振频率、代码存储、操作系统等相关设置,如图 6-14 所示为“Target”选项卡,其各设置如下:

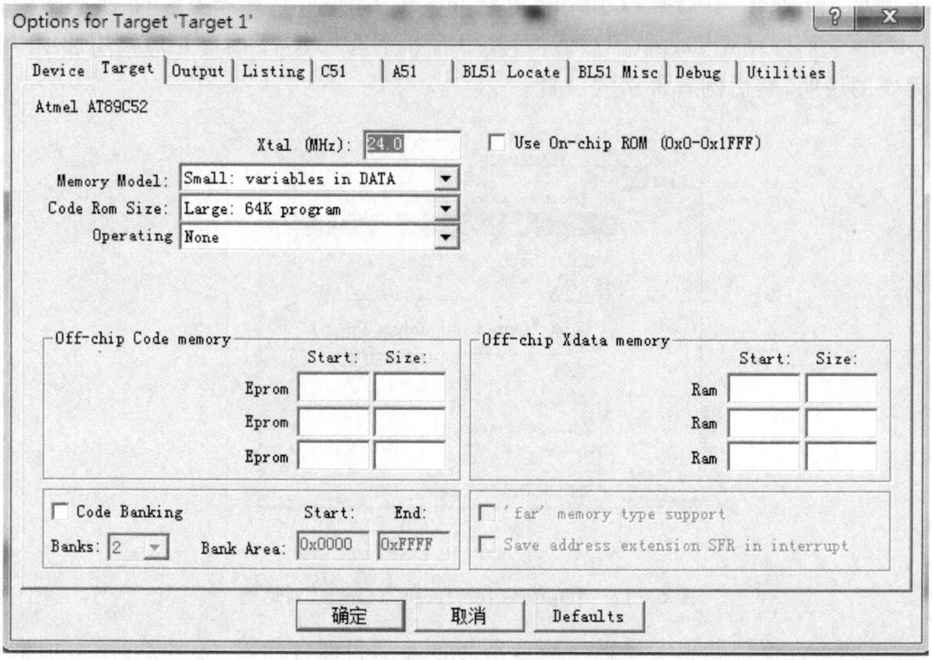

图 6-14 “Target”选项卡设置

1) Xtal(MHz):设置单片机晶振工作的频率,此处默认为 24.0 MHz。

2) Use On-chip ROM(0x010～0XFFF):表示使用片上的 Flash ROM。

3) Memory Model :存储模式。该项有 3 个选项,即

Small :变量存储在内部 RAM 里。

Compact :变量存储在外部 RAM,使用 8 位间接寻址。

Large :变量存储在外部 RAM 里,使用 16 位间接寻址。

4) Code Rom Size:代码存储空间大小。该项有 3 个选项,即

Small: program 2K or less; Compact: 2K functiongs, 64K program; Large: 64 KB program。

5) Operating:操作系统。该项有 3 个选项,即

None:表示不使用操作系统。

TX-51 Tiny Real-Time OS :使用 Tiny 操作系统。

RTX-51 Full Real -Time OS :使用 Full 操作系统。

6) Off-chip Code memory:表示片外 ROM 的开始地址和大小。

7) Off-chip Xdata memory:外部数据存储器的起始地址和大小。

8）Code Banking：使用 Code Banking 技术，以支持更多的程序空间。

③ Output 选项卡设置　Output 选项卡如图 6－15 所示，有如下几项设置：

1）Select Folder for Objects：选择目标文件的存储目录。

2）Name of Executable：设置生成的目标文件名。

3）Create Executable：生成 OMF 以及 HEX 文件。

4）Create HEX File：生成 HEX 文件。

5）Create Library：生成 lib 库文件。

6）After Make：有以下几个设置，即

Beep when complete：编译完后发出咚的声音。

Start Debugging：启动调试，一般不选中。

Run User Program ＃1，Run User Program ＃2：设置编译完之后要运行的其他应用程序。

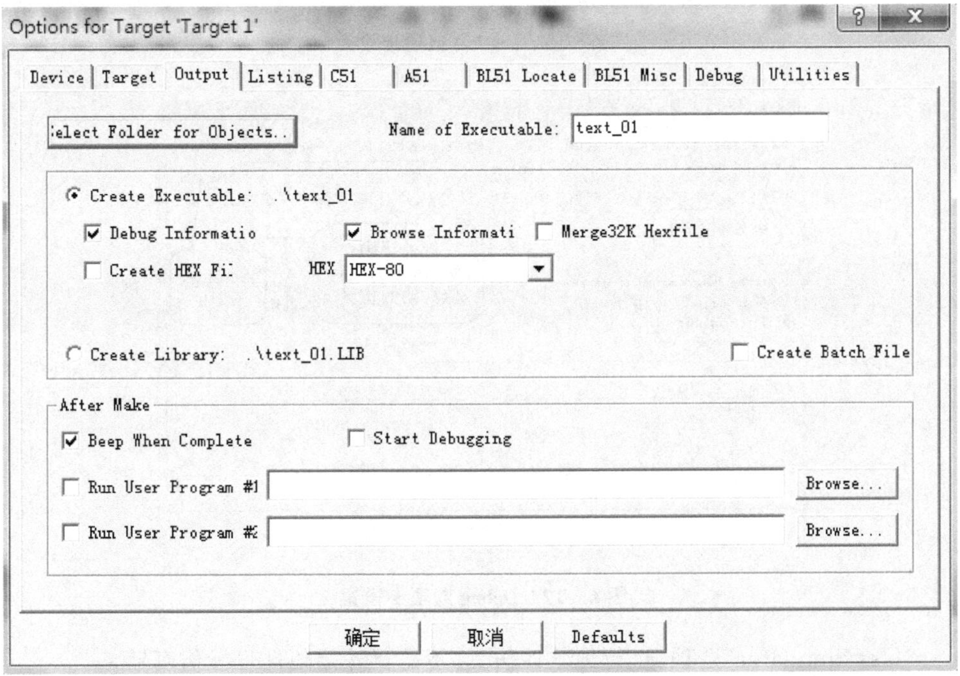

图 6－15　Output 选项卡

④ Listing 选项卡设置　该选项卡可以设置列表文件存放目录以及是否生成 *.lst、*.m51 文件等选项，如图 6－16 所示。

⑤ Debug 选项卡设置　该选项主要用于仿真形式的选择，如图 6－17 所示。仿真形式有两类可选：

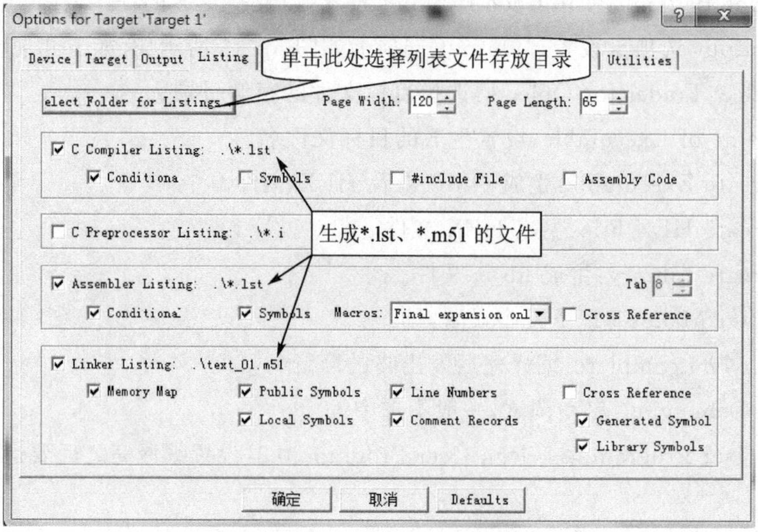

图 6－16　Listing 选项卡设置

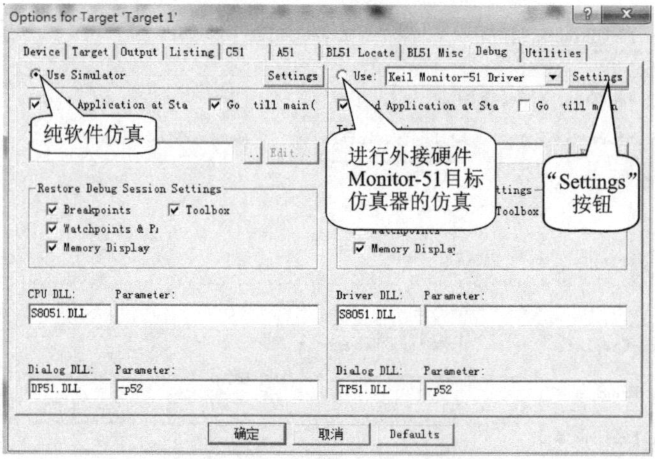

图 6－17　Debug 选项卡设置

"Use Simulator"选项：进行纯软件仿真，不需要外接硬件目标仿真器。

"Use：Keil Monitor-51 Driver"选项：进行外接硬件 Monitor-51 目标仿真器的仿真。

"Load Application at Start"选项：选择后，Keil 才会自动装载程序代码。

"Go till main"选项：调试 C 语言程序时，自动运行到 main 程序处。

如果选择"Use：Keil Monitor-51 Driver"选项，可以设置相应的参数，单击"Settings"按钮进行相应参数的设置，如图 6－18 所示。

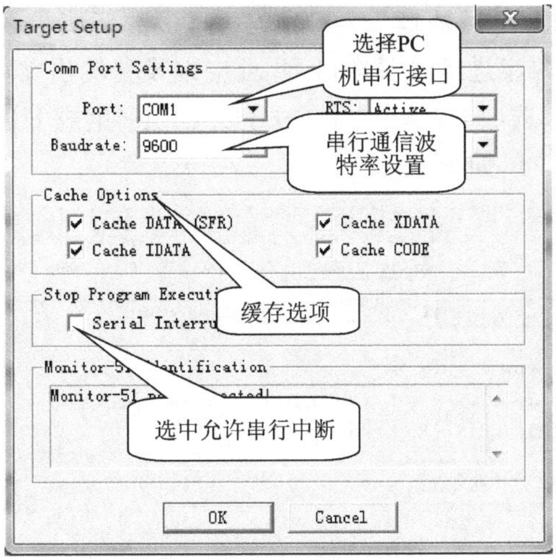

图 6-18　外接硬件 Monitor-51 目标仿真器参数设置

6.2.3　源程序的编译和调试

在创建好工程项目和源程序文件并设置好环境参数之后，要做的是对源程序进行编译和调试，以下通过打开之前创建好的工程项目讲解源程序编译和调试的过程。因为计算机和单片机芯片不能够直接识别汇编语言和 C 语言等文件，必须把编写的汇编语言或 C 语言等程序源文件转化成二进制(或十六进制)，把源文件转化成二进制的过程称为源程序编译。所谓调试可以理解为运行程序并不断修改完善的过程。

1. 设置输出文件的工作环境

① 打开创建好的项目　双击项目文件(* .UV2 文件)即可打开，如图 6-19 所示打开创建好的 text_02. UV2 项目文件(此项目文件采用汇编语言编写)。

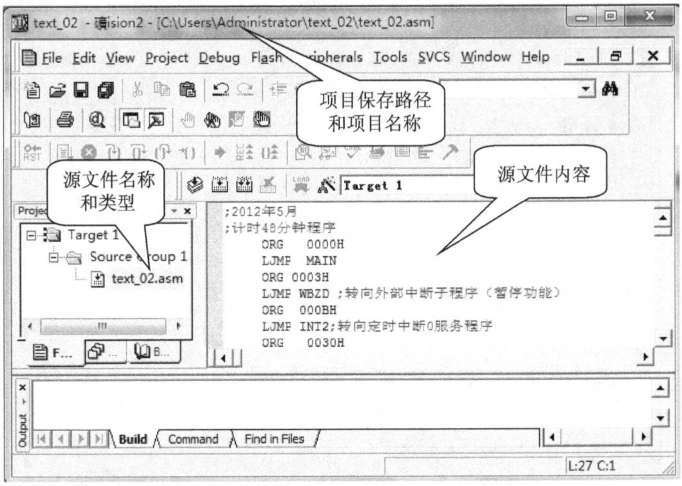

图 6-19　打开创建好的项目

② 设置调试参数及运行环境　对于初学者,多数环境参数保持默认值即可,当需要时可根据上文的内容进行设置即可,此处应以设置输出文件为例进行简要演示。打开环境设置 Output 选项卡,单击“Create HEX File(生成 HEX 文件)”选项前的复选框,然后单击确定即可,如图 6-20 所示。

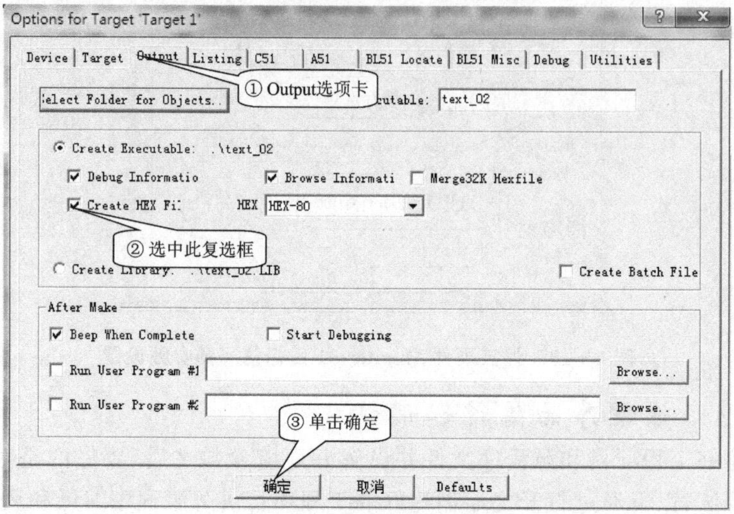

图 6-20　设置调试参数及运行环境

2. 编译程序

(1) 程序的编译

常用的编译工具有几个,此处不介绍其区别,应选择“Project”/“Rebuild all target files”(编译当前所有文件)或在工具栏单击 (编译所有文件图标)进行源程序文件的编译,在“输出窗口”将产生编译成功的提示信息,如图 6-21 所示。

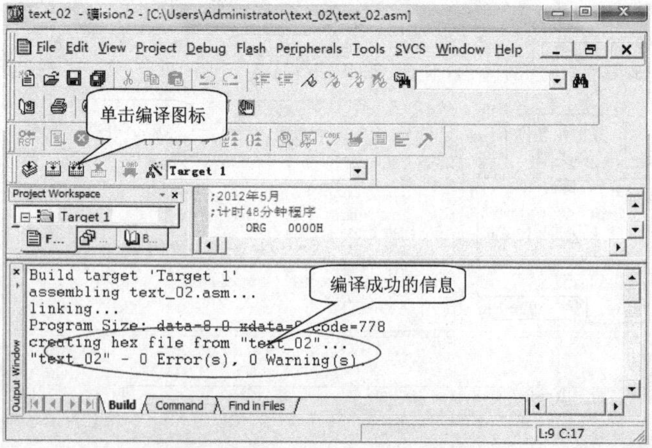

图 6-21　编译成功的提示信息

以上是源程序文件编译成功的信息，而有些时候还会出现编译出错的信息，此处在源程序中人为设置错误，编译后来观察输出窗口的编译信息。单击“编译”后发现在“输出窗口”出现“编译未成功”的信息（见图 6－22），该信息说明了程序错误的原因，双击“错误提示信息”，在源程序的错误行前出现“箭头”指示（该指示是软件认为有错误的行，有时候不一定准确，但大致能说明程序的问题），如果有多处错误，在输出窗口也将有多条提示。将源程序的错误修改之后，重新进行编译，直至输出窗口出现“编译成功”信息。需要说明的是，程序编译成功并不意味着程序符合要求。

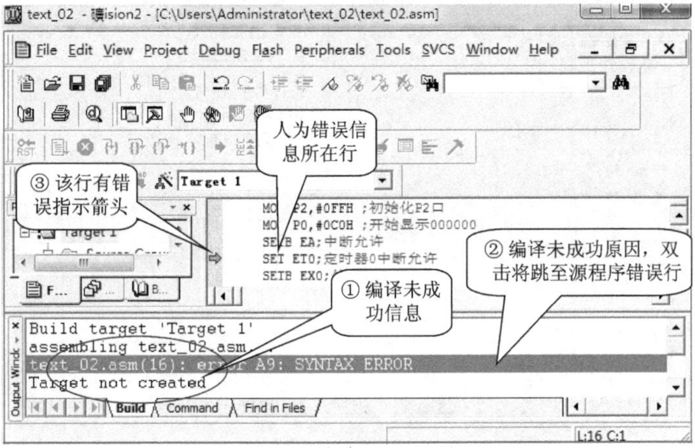

图 6－22　编译未成功的提示信息

(2) 输出文件的查看

编译成功后，在编译文件输出文件夹可以看到输出的 *.HEX 文件，如图 6－23 所示。

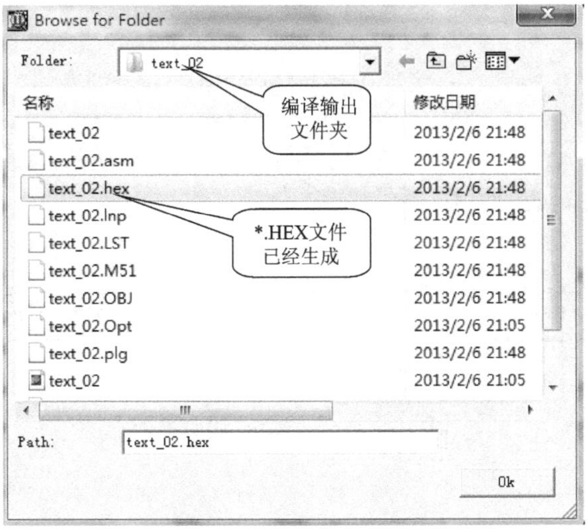

图 6－23　输出文件的查看

3. 程序的仿真调试

(1) 选择调试方法

菜单"Project/Options for Target Target1"中,设置"Debug" 选项卡。选择仿真形式:"Use Simulator(进行软件仿真)""Use:Keil Monitor-51 Driver(选择仿真器仿真)",如图 6-24 所示。

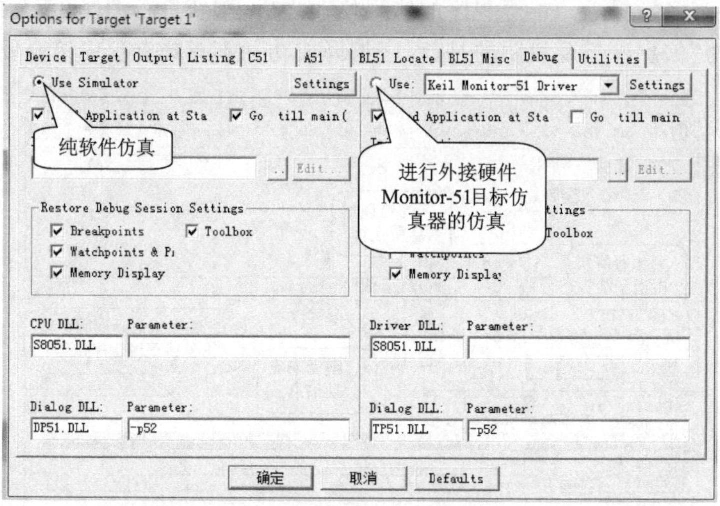

图 6-24 选择调试方法

(2) 进入仿真调试环境

在调试方法中"软件仿真"后,单击主菜单"Debug"/"Start/Stop Debug Session"或者单击调试工具条("Debug Bar")中的 按钮或者通过快捷键 CTRL+F5 进入仿真调试环境,再次单击将退出调试环境,如图 6-25 所示。

程序调试窗口如图 6-26 所示。

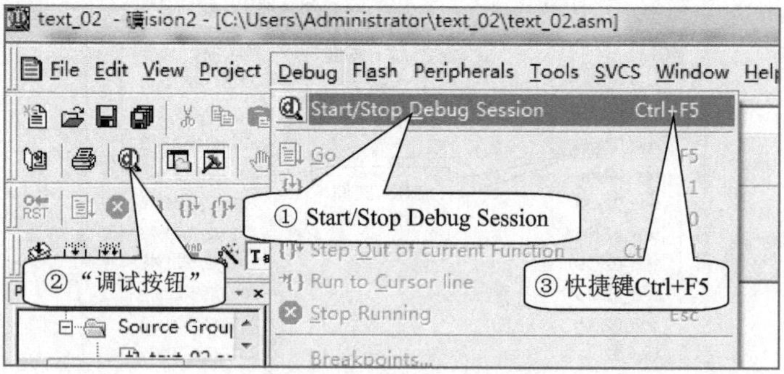

图 6-25 进入仿真调试环境

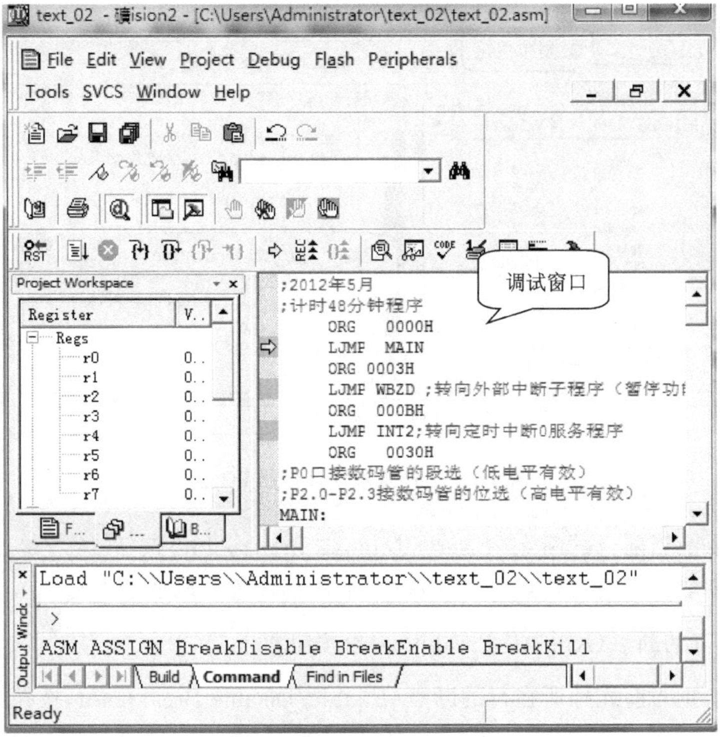

图 6-26　程序调试窗口

(3) 仿真调试过程

① 进入仿真调试环境　单击按钮 进入调试环境，再次单击，将退出调试，如图 6-25 所示。

② 设置程序计数器 PC 值　单击 复位按钮，程序从 0000H 开始执行，也可以在项目窗口“Project Workspace”中的寄存器(Regs)选项中，修改 PC 的值，如图 6-27 所示。

③ 选择全速运行程序　单击 (Run)按钮，全速运行程序，单击 (Halt)暂停按钮，停止程序的运行。

④ 选择运行程序到当前光标所在行　首先用鼠标单击一下所希望运行到的指令行，然后单击 (Step to Cursor Line)按钮。

⑤ 选择单步运行程序　单击 (Step into)按钮，单步运行程序，遇到子程序则进入执行。或单击 (Step over)按钮，宏单步运行程序。对于不需再调试的子程序，可以利用它，一次性越过调用子程序的指令。

⑥ 选择设置断点调试　断点是人为地在程序指令处设置的标记，当程序全速运行到该处时会自动暂停。

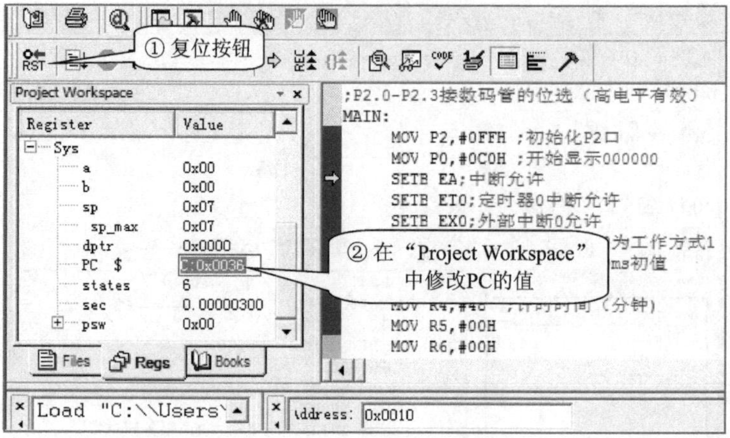

图 6-27　设置程序计数器 PC 值

设置/取消当前行的断点(Insert/Remove Breakpoint)按钮 ，单击该行置断点，再按下则取消当前行断点(也可通过双击该行设置或取消断点)。

取消所有的断点(Kill All Breakpoints)按钮 。

使能/禁止当前光标所在行的断点(Enable/Disable Breakpoint)按钮 。

禁止所有的断点(Disable All Breakpoints)按钮 。

⑦ 选择硬件仿真器调试　进行带有 Monitor-51 目标仿真器的仿真，需要通过 PC 机串口外接硬件目标仿真器并对 PC 机的串行通信口进行参数设置。调试前连接好实验导线然后再打开电源开关，单击按钮，开始调试，同样可以运用全速运行、单步运行、运行到光标行、运行到断点处等方法进行调试。

在选择硬件仿真器调试过程中，如果出现如图 6-28 所示的对话框，说明和硬件仿真器连接出现故障，这时可以按动仿真器上的复位按键后，确认硬件连接无误后，选择图 6-28 所示“Try Again”按钮即可重新进入调试阶段。

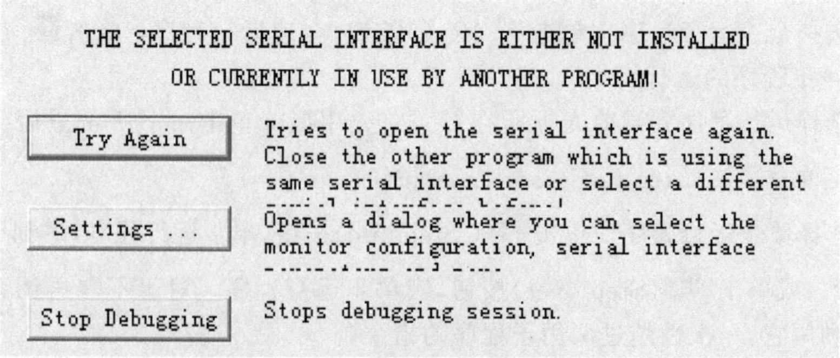

图 6-28　硬件仿真器调试故障

(4) 用仿真调试输出窗口来观察运行结果

① View 菜单　通过该菜单可以查看寄存器、存储器等运行结果,如图 6－29 所示。

图 6－29　寄存器、存储器等运行结果

② Peripherals 菜单　根据选择的不同单片机型号,通过该菜单可以查看 Interrupt(中断)、I/O-Ports(I/O 口)、Serial(串口)、Timer(定时器)等结果,如图 6－30 所示。

在利用硬件进行实时在线仿真时,不仅可以观察到 CPU 的寄存器、存储器、I/O 接口、定时器等状态,而且可以实时地观察到硬件设备的运行结果,如数据的采集、结果的显示、人机对话的功能等。这样,就极大限度地反映了目标板的真实的实时运行情况。

(5) 程序的固化

调试完成后,可以进行程序的固化,也就是将目标程序代码写入芯片 ROM 中。再根据实际应用环境中运行的结果进行调整,完成各种考验后方能最终完成应用系统的设计,程序固化部分的内容将在任务 9 中进行讲解。

【巩固训练】

1. 训练目的:掌握 Keil C51 软件的使用方法。

2. 训练内容:

① 创建篮球计时计分器程序调试项目并加载程序文件。

② 对篮球计时计分器程序进行调试与编译。

利用所学内容创建篮球计时计分器程序调试项目并加载程序文件,应能够熟练的创建项目、正确加载项目文件、正确设置调试参数,应能够解决程序调试过程中遇

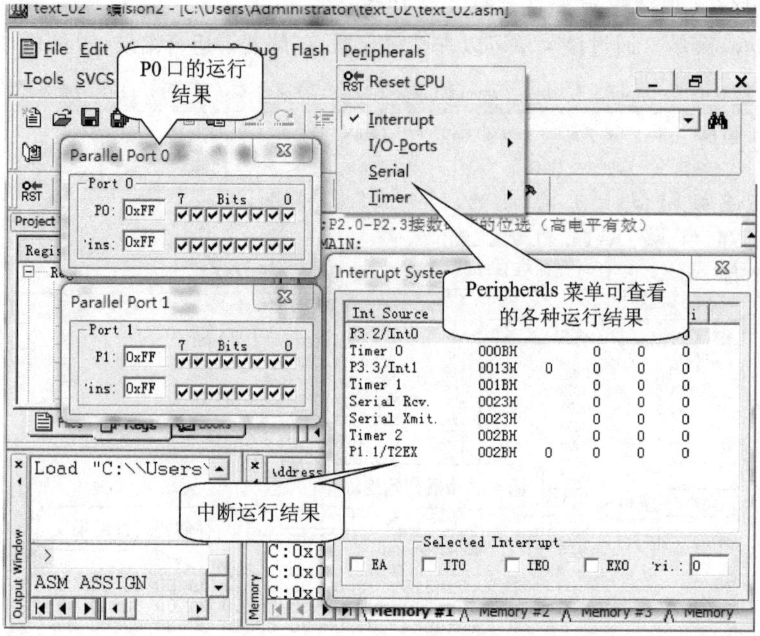

图 6-30　中断、I/O口、定时器等运行结果

到的问题,并记录下解决思路和解决方法,能够利用Keil C51软件熟练进行程序仿真和调试,熟练掌握Keil C51软件的使用方法。

3. 训练检查:表6-1所列为检查内容和检查记录。

表 6-1　检查内容和检查记录

检查项目	检查内容	检查记录
项目创建与参数设置	(1) 项目创建的过程是否熟练	
	(2) 项目文件的加载是否正确	
	(3) 调试参数及运行环境的设置是否正确	
程序的调试与编译	(1) 是否能够解决程序调试过程遇到的问题	
	(2) 调试过程解决问题的思路和方法是否有记录	
	(3) 是否能够正确编译程序	
	(4) 是否能够熟练进行程序仿真调试	
其他事项	(1) 程序是否采用了模块化的编写与调试	
	(2) 对项目参数的设置是否熟练	
	(3) 是否系统掌握了Keil C51软件的使用方法	

任务7　硬件制作与测试

【任务导读】

本任务通过北斗时钟的元件和材料准备、装焊及硬件测试等内容，完成北斗时钟的硬件电路部分，并确认硬件工作正常，以供下一步的程序集成与调试。本任务旨在让读者熟悉硬件电路的加工、装焊、测试及排障的流程。

7.1　硬件制作

在硬件制作的环节，要按照设计的清单准备元件和材料，然后再进行整体布局、电路装焊，下面分别进行介绍。

7.1.1　材料准备

根据材料清单(见表5－5)，准备的部分材料如图7－1所示。

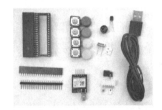

(a) 单片机系统、卫星定位模块等　　(b) 外壳、液晶屏、万能板

图7－1　部分材料

7.1.2　整体布局

北斗时钟成品可见部分有液晶屏和按钮，需要将外壳加工出液晶屏和按钮安装位置，加工样式及外观效果如图7－2所示。

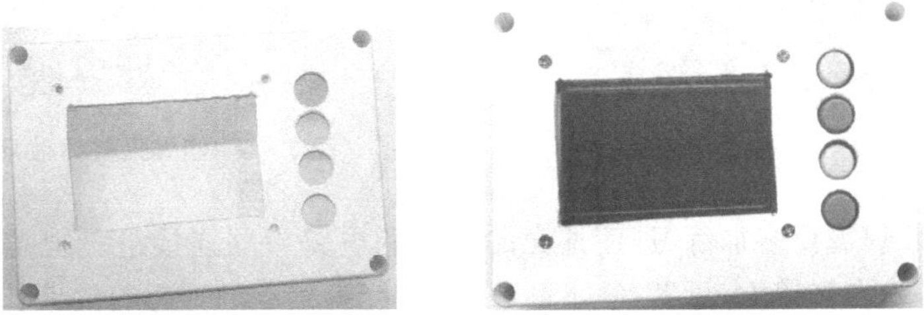

(a) 外壳加工样式　　(b) 外观效果

图7－2　外壳加工样式及安装效果图

四个按钮从上到下依次定义为“上”“确认”“下”“取消”，相邻的两个按钮用不同颜色区分。

7.1.3 电路装配与焊接

(1) 安装最小系统及卫星定位模块

按照原理图连接安装最小系统及卫星定位模块,如图 7-3 所示。

(2) 安装按钮

按照原理图以及元器件布局安排安装按钮,如图 7-4 所示。

图 7-3 最小系统及卫星定位模块

图 7-4 按钮安装效果

(3) 安装液晶屏

由于位置原因,液晶屏没有采用排针和排母连接,而是直接用导线连接。这样做的好处是便于调整位置,连接稳定可靠;缺点是反复多次拆装容易造成断线。液晶屏组装连接好后的效果如图 7-5 所示。

(4) 整体组装

用六角铜柱将液晶屏、主电路板和按键电路板组装连接起来,组成一个整体。整体效果如图 7-6 所示,外观如图 7-2(b)所示。

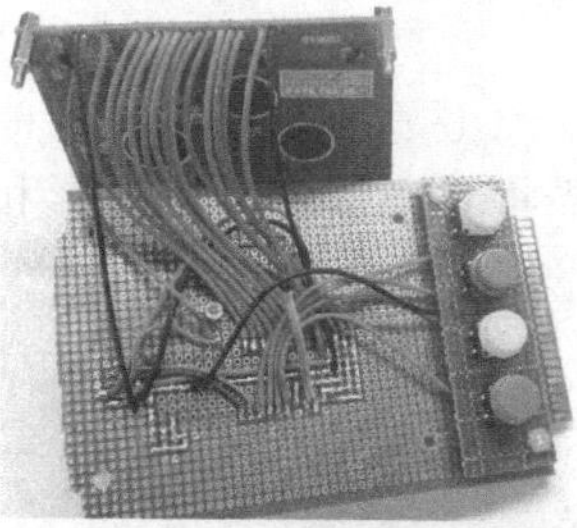

图 7-5 液晶屏连接

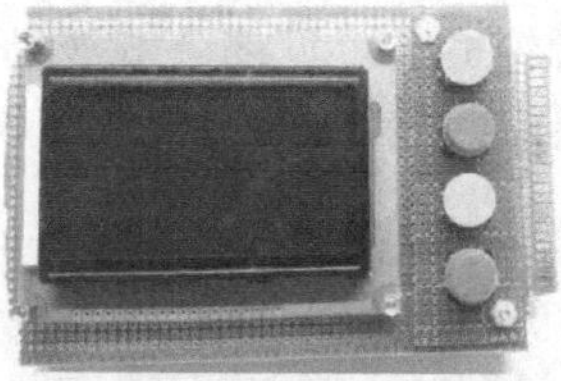

图 7-6 组装后整体效果

电路的装焊需要多加练习,而外壳的加工和电路板的连接组装则需要视情况而定,只有在实践中多摸索、思考,并不断改进,才能得到更加理想的效果。

【巩固训练】

1. 训练目的:熟悉电子产品硬件制作的基本流程。

2. 训练内容:

① 制作北斗时钟外壳等机械部件。

② 对北斗时钟进行整机装配。

根据准备好的材料,按照本任务讲解的基本步骤进行机械结构加工,加工时要注意安全。在进行整机装配时要先小后大、先轻后重、先横向后纵向、先贴片后插件的基本制作原则,要注意元件的引脚顺序和极性,电路的装配要结合外壳等机械部件进行,遇到问题要团队商讨并结合所学知识予以解决。

3. 训练检查:表 7-1 所列为电子产品硬件制作过程中检查内容和记录。

表 7-1　检查内容和记录

检查项目	检查内容	检查记录
机械部件制作	(1) 北斗时钟整体布局是否合理	
	(2) 外壳液晶屏安装位置加工尺寸是否合理	
	(3) 按钮、螺钉安装位置加工尺寸是否合理	
	(4) 电路板加工与外壳尺寸是否匹配	
整机装配	(1) 最小系统及卫星定位模块装配是否正确	
	(2) 按钮安装是否正确	
	(3) 液晶屏安装是否正确	
	(4) 机械部件安装是否正确	
其他事项	(1) 整机装配与调试过程是否时刻具备安全意识	
	(2) 外壳的设计是否符合需要	
	(3) 是否具备独立思考解决问题的能力	

7.2　硬件测试

电路装焊完成后,需要对电路各部分功能进行测试,以确认硬件工作正常,才能进入下一步的程序集成测试。下面以每一部分的测试,按照测试目的、测试方法和测试结论三部分进行介绍。每一步测试都是基于上一步测试正确的基础进行。如果其中某部分的测试有问题,要找出是硬件原因,还是程序问题。只有在所有测试正常后,才能有一个顺利的硬件环境用于程序集成调试。硬件是软件运行的基础,这就好比,人们要规律作息、健康生活,保证身体健康,才能更好地生活、工作。

7.2.1　最小系统及程序框架

1. 测试目的

最小系统及程序框架测试目的主要有以下几点:

① 建立程序结构框架;

② 创建程序模块模板;

③ 测试单片机最小系统;

④ 检测 ISP 握手信号并重启。

2. 测试方法

首先设计程序总体结构,即图5-14中的"主控"的结构框架。程序总体结构如图7-7所示。

程序在主程序大循环中执行程序的各种功能,如:按钮检测、提取UTC日期时间信息、闹钟调节、闹钟比对、日期时间显示等。

延时功能用来限制主程序大循环运行速度。调整延时时长,使主程序大循环保持在100次/秒左右的运行速度。为此,主程序大循环中的程序,不允许出现长时间的等待和延时。

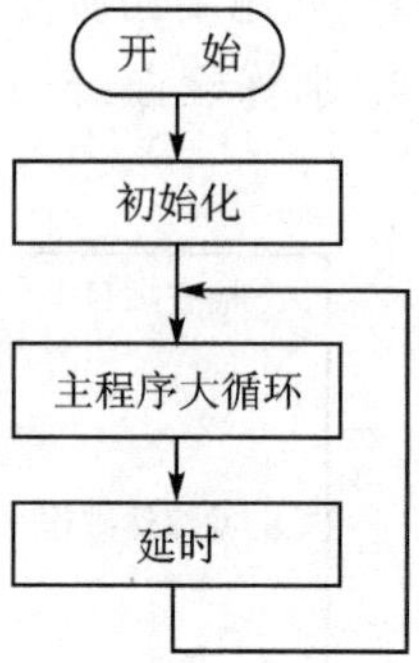

图7-7 程序总体结构

下面介绍检测ISP握手信号与重启的功能及原理。

一般情况下,为STC单片机下载程序的步骤如下。

① 连接PC与目标板;

② 启动STC-ISP软件并进行设置;

③ 目标板断电,在STC-ISP点"下载"按钮;

④ 给目标板上电(接通电源);

⑤ 等待下载完成。

在上面第③步骤中,先将目标板断电,然后第④步骤要给目标板上电,这个过程是为了让STC单片机重启运行ISP程序,该程序会与PC端的STC-ISP软件建立连接,接收程序数据并保存到单片机内部的程序存储空间,完成下载过程。

在实际使用过程中,一般是给目标板安装电源开关,每下载一次程序,需要手动操作一次开关过程。在程序调试阶段,当需要反复下载时,操作比较烦琐。

在本项目中,设计了检测ISP握手信号及重启功能,免去了下载过程中的"断电"再"上电"的手动操作过程。该功能分为两方面:一是检测ISP握手信号,二是让单片机重启进入系统ISP监控程序区。

检测ISP握手信号:PC端在STC-ISP软件中单击"下载"按钮后,STC-ISP软件会从串口中不断发送下载握手信号,同时等待单片机的回应。当单片机有回应之后,再进行下一步通信。如果长时间没有收到单片机的回应,则认为没有连接单片机系统,停止下载。

根据单片机串口通信原理,当STC-ISP软件没有给单片机发送数据(或者握手信号),单片机的P3.0引脚将保持高电平状态。当STC-ISP软件从串口向单片机发送下载握手信号时,单片机的P3.0引脚将出现高低电平变化。单片机程序只要检测P3.0引脚电平状态,出现低电平可认定要开始下载程序,随即重启进入系统ISP监控程序区。

重启功能利用了STC单片机的ISP/IAP控制寄存器IAP_CONTR,在STC12C5A32S2单片机手册里,找到IAP_CONTR的说明如表7-2所列。

表 7-2　ISP/IAP 控制寄存器 IAP_CONTR 格式

SFR name	Address	bit	B7	B6	B5	B4	B3	B2	B1	B0
IAP_CONTR	C7H	name	IAPEN	SWBS	SWRST	CMD_FAIL	—	WT2	WT2	WT0

IAPEN：ISP/IAP 功能允许位。0：禁止 IAP 读/写/擦除 Data Flash/EEPROM

1：允许 IAP 读/写/擦除 Data Flash/EEPROM

SWBS：软件选择从用户应用程序区启动(送 0)，还是从系统 ISP 监控程序区启动(送 1)

要与 SWRST 直接配合才可以实现

SWRST：0：不操作；1：产生软件系统复位，硬件自动复位

将 IAP_CONTR 的 B5 置 1，单片机将重启；将 B6 置 1，重启后将从系统 ISP 监控程序区启动。所以，只要给 IAP_CONTR 寄存器赋值 0x60，即可让单片机重启进入系统 ISP 监控程序区。

在程序总体结构中，大循环之后有一个延时函数，将“检测 ISP 握手信号并重启”功能嵌入在延时函数中，程序如下：

```
sfr  ISP_conter = 0xC7;
sbit P30isp = P3^0;
void delay_ms(u8 ms)
{
    unsigned int i;
    do
    {
        i = MAIN_Fosc / 13000;
        while( -- i);    //14T per loop
        if(! P30isp)ISP_conter = 0x60;

    }while( -- ms);
}
```

设置功能：如果 P3.0 引脚电平为低电平，即重启。

由于采用查询方式，不运行延时函数就检测不到 P3.0 的 ISP 握手信号，所以必须保证延时函数随时调用。

目前“主控”还未调用其他功能模块，将在后续逐步添加调用。可以利用“模板：xxx.c”和“模板：xxx.h”来实现，将在后续介绍操作步骤。

3. 测试结论

经过软件与硬件的测试，该部分测试得出如下结论：

① 已建立程序结构框架；

② 已创建程序模块模板；

③ 单片机最小系统工作正常；

④ 能检测 ISP 握手信号并重启；

⑤ 可以进入下一步测试。

7.2.2 液晶屏

1. 测试目的

液晶屏部分测试的主要目的有如下几点：

① 测试液晶屏电路连接；

② 调节液晶屏对比度；

③ 利用“模块”添加液晶屏显示驱动程序。

2. 测试方法

(1) 液晶屏与单片机接口

北斗时钟显示屏采用ST7920控制的12864液晶屏。它自带汉字库，显示方便，自带对比度电位器，不用外接。

如果读者朋友使用的不是ST7920主控方案的12864液晶屏，则不能直接使用本项目的液晶显示驱动程序。

液晶屏可以显示4行文字，每行可以显示8个汉字，或者16个ASCII字符。也可以混合显示，一个汉字占2个ASCII字符位置。

显示字符时，需要先定位显示位置，显示位置按行号及第几个字来定位。程序将4行的行号定义为LCM_LINE1、LCM_LINE2、LCM_LINE3、LCM_LINE4。每行按8个汉字定位，序号为0～7。定位参数中采用诸如“LCM_LINE2＋1”的写法。

液晶屏与单片机有11个引脚连接，程序引脚定义如下：

```
sbit LCD12864_RS_PORT     = P1^0;      //RS引脚
sbit LCD12864_RW_PORT     = P1^1;      //RW引脚
sbit LCD12864_E_PORT      = P1^4;      //使能端
#define LCD12864_DA_PORT  P0           //数据端口
```

数据端口为8个引脚，必须占用一个完整的端口，并且高低位要一一对应。否则，程序需要重新拆分、组合数据，给编程带来困难。

(2) 驱动程序

1) 程序框架

利用“模板：xxx.c”和“模板：xxx.h”来添加液晶屏显示驱动程序，操作步骤如下：

① 将“模板：xxx.c”和“模板：xxx.h”分别命名为“lcd12864.c”和“lcd12864.h”；

② 在“lcd12864.c”文件中包含“lcd12864.h”，语句为#include "lcd12864.h"；

③ 更改文件标识，防止重复包含：在“lcd12864.h”中将最开始两行改为：

```
#ifndef __LCD12864_H__
#define __LCD12864_H__
```

④ 在“config.h”文件中包含“lcd12864.h”，语句为#include "lcd12864.h"；

⑤ 将“lcd12864.c”文件添加到 keil 工程中；

⑥ 完成文件模块添加，可以开始编写液晶屏驱动程序。

2）函数介绍

液晶驱动用到 4 个函数，如下：

① LCD12864_init( );//液晶屏初始化；

② LCD12864_COM_Write(LCM_LINE1＋0);//显示位置定位；

③ LCD12864_write_word("GPS 时钟硬件测试");

④ LCD12864_Data_Write(':');

在指定位置显示字符串，先设定屏幕位置，再调用字符串显示函数，例如，在屏幕第 1 行显示“北斗时钟硬件测试”字符串的程序段如下：

```
LCD12864_COM_Write(LCM_LINE1 + 0);//定位显示位置:第 1 行第 0 字
LCD12864_write_word("北斗时钟硬件测试");
```

如果需要在指定位置显示某个变量的值，需要先将变量的各个数位提取出来并转换为字符，再按字符方式送液晶屏显示。例如，在屏幕第 3 行第 5 字位置开始显示 mainCnt 变量的值，程序段如下：

```
1   //==显示主循环计数值=====================================
2   LCD12864_COM_Write(LCM_LINE3 + 5);                //定位显示位置:第 3 行第 5 字
3   LCD12864_Data_Write(':');
4   LCD12864_Data_Write('0' + mainCnt/1000);          //显示 mainCnt 千位
5   LCD12864_Data_Write('0' + mainCnt % 1000/100);    //显示 mainCnt 百位
6   LCD12864_Data_Write('0' + mainCnt % 100/10);      //显示 mainCnt 十位
7   LCD12864_Data_Write('0' + mainCnt % 10);          //显示 mainCnt 个位
```

程序第 4 行显示变量的千位，mainCnt/1000 是提取变量的千位数值，加字符 0 是将数值转换为对应的字符，调用 LCD12864_Data_Write 函数将字符显示出来。

百位、十位和个位数值显示方法类似。

液晶屏测试程序运行界面如图 7－8 所示。

图 7－8　液晶屏调试显示界面

图 7－8 中第 3 行不断增加的数字，显示的是主程序大循环次数。主程序中大循

环运行一遍即计数一次,并将该数值显示出来,其程序如下。液晶屏显示界面的数值不断变化,表示主程序大循环一直在运行,而且屏幕显示正常。

```
1    //== 主循环计数(范围 0 - 9999) ========================
2    mainCnt ++ ;
3    if(mainCnt == 10000)
4        mainCnt = 0;
```

程序第 2 行使得变量 mainCnt 自加 1,第 3、4 行判断 mainCnt 的值,如果为 10 000,则将其重新赋值为 0,使变量 mainCnt 可以在 0～9 999 范围内循环。这种做的目的是为了可以固定 4 位数显示。

使变量 mainCnt 在 0～9 999 范围自加 1 的程序段,还可以采用更加优化的写法。

3) 异常检查

如果测试过程中,液晶屏无显示,则需要从下面几个方面入手进行检查:

① 实物电路连接是否与电路图相符;

② 程序引脚定义是否与实物相符;

③ 液晶屏是否自带对比度调节功能,如果带,尝试调整对比度电位器;

④ 如果液晶屏不带对比度调节功能,则需要按液晶屏说明书增加对比度调节电路。

3. 测试结论

经过软硬件结合,该部分测试得出如下结论:

① 液晶屏电路连接正确;

② 液晶屏对比度已调至正常;

③ 液晶屏驱动程序可用;

④ 可以进入下一步测试。

7.2.3 按　钮

1. 测试目的

按钮测试主要有如下两个目的:

① 检测按钮电路连接是否正常;

② 验证按钮是否正常。

2. 测试方法

(1) 定义函数

按钮需要随时检测,否则会出现按钮失灵的现象。在主程序大循环中,随时会调用延时函数,考虑在延时函数中加入按钮检测的程序段。

同样是利用"模板:xxx. c"和"模板:xxx. h"来添加按钮的驱动文件,这里不再赘述步骤。在"BDClock_Key. h"文件中定义按钮引脚,注意检查与实物是否一致,按钮引脚定义如下:

```
/*******************************************************************\
  引脚定义
\*******************************************************************/
sbit pinKeyUp       = P1^7;
sbit pinKeyOk       = P1^6;
sbit pinKeyDown     = P1^5;
sbit pinKeyCancel   = P3^3;
```

在“BDClock_Key.c”文件中定义 keyCheck 函数，用于检测按钮引脚电平状态并返回键值，程序如下：

```
u8 keyCheck(void)
{
    u8 keyTmp = 0;
    if(! pinKeyUp)      keyTmp |= KEY_UP ;
    if(! pinKeyOk)      keyTmp |= KEY_OK ;
    if(! pinKeyDown)    keyTmp |= KEY_DOWN ;
    if(! pinKeyCancel)keyTmp |= KEY_CANCEL ;

    return keyTmp;
}
```

其中“KEY_UP”“KEY_OK”“KEY_DOWN”和“KEY_CANCEL”见程序中的宏定义。

(2) 函数内容

在“delay.c”文件的 delay_ms 函数中加入按钮检测的代码段，如下：

```
//== 按钮检测 ========================================
keyVal  = keyCheck();

//== 统计检测到按钮次数 ================================
if(0! = keyVal)keyPressCnt++;
if(1000 == keyPressCnt)keyPressCnt = 0;

//== 同时按“上”和“取消”，将按键次数计数器清零 ===================
if(keyVal  ==  (KEY_UP|KEY_CANCEL) )
{
    keyPressCnt = 0;
}
```

统计检测到的按钮次数数值可以作为后续编写按钮检测模块的一个参考依据。主程序大循环中，每循环一遍显示一次按键状态，部分代码段如下：

```
1    //==显示按键值===============================================
2    LCD12864_COM_Write(LCM_LINE4 + 0);          //定位显示位置:第 4 行第 0 字
3    if(keyVal & KEY_UP)                         //显示"上"按钮是否按下
4    {
5        LCD12864_write_word("↑  ");
6    }
7    else
8    {
9        LCD12864_write_word("    ");
10   }
```

程序第 3 行判断键值中是否包含“上”按钮，如果包含，执行第 4 行，显示一个向上箭头和两个空格；如果不包含“上”按钮，则执行第 9 行，显示 4 个空格。

程序第 3 行的 if 语句，其后只有一行程序，这种情况下可以不要大括号，写为如下程序段：

```
//==显示按键值===============================================
LCD12864_COM_Write(LCM_LINE4 + 0);          //定位显示位置:第 4 行第 0 字
if(keyVal & KEY_UP)                         //显示"上"按钮是否按下
    LCD12864_write_word("↑  ");
else
    LCD12864_write_word("    ");
```

为了养成规范编程的好习惯，建议都把大括号加上，即使在只有一句程序的情况下，也保留大括号。

(3) 测试界面

按钮测试程序运行界面如图 7-9 所示。

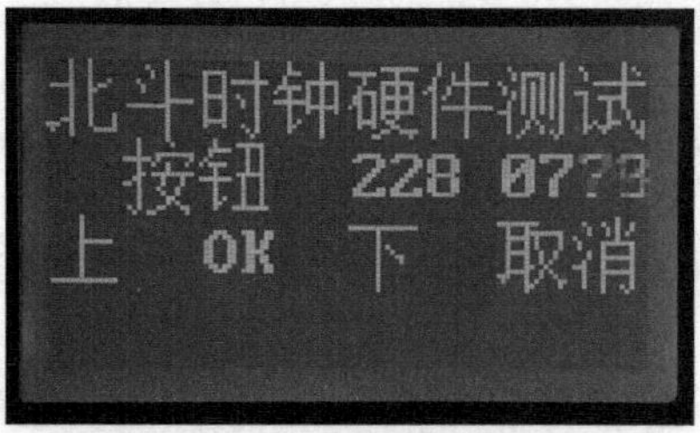

图 7-9 按钮测试显示界面

图 7-9 中的第 2 行，中间的 3 位数显示检测到按钮的次数。依据按键快慢，按钮从按下到松开的一次过程，程序检测到按钮次数在 70～150 范围内，一般为 120 左右。

图 7-9 中的第 2 行，右边的四位数显示主程序大循环运行次数，这是上一版保留下来的功能。

图 7－9 中的第 3 行，显示按钮名称，如果按下某一个按钮，在第 4 行会出现一个箭头指向对应按钮名称，如图 7－10 所示。图 7－10 也展示了按钮状态的显示效果。

(a) 按“上”显示内容　　(b) 按“确认”显示内容

图 7－10　按钮操作时界面显示内容

程序设计了一个小功能：同时按“上”和“取消”，可以将按键次数清零。可尝试使用该功能，观测其中存在的问题，并思考导致问题的原因。

3. 测试结论

经过软硬件结合，该部分测试得出如下结论：

① 按钮电路连接正确；

② 按钮功能正常；

③ 程序可以正确读取按键信息；

④ 可以进入下一部分测试。

7.2.4　蜂鸣器

1. 测试目的

该部分测试目的主要有以下两个：

① 检测蜂鸣器电路连接是否正常；

② 验证蜂鸣器功能。

2. 测试方法

(1) 测试程序

蜂鸣器电路连接在单片机 P3.4 引脚，由 P3.4 输出方波信号驱动，考虑将蜂鸣器输出方波信号的代码段放在 delay_ms 函数中，每延时 1 ms 时可以将 P3.4 引脚取反，既可以产生方波信号输出，又不需要单独的延时。delay_ms 函数中蜂鸣器控制的程序段如下：

```
//==蜂鸣器控制 ====================================
if(flgBeep)pinBeep = ~pinBeep;
else pinBeep = 1;      //断开三极管
```

变量“flgBeep”是蜂鸣器驱动接口，留作外部模块控制用。当“flgBeep”为 1 时，表示打开蜂鸣器，程序段第 1 行给 P3.4 引脚取反。当“flgBeep”为 0 时，表示关闭蜂鸣器，驱动就将 P3.4 引脚置高电平，驱动三极管截止，蜂鸣器不发声，同时也无直流电流。

“beep.h”文件中定义了两个宏来操作“flgBeep”变量，如下：

```
#define BEEP_OFF()   flgBeep = 0
#define BEEP_ON()    flgBeep = 1
```

其他程序模块需要打开蜂鸣器，就调用BEEP_ON( )宏；要关闭蜂鸣器，就调用BEEP_OFF( )宏。以后的程序设计过程中，禁止直接操作蜂鸣器的控制引脚，也不要直接控制flgBeep变量。

主程序中，检测到按“确认”按钮，则调用BEEP_ON( )；检测到按“取消”按钮，则调用BEEP_OFF( )宏，以实现按钮对蜂鸣器的“开”“关”控制。代码段如下：

```
//==按钮控制蜂鸣器===================================
if(keyVal & KEY_OK)             //“确认”按钮
{
    BEEP_ON();
}
if(keyVal & KEY_CANCEL)         //“取消”按钮
{
    BEEP_OFF();
}
```

(2) 测试界面

蜂鸣器测试程序运行界面如图7-11所示。

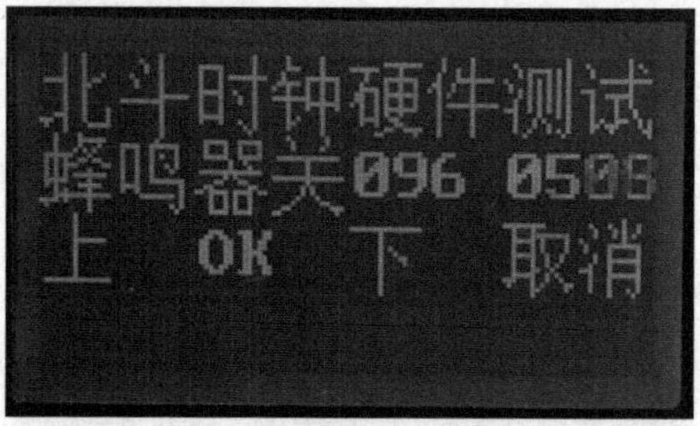

图7-11 蜂鸣器测试程序运行界面

按“确认”按钮可以打开蜂鸣器，按“取消”按钮可以关闭蜂鸣器，如图7-12所示。

(a) 按“确认”按钮打开蜂鸣器　　(b) 按“取消”按钮关闭蜂鸣器

图7-12 打开和关闭蜂鸣器操作

(3) 程序文件清单

本程序的文件清单如图 7－13 所示。

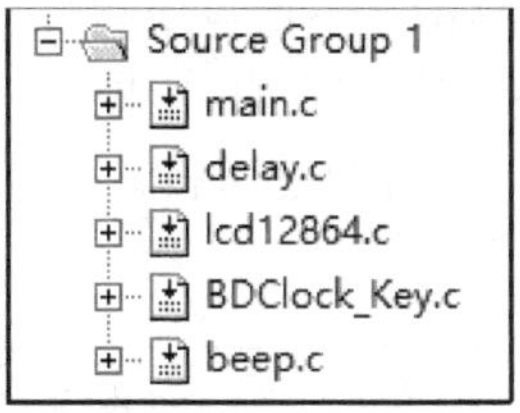

图 7－13　蜂鸣器测试的文件清单

3. 测试结论

经过软硬件结合，该部分测试得出以下结论：

① 蜂鸣器电路连接正确，程序可控；

② 蜂鸣器功能正常，可以发声；

③ 可以进入下一部分测试。

7.2.5　卫星定位模块

1. 测试目的

该部分测试目的有如下几个：

① 通过电脑串口连接卫星定位模块；

② 设置卫星定位模块参数；

③ 验证卫星定位模块是否工作正常。

2. 测试方法

需要说明的是，本测试不编写单片机程序，而是将卫星定位模块与电脑连接，在电脑上操作测试过程。

卫星定位模块背面有一颗贴片 LED，旁边标注文字 PPS，这是 PPS 信号指示灯。模块通电即自动开始搜索卫星定位信号，PPS 指示灯会闪烁时，可以进行测试。

购买的模块配套资料中提供了几个测试工具，为了设置参数，使用中科微芯片设置软件“GNSSToolKit”。打开软件目录，文件列表如图 7－14 所示。

软件不用安装，直接双击图中的. exe 文件即可运行。运行前请阅读“GNSSToolKit_Lite 简装版程序说明. pdf”文件。这里不再赘述文件内容。

软件启动后，打开文本窗口，单击串口配置，进入串口设置。串口号选择当前 USB 转 TTL 线的串口号，波特率、校验位、数据位、停止位要与卫星定位模块的出厂设置相同，设置内容如图 7－15 所示，最后单击“确定”按钮。

图 7－14　GNSSToolKit 软件目录

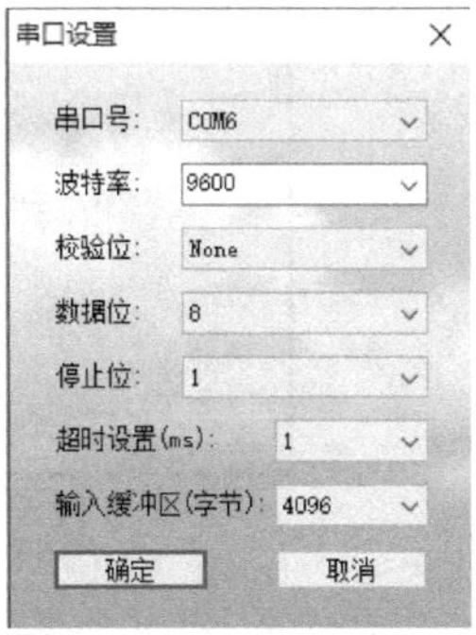

图 7－15　串口设置

单击文本窗口中的打开串口,即可开始接收并显示数据信息,数据每秒钟发送一次,包含很多信息,如图 7-16 所示。本卫星定位模块主要关注推荐最小定位信息中的 UTC 日期时间和定位有效信息,即图 7-16 中的第 1 行标示的第 1、2、9 个逗号后面信息。

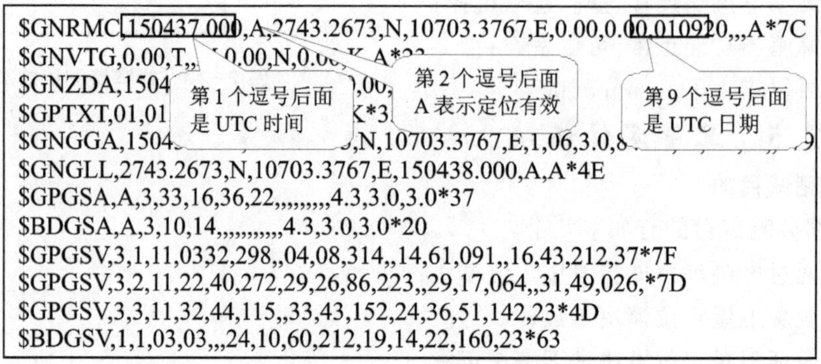

$GNRMC,150437.000,A,2743.2673,N,10703.3767,E,0.00,0.00,010920,,,A*7C
第 1 个逗号后面是 UTC 时间
第 2 个逗号后面 A 表示定位有效
第 9 个逗号后面是 UTC 日期
$GNGLL,2743.2673,N,10703.3767,E,150438.000,A,A*4E
$GPGSA,A,3,33,16,36,22,,,,,,,,,4.3,3.0,3.0*37
$BDGSA,A,3,10,14,,,,,,,,,,,4.3,3.0,3.0*20
$GPGSV,3,1,11,0332,298,,04,08,314,,14,61,091,,16,43,212,37*7F
$GPGSV,3,2,11,22,40,272,29,26,86,223,,29,17,064,,31,49,026,*7D
$GPGSV,3,3,11,32,44,115,,33,43,152,24,36,51,142,23*4D
$BDGSV,1,1,03,03,,,24,10,60,212,19,14,22,160,23*63

图 7-16　GPS 模块出厂时每秒发送的数据

最小定位信息“$GNRMC”中,第 1 个逗号后面是 UTC 时间,第 2 个逗号后面 A 表示定位有效,第 9 个逗号后面是 UTC 日期。

在图 7-16 所示的“$GNRMC”信息中找到定位信息,分别为“2743.2673”和“10703.3767”。记下该数值,可以利用“GPS 测试工具[V1.0.1].exe”查询该定位信息所对应的地图位置。

运行随资料提供的程序“GPS 测试工具[V1.0.1].exe”,在“GPS 参数查询”栏目中输入刚才记下的数值,单击“查询”,显示如图 7-17 所示。

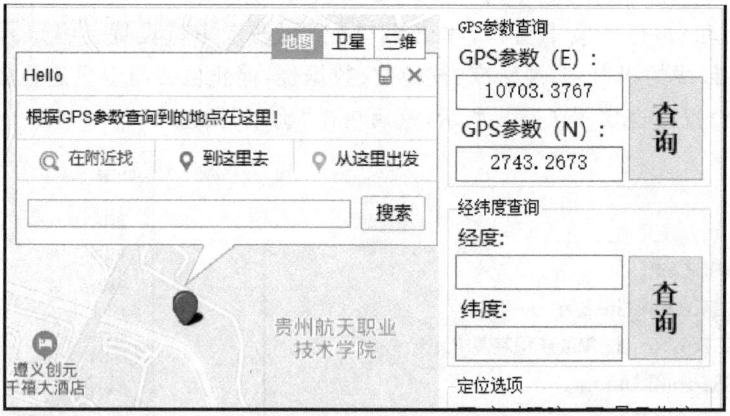

图 7-17　利用“GPS 测试工具”查询地图位置

通过放大、缩小、移动位置方式调整地图显示界面,可以查看到定位点附近相关地图信息,如图 7-18 所示。

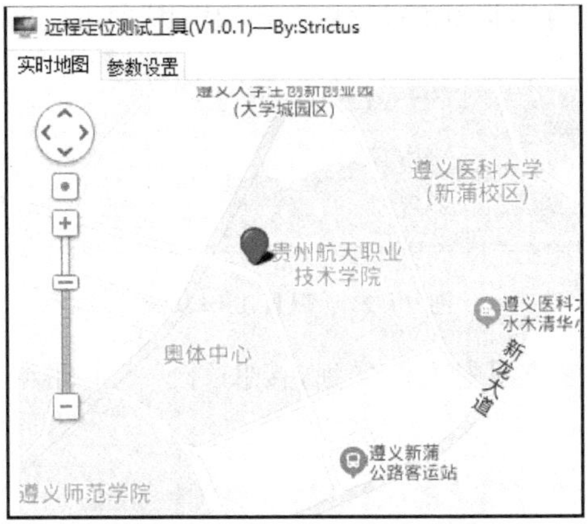

图 7－18　定位点附近相关地图

对卫星定位模块进行配置，需要在交互窗口界面进行操作。打开交互窗口，如图 7－19 所示，图中圈注的配置内容须按示例设置：波特率、定位间隔、语句开关。

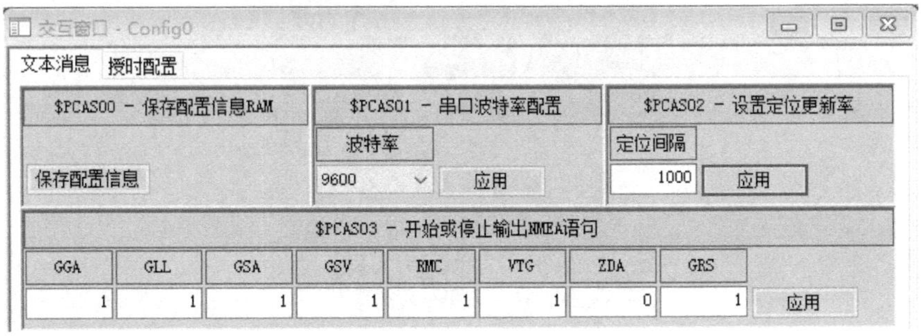

图 7－19　交互窗口

在授时配置选项设置脉冲间隔等内容，如图 7－20 所示。

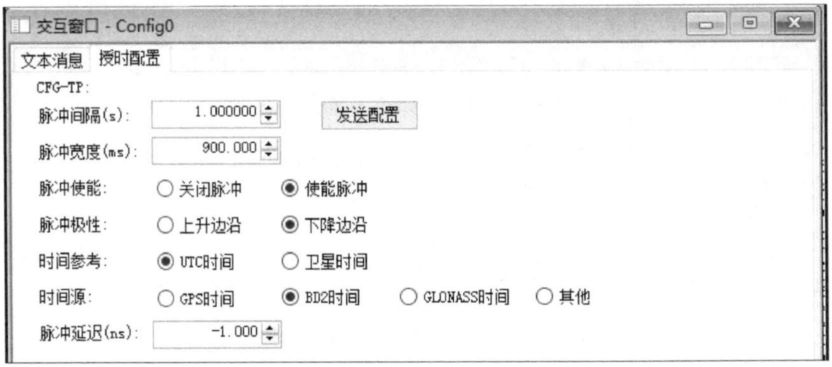

图 7－20　授时配置

系统选择只使用北斗(即 BD2),然后单击“应用”即可,如图 7－21 所示。

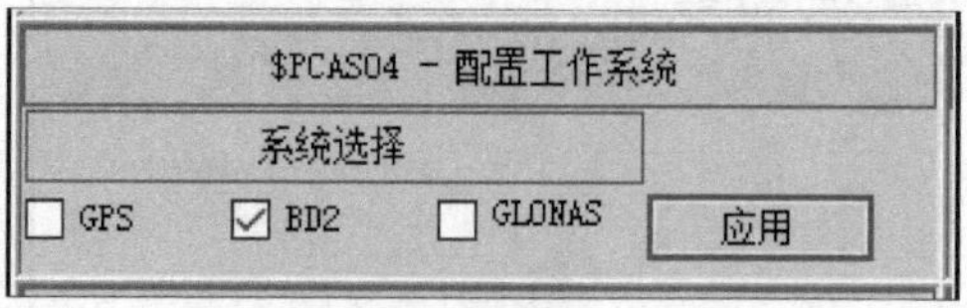

图 7－21　配置工作系统

待模块定位后,在星位图中可以看到,接收到了 7 个北斗卫星信号,如图 7－22 所示。

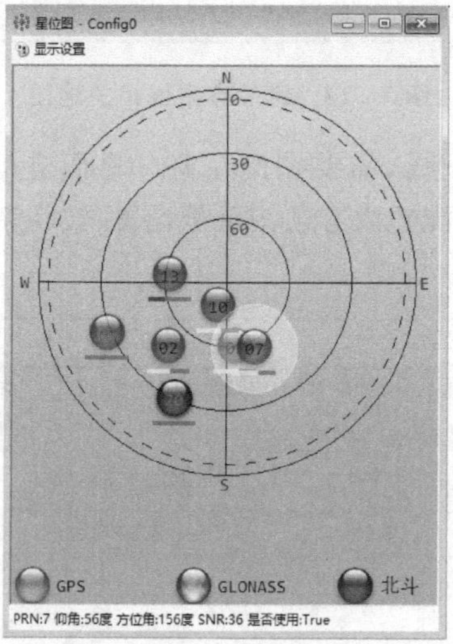

图 7－22　北斗星位图

此时在文本窗口中显示接收到的信息有所变化,如图 7－23 所示。

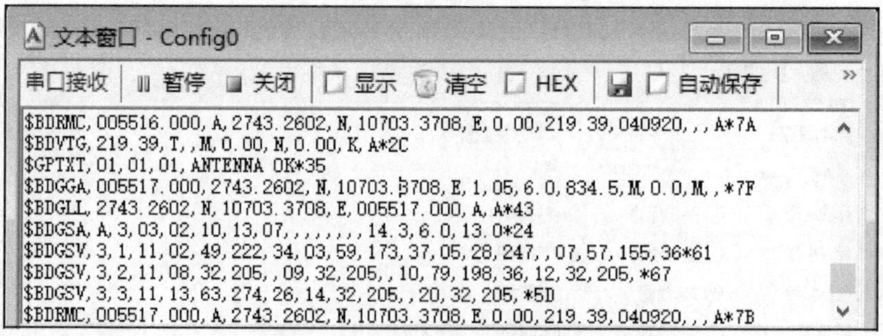

图 7－23　北斗模块串口输出的信息

3. 测试结论

经过测试得出以下结论:

① 可以通过电脑串口连接卫星定位模块；

② 可以利用中科微芯片设置软件“GNSSToolKit”设置卫星定位模块参数；

③ 本项目将卫星定位模块串口参数设置为：波特率 9 600，校验位 None，数据位 8，停止位 1，超时设置 1，输入缓冲区 4096；

④ 卫星定位模块其他参数设置为：NMEA 语句必有 RMC 语句；定位间隔 1 000 ms；还有图 7－20 的授时配置；

⑤ 经过以上测试，说明卫星定位模块工作正常，可以进入下一步测试。

7.2.6　串　口

1. 测试目的

该部分测试有以下两个目的：

① 检测卫星定位模块到串口的电路连接是否正常；

② 验证单片机串口是否正常接收数据。

2. 测试方法

(1) 范例程序

通过初始化单片机串口 2，在串口中断中接收卫星定位模块发来的数据信息。

STC－ISP 软件提供 STC 系列单片机的范例程序，这里串口程序是直接提取范例程序而来的。在 STC－ISP 软件的范例程序里选择 STC12C5Axx/STC12LE5Axx Series 单片机的串口 2 的 C 语言范例程序，如图 7－24 所示。

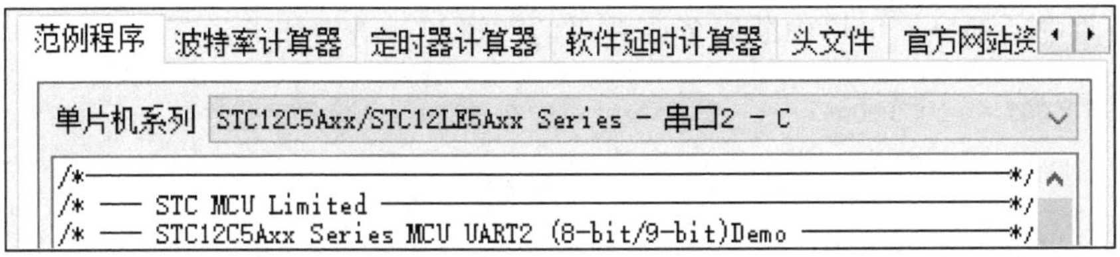

图 7－24　找到 STC 范例程序

选择“保存文件”，输入文件名保存，即可打开复制。

(2) 程序功能

根据卫星定位模块的串口参数，对单片机串口参数进行设置。在“STC12C5AMCU.h”文件中按下列程序进行设置。

```
1    #define FOSC 11059200L              //System frequency
2    #define BAUD 9600                   //UART baudrate
3                ⋮
4    #define PARITYBIT NONE_PARITY       //Testing even parity
```

程序第 1 行，定义晶振频率；第 2 行，定义波特率；最后 1 行，选择奇偶校验方式：无校验。

在“STC12C5AMCU.c”文件中有串口初始化函数和串口 2 中断服务函数。串口初始化函数为 void uart2_init(void)。

```
void uart2_init(void)
{
    #if (PARITYBIT == NONE_PARITY)
        S2CON = 0x50;            //8-bit variable UART
    #elif (PARITYBIT == ODD_PARITY) || (PARITYBIT == EVEN_PARITY) || (PARITYBIT =
= MARK_PARITY)
        S2CON = 0xda;            //9-bit variable UART, parity bit initial to 1
    #elif (PARITYBIT == SPACE_PARITY)
        S2CON = 0xd2;            //9-bit variable UART, parity bit initial to 0
    #endif

        BRT = -(FOSC/32/BAUD);  //Set auto-reload vaule of baudrate generator
        AUXR = 0x14;             //Baudrate generator work in 1T mode
        IE2 = 0x01;              //Enable UART2 interrupt
        EA = 1;                  //Open master interrupt switch

}
```

串口2中断服务函数为 void Uart2() interrupt 8 using 1,其中数值8是中断号,数值1表示寄存器组。本串口设计项目只接收卫星定位模块的UTC时间,所以只用到接收中断部分。串口中断服务函数里的数据统计语句如下:

```
if(10000! = uart2ReCnt)          //统计进中断总次数(总接收字节数)
    uart2ReCnt ++;
else
    uart2ReCnt = 0;

if('$' == S2BUF)                 //统计接收$符号的次数(0-99循环)
{
    if(100! = uart2Test)
        uart2Test ++;
    else
        uart2Test = 0;
}
```

(3) 测试界面

主程序中,显示串口接收到的总字节数和接收到$符号的次数。程序运行界面如图7-25所示。

图7-25中第3行的四位数表示串口接收到的总字节数,第4行的两位数表示接收到$符号的次数。看到数值在不断增加,表示串口在持续接收到数据,测试正常。

本测试的程序文件列表如图 7－26 所示。

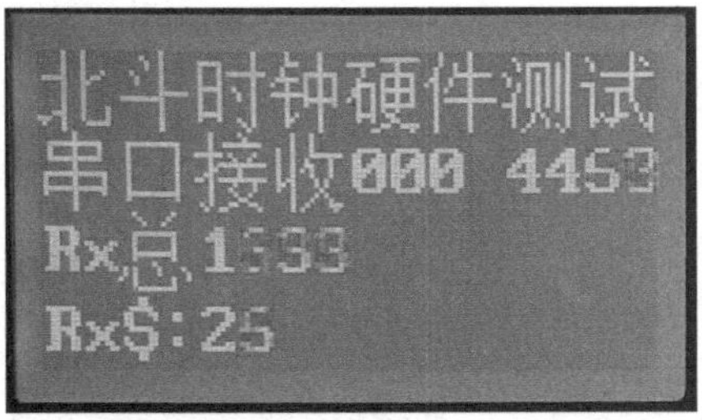

图 7－25　卫星定位模块硬件测试界面

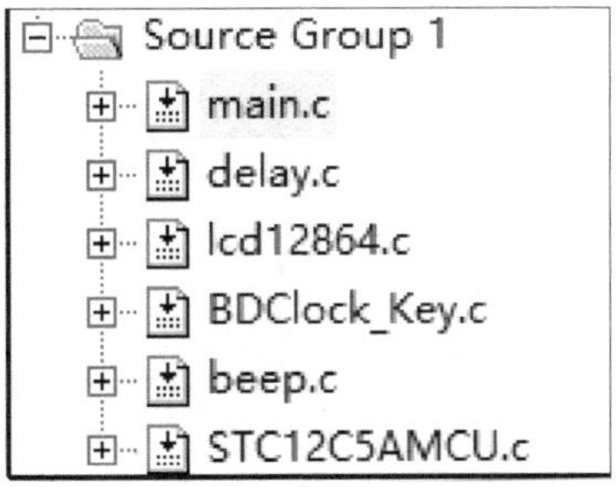

图 7－26　串口测试的程序文件列表

3. 测试结论

经过测试，得出以下结论：

① 卫星定位模块到串口的电路连接正确；

② 串口参数与卫星定位模块相符，可以正常接收数据；

③ 可以进入下一部分测试。

7.2.7　外部中断

1. 测试目的

该部分测试目的如下：

① 检测卫星定位模块到单片机 P3.2 电路连接是否正确；

② 检验卫星定位模块参数设置是否正确；

③ 利用 PPS 信号进一步验证串口接收正常。

2. 测试方法

（1）中断设置

卫星定位模块的 PPS 引脚是秒基准信号。在串口输出时间时，其时间时刻设置为对应 PPS 信号的下降沿。该信号用于需要精确同步的场合。外部中断测试中，巧妙利用该信号作为 1 秒时间基准，用于统计主程序大循环运行速度、每秒接收字节数、每秒接收 $ 符号数。PPS 信号连接到单片机 P3.2 引脚，采用外中断信号输入方式。

单片机手册中 P3.2 引脚功能说明如图 7－27 所示。

P3.2/$\overline{INT0}$	P3.2	标准I/O口 PORT3[2]
	$\overline{INT0}$	外部中断0，下降沿中断或低电平中断

图 7－27　单片机的 P3.2 引脚功能说明

外部中断测试将 P3.2 设置为外部中断 0，下降沿中断模式。

参照单片机手册及 STC-ISP 的范例程序，在“STC12C5AxxUART2.c”文件中设计外中断 0 初始化函数，如下：

```
1    void INT0_init(void)
2    {
3        IT0  = 1;
4        EX0  = 1;
5        EA   = 1;
6    }
```

函数第 3 行，设置下降沿触发方式；第 4 行，打开 INT0 中断；第 5 行，打开总中断。

(2) 程序功能

在外部中断函数中进行相关信息统计，程序如下：

```
1    void exint0() interrupt 0     //(location at 0003H)
2    {
3
4        uart2ReCntSave = uart2ReCntPes ;
5        uart2TestSave  = uart2TestPes ;
6
7        uart2ReCntPes = 0 ;
8        uart2TestPes  = 0 ;
9
10        if(99! = int0Cnt)
11            int0Cnt ++ ;
12        else
13            int0Cnt = 0;
14
15   }
```

程序第 4 行，保存串口每秒接收字节数；第 5 行，保存串口每秒接收 $ 符号数。第 10～13 行，统计外中断次数。

(3) 测试界面

主程序将统计的信息显示出来，测试显示界面如图 7-28 所示。

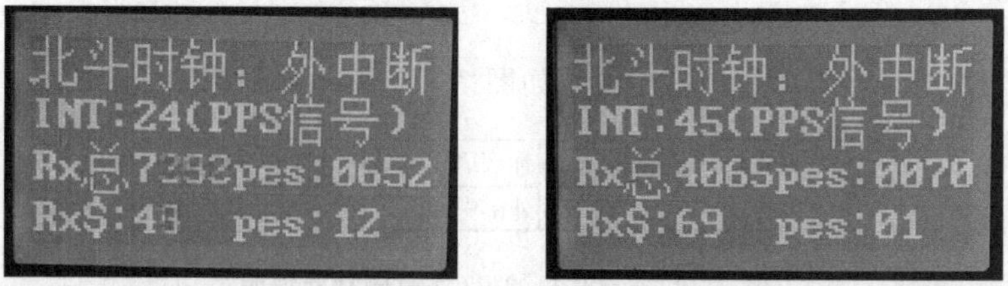

(a) 卫星定位模块出厂时参数　　(b) 设置卫星定位模块参数后

图 7-28　外部中断显示界面

图 7－28(a)所示是使用卫星定位模块出厂参数时的测试结果，图 7－28(b)所示是设置卫星定位模块参数后的测试结果。设置内容请参照图 7－19、图 7－20、图 7－21 及相关文字说明。

图 7－28 中，第 2 行“INT：”后面的数字，表示外中断次数，即 PPS 信号下降沿个数；第 3 行“Rx 总”后面的四位数，表示串口接收字节总数；“pes：”后面的四位数，表示串口每秒接收字节数；第 4 行“Rx $：”后面的两位数，表示串口接收的 $ 符号总数；“pes：”后面的两位数表示串口每秒接收 $ 符号数。

测试判断：PPS 信号每秒增加 1，表示卫星定位模块的 PPS 信号正常，单片机外中断正常。

3. 测试结论

经过测试，得出以下结论：

① 卫星定位模块到单片机 P3.2 电路连接是否正确；

② 卫星定位模块参数设置正确；

③ 正常接收 PPS 信号，参数显示串口接收正常。

下一步，将以上所有测试综合起来进行测试。

7.2.8　综合测试

1. 测试目的

在一个程序中综合调用串口数据接收、屏幕显示、按钮检测、蜂鸣器控制，综合反映了硬件工作状态，同时也为后续程序开发提供了部分驱动、并搭建了基础框架。

2. 测试方法

在外部中断测试程序基础上，将屏幕第 1 行用于显示按钮次数及按键值。第 2 行增加主程序大循环运行次数及每秒运行次数显示。相应程序段在“main.c”文件中，见注释说明很容易找到。

综合测试程序运行界面如图 7－29 所示。

图 7－29　综合测试界面

图 7－29 中，第 1 行中间 3 位数表示检测到按钮次数；后面两位数位置显示按键值，显示中文表示按了单个按键，显示 00 表示没按，显示非 0 数值表示按了多个按键。切换不同的多个按键组合，结合显示数值，可以推算出每个按键的键值。第 2 行“INT：”后面的数字，表示外中断次数，即 PPS 信号下降沿个数；中间的 4 位数，显示

主程序大循环运行次数;右边的3位数显示主程序大循环每秒运行次数。在此后程序集成测试全过程中,要保持主程序大循环每秒100次的运行速度基本不变。第3、4行,显示内容与图7-28相同。

按"确认"按钮,会打开蜂鸣器发声;按其他按钮,蜂鸣器关闭,屏幕也有对应显示。

3. 测试结论

经测试得出结论如下:

① 能在一个程序中控制各部分硬件,搭建了程序基础框架,并为后续程序开发提供了部分驱动。

② 可以进入软件集成调试阶段。

【巩固训练】

1. 训练目的:掌握硬件测试的基本流程。

2. 训练内容:

① 对北斗时钟各模块进行测试。

② 对北斗时钟进行综合测试。

按照本任务讲解的基本步骤,对北斗时钟硬件电路进行测试,主要包括最小系统、液晶屏、按钮、蜂鸣器、卫星定位模块等部分,测试均正常后进行整机综合测试,测试硬件部分需要通过软件进行,本任务用到的程序可以向出版社或者本书作者索取。

3. 训练检查:表7-3所列为串口测试的检测内容和检查记录。

表7-3 串口测试的检查与记录

检查项目	检查内容	检查记录
各模块测试	(1) 最小系统功能是否正常	
	(2) 液晶屏功能是否正常	
	(3) 蜂鸣器功能是否正常	
	(4) 卫星定位模块功能是否正常	
	(5) 按钮功能是否正常	
综合测试	(1) 串口数据接收是否正常	
	(2) 综合测试各部分功能是否正常	
其他事项	(1) 测试时候注意团队合作	
	(2) 测试时候要灵活处理遇到的意外情况	
	(3) 要随时注意安全	

任务8　程序集成调试

【任务导读】

前面设计并调试了硬件，规划设计了软件的各个模块及功能，不但对硬件进行了测试验证，也搭建了程序基础框架，还有了部分硬件的驱动。接下来对各部分程序模块进行编程和调试，最后对程序进行优化、整理，完成北斗时钟程序功能。

8.1　程序集成与调试

前面已有了液晶屏显示驱动，接下来分别集成按钮、蜂鸣器、提取 RMC 字串等程序模块，到最终实现北斗时钟的全部功能。每一部分按照程序功能、程序设计和程序验证三个步骤来进行，且每一步都基于上一步验证正确再进行。

8.1.1　按钮消抖

1. 程序功能

在前面的测试发现，按一次按钮，程序会检测到多次，这不是需要的效果。按钮消抖的目的，是按一次按钮，程序只记一次。只有这样才能实现后续程序正常使用按钮的功能。

2. 程序设计

主程序每秒运行 100 遍左右，每遍检测一次按钮状态。为此，在设计连续多次检测到按钮按下才认为是一次按钮操作，这样就可以达到想要的效果。

(1) 程序流程图

按钮检测流程图如图 8－1 所示。

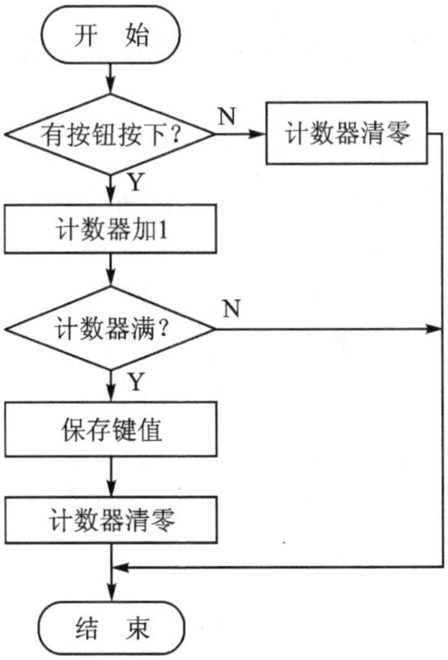

图 8－1　按钮检测流程图

(2) 程序介绍

程序流程设计的关键点在于,要保证是“连续”“多次”检测到按钮按下才认为是一次按钮操作。检测按下,判断连接按钮的单片机引脚为低电平就认为是按钮按下。那么,多次按下,是程序多次检测到低电平,而这里要求“连续”,是指中途不能出现高电平。如果出现高电平,则将计数器清零,这样不会出现计数累加的情况,保证多次检测的“连续”性。

按钮检测程序为一段程序,编写在“delay. c”文件的 delay_ms 函数中。先删除函数中与按钮相关的程序段,然后按图 8-1 流程编写程序,程序如下:

```
1    //==按钮检测=================================
2    if(0!=keyCheck())                  //有按钮按下
3    {
4        keyCnt++;
5        if(keyCnt>120)                 //确认为一次按钮
6        {
7            keyVal = keyCheck();
8            keyCnt = 0;
9        }
10   }
11    else
12   {
13        keyCnt = 0;
14   }
```

程序中第 5 行是流程中的判断“计数器满”,判断的标准是“大于 120”,这是怎么来的呢?

延时函数是以 1 ms 为单位的,而且程序结构使得主程序不断调用延时函数,也就是说,按钮检测的程序段会 1 ms 运行一次。

那么,程序只要连续检测到 100 次按键,即可认为是一次有效按键。结合实际调试感受,这里设置 120 是一个比较合适的值。读者也可以自己尝试设置不同的数值,感受不同的按键检测效果。

按键键值定义,是以 8421 码及其组合来分布的。键值为 0 表示没有按键,非 0 表示有按键,具体按的是哪个键,需要比对键值定义。

主程序中统计并显示按钮次数的代码段如下:

```
/*==检测到按了按钮,进行以下对应操作===================*/
if(0!=keyVal)//不为 0 表示按了按钮
{
    //==统计按钮次数=======
    keyPressCnt++;
    if(100==keyPressCnt)keyPressCnt=0;
```

```
7
8        //==显示按钮次数==================
9        LCD12864_COM_Write(LCM_LINE1+4);                  //定位显示位置
10        LCD12864_Data_Write('0'+keyPressCnt/100);         //显示十位
11        LCD12864_Data_Write('0'+keyPressCnt%100/10);      //显示十位
12        LCD12864_Data_Write('0'+keyPressCnt%10);          //显示个位
```

代码段第 2 行，判断 keyVal 的值，如果不为 0，表示检测到按钮按下。这里的键值 keyVal 是按钮检测程序的第 7 行(keyCheck();)检测赋值而来的。

3. 程序验证

按钮消抖的程序测试显示如图 8-2 所示。

图 8-2 界面显示中，第 1 行的数字“002”表示检测到按钮次数，“确认”表示按的确认按钮。第 2、3、4 行，与图 7-29 综合测试相同。

程序结果：按一次按钮，按钮次数加一次。如果出现按一次按钮，显示数值加多次，或者要按较长时间才能加一次，需要调整程序中的 120 数值，直到符合常规按键感受为止。

按钮消抖程序文件清单如图 8-3 所示。

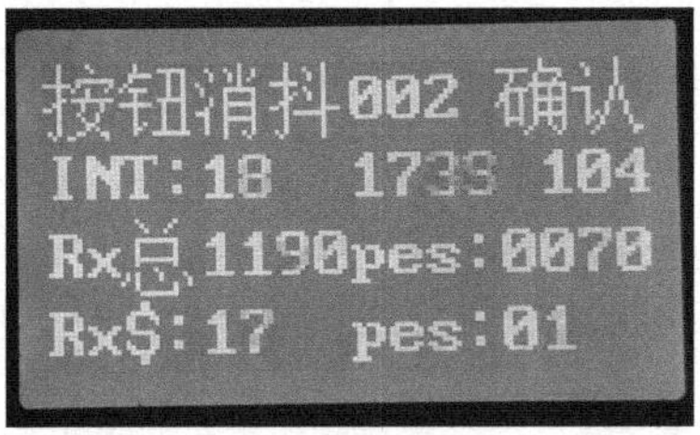

图 8-2　按钮消抖显示界面

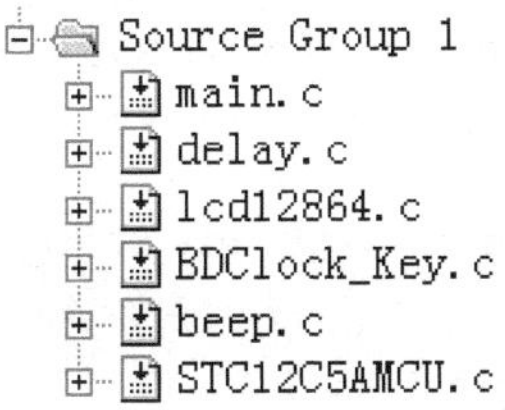

图 8-3　按钮消抖程序文件清单

经实际调试使用，按钮按一次，程序数值加 1，并能够正常进行操作。可以进入下一步程序集成调试。

8.1.2　蜂鸣器驱动

1. 程序功能

设计蜂鸣器驱动程序，利用单片机定时器 T0 的时钟输出使蜂鸣器发声，同时提供一个控制接口。

2. 程序设计

(1)程序编写

蜂鸣器采用无源蜂鸣器，由单片机 P3.4 引脚通过驱动电路控制，如图 5-11 所示。

在单片机手册中查看 P3.4 引脚功能说明如表 8-1 所列。

表 8-1　P3.4 引脚功能

名　称	P3.4	T0	$\overline{INT}$	CLKOUT0
功　能	标准 I/O 口 PORT3[4]	定时器/计数器 0 的外部输入	定时器 0 下降沿 中断	定时器/计数器 0 的时钟输出 可通过设置 WAKE_CLKO[0]位 /T0CLKO 将该管脚配置为 CLKOUT0

利用其“CLKOUT0”功能。使用过程中,只要设置好定时器 0,即可从 P3.4 引脚输出 1 kHz 方波信号,驱动蜂鸣器(扬声器)振荡发声。发声过程中不需要程序操作,程序设计相对简单。

引用 STC 范例程序来进行修改设计。

程序在“beep.h”中定义 1 kHz 频率重装值,如下:

```
#ifdef MODE1T
#define F1KHz (256 - FOSC/2/1000)
#else
#define F1KHz (256 - FOSC/2/12/1000)
#endif
```

在“beep.c”文件中加入定时器初始化函数,如下。程序代码来自 STC－ISP 软件的范例程序。

```
1    void Timer0ClkOut_init(void)
2    {
3        #ifdef MODE1T
4            AUXR = 0x80;
5        #endif
6        //TMOD = 0x02;
7        TMOD &= 0xF0;
8        TMOD |= 0x02;
9
10        TL0 = F1KHz;
11        TH0 = F1KHz;
12
13        TR0 = 0;
14
15        WAKE_CLKO = 0x01;
16    }
```

程序第 6 行,是范例程序中对 TMOD 的操作。本程序中用第 7、8 行替代,目的是只改变 TMOD 的低 4 位,不影响高 4 位。

程序第 13 行,不启动定时器时,蜂鸣器在定时器初始化之后处于关闭状态。

(2) 宏定义

在“beep.h”文件中,定义蜂鸣器开、关控制宏,如下:

```
#define BEEP_OFF() TR0 = 0;flgBeep = 0
#define BEEP_ON() TR0 = 1;flgBeep = 1
```

关闭蜂鸣器时,要将蜂鸣器控制引脚置高电平,使得蜂鸣器不流过静态直流电流。

(3) 主函数程序段

按钮控制蜂鸣器的程序段在“main.c”文件中,按“确认”按钮打开蜂鸣器,按“取消”按钮关闭蜂鸣器,程序如下。以后需要根据按键值进行某种操作时,可以按照同样的编程方式来实现。

```
1    if(keyVal & KEY_OK)                  //“确认”按钮打开蜂鸣器
2    {
3        BEEP_ON();                       //BEEP_ON() BEEP_OFF()
4    }
5    //if(keyVal & KEY_CANCEL)             //“取消”按钮关闭蜂鸣器
6    else if(keyVal)
7    {
8        BEEP_OFF();                      //BEEP_ON() BEEP_OFF()
9    }
```

程序第 5 行,按“取消”按钮关闭蜂鸣器。第 6 行的功能是除“确认”按钮外,其他按钮都可以关闭蜂鸣器。

3. 程序验证

蜂鸣器驱动测试运行界面如图 8-4 所示。

图 8-4 中,第 1 行,依次显示蜂鸣器状态、按钮次数、按键名;第 2、3、4 行,与图 7-29 相同。

测试时,按“确认”按钮打开蜂鸣器,按其他按钮关闭蜂鸣器。

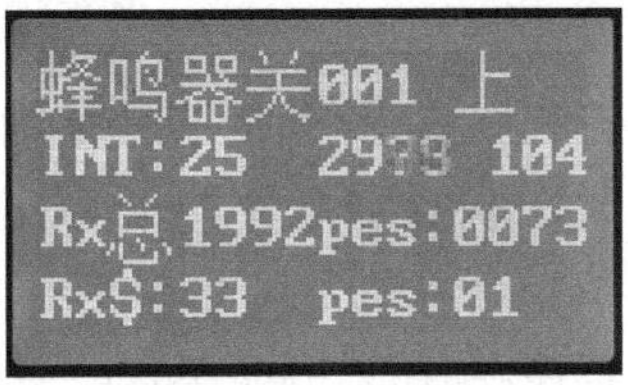

图 8-4　蜂鸣器驱动显示界面

8.1.3　提取串口数据的 RMC 字符串

1. 程序功能

从卫星定位模块的数据中,找出最小定位信息字符串。

2. 程序设计

(1) 流程图

卫星定位模块的数据串,都是以“$”开头。需要比对“$xxRMC”开头的字符串,也就是以“$”开头为第 0 字节,第 3 字节为“R”,第 4 字节为“M”,第 5 字节为“C”的字符串。设计流程如图 8-5 所示。

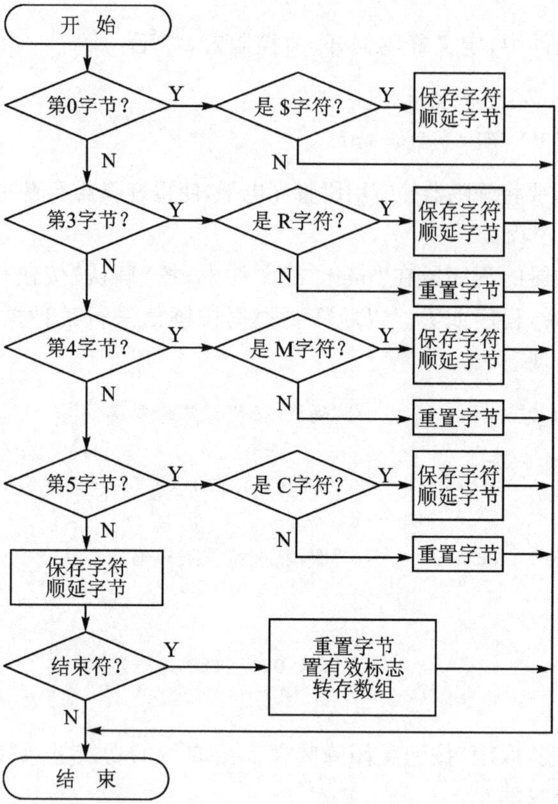

图 8-5　提取串口的 RMC 字串流程图

流程图中“第 0 字节？”是判断 uartBDRxCnt 的值；重置字节是将 uartBDRxCnt 赋值为 0；保存字符是将 S2BUF 保存到缓存数组中。

(2) 程　序

程序在“BDClock_Isr.c”文件的串口中断函数中，如下：

```
//==提取$xxRMC字串并保存======================
switch(uartBDRxCnt)
{//switch语句【开始】
    case 0:
        if(RxTmp=='$'){uartBDbuffer[0]=RxTmp; uartBDRxCnt++;}
        break;
    case 1:
    case 2:
        uartBDbuffer[uartBDRxCnt]=RxTmp;
         uartBDRxCnt++;
         break;
     case 3:
```

```
13            if(RxTmp = = 'R'){uartBDbuffer[3] = RxTmp;
14            uartBDRxCnt ++ ;} else {uartBDRxCnt = 0;}
15            break;
```

程序从第 1 行开始，到结束，提取到 RMC 字串后，"main. c"文件的主程序大循环中对字串内容进行处理。

主程序检测到 flg_BDRxOK 变为 1，表示串口提取到 RMC 字串，此时可以进行 UTC 转北京时间等操作。本程序只统计并显示提取到 RMC 字串的帧数，程序如下：

```
1   /* == 接收到 $ RMC 字串,进行以下处理 ===================== */
2   if(flg_BDRxOK)//
3   {
4
5       flg_BDRxOK = 0;
6       //== 统计收到的帧数 ==========================
7       if(secondTmp! = 99)
8           secondTmp ++ ;
9       else
10          secondTmp = 0;
11      //== 显示收到的帧数 ============================
12       LCD12864_COM_Write(LCM_LINE4 + 7);
13       LCD12864_Data_Write('0' + secondTmp/10);      //显示十位
14       LCD12864_Data_Write('0' + secondTmp % 10);    //显示个位
15
16   }
```

程序第 2 行，判断有效标记。进入处理后，第 5 行将有效标记清零，避免下次还是认为有效。

3. 程序验证

程序运行界面如图 8 - 6 所示。

图 8 - 6 中，第 2 行，"INT："后面的两位数是 PPS 信号个数，中间四位数是主程序大循环次数，右边 3 位数是程序大循环每秒运行次数；第 3 行，"Rx 总"表示串口接收到的字符总数，"pes："表示每秒钟接收到的字符数；第 4 行，"Rx＄："后面的两位数显示串口接收到＄符号的总次数；"＄RMC"为解析到最小定位信息（以"＄xxRMC"开头）的次数。

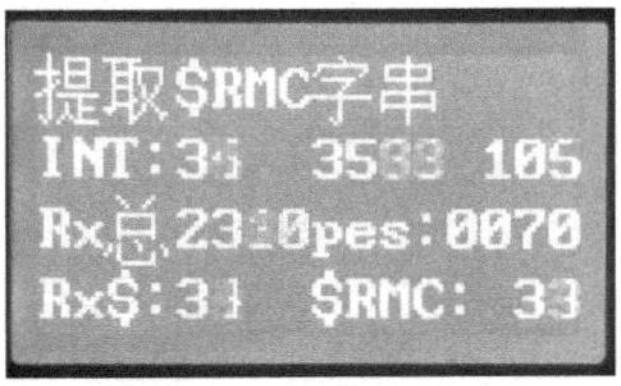

图 8 - 6 提取串口数据的 RMC 字串

不变的功能："确认"按钮打开蜂鸣器，其他按钮关闭蜂鸣器。

增加的功能:检测到一次按钮,蜂鸣器短响一声。

8.1.4 提取 UTC 日期时间

1. 程序功能

前面内容从串口数据中提取出了推荐最小定位信息,即 $ xxRMC 字符串。该信息串中包含了 UTC 日期时间,本程序功能就是从 $ xxRMC 字符串中提取出 UTC 日期时间。

2. 程序设计

根据接收的卫星定位模块数据(见图 7-16),结合 NMEA 协议关于推荐最小定位信息的描述,可得知第 1 个逗号后面是 UTC 时间,第 2 个逗号后面的字符 A 表示定位有效,第 9 个逗号后面是 UTC 日期。此外,NMEA 协议采用异或校验方式,将字符 $ 至字符 * 之间数据逐字节进行异或,得到的结果应该与字符 * 后的内容相同。如果不同,说明数据传输有错,应丢弃不用。

(1) 流程图

设计提取 UTC 日期时间流程如图 8-7 所示。

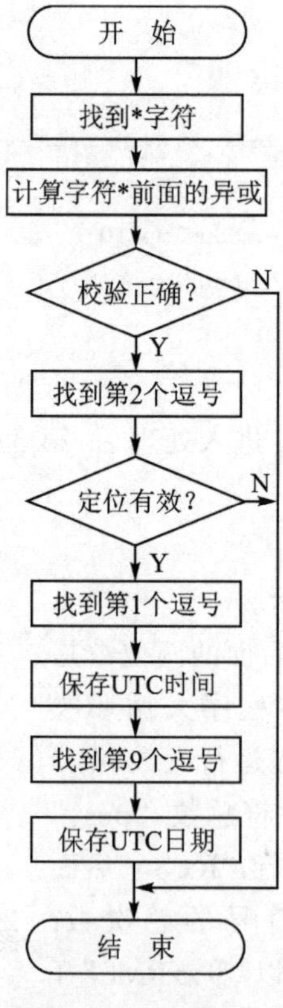

图 8-7 提取 UTC 日期时间流程图

(2) 程　序

为了保存日期时间信息,设计采用结构体变量。在"BDClock_Isr.h"文件中,定义了_DateTime 结构体类型,如下:

```
typedef struct
{
    uchar year;          //年
    uchar month;         //月
    uchar date;          //日
    uchar day;           //星期
    uchar hour;          //时
    uchar min;           //分
    uchar sec;           //秒
} idata _DateTime;
```

然后在"BDClock_Isr.c"文件中,定义了两个_DateTime 结构体变量,如下:

```
_DateTime GpsDateTime;          //卫星定位模块获取的日期时间信息
_DateTime SysDateTime;          //系统日期时间信息
```

函数 void PickDateTime_From_RxBuffer(void)用来从串口缓存中提取 UTC 日期时间。先计算异或校验数据并比较,程序如下:

```
/* ==计算 * 前面的异或 ========================== */
yihuo = uartBDRxDate[1];
for(i = 2;uartBDRxDate[i]! = '*';i++)
{
    yihuo = yihuo^uartBDRxDate[i];
}

//==将 * 后面的两个字符转为对应的数值(便于下一步进行异或校验)====
if(uartBDRxDate[i+1]<='9')//&&(uartBDRxDate[i+1]>='0'))
    uartBDRxDate[i+1] = uartBDRxDate[i+1] - '0';
else
    uartBDRxDate[i+1] = uartBDRxDate[i+1] - 'A' + 10;

if(uartBDRxDate[i+2]<='9')//&&(uartBDRxDate[i+2]>='0'))
    uartBDRxDate[i+2] = uartBDRxDate[i+2] - '0';
else
    uartBDRxDate[i+2] = uartBDRxDate[i+2] - 'A' + 10;

//==异或校验 ==================================
if( yihuo != ((uartBDRxDate[i+1]<<4) + (uartBDRxDate[i+2]&0xFF)) )
{
    return ;
}
```

如果异或校验正确,则程序继续运行,提取出 UTC 日期时间,程序如下:

```
//==提取 UTC 日期时间 ========================
i = checkWhere(uartBDRxDate,2);                 //检测第 2 个逗号所在下标
if((i! = 255)&&('A' == uartBDRxDate[i + 1]))  //第 2 个逗号后面 A 表示定位信息有效
{
    i = checkWhere(uartBDRxDate,1);      //检测第 1 个逗号所在下标(后面即为 UTC 时间)
    if(i! = 255)
    {
        UTCDateTime.hour = (uartBDRxDate[i + 1] - '0') * 10 + (uartBDRxDate[i + 2] - '0');
        UTCDateTime.min = (uartBDRxDate[i + 3] - '0') * 10 + (uartBDRxDate[i + 4] - '0');
        UTCDateTime.sec = (uartBDRxDate[i + 5] - '0') * 10 + (uartBDRxDate[i + 6] - '0');
    }
    else return ;

    i = checkWhere(uartBDRxDate,9);//检测第 9 个逗号所在下标(后面即为 UTC 日期)
    if(i! = 255)
    {
        UTCDateTime.year = (uartBDRxDate[i + 5] - '0') * 10 + (uartBDRxDate[i + 6] - '0');
        UTCDateTime.month = (uartBDRxDate[i + 3] - '0') * 10 + (uartBDRxDate[i + 4] - '0');
        UTCDateTime.date = (uartBDRxDate[i + 1] - '0') * 10 + (uartBDRxDate[i + 2] - '0');
    }
    else return ;
}
```

3. 程序验证

程序运行界面如图 8-8 所示。

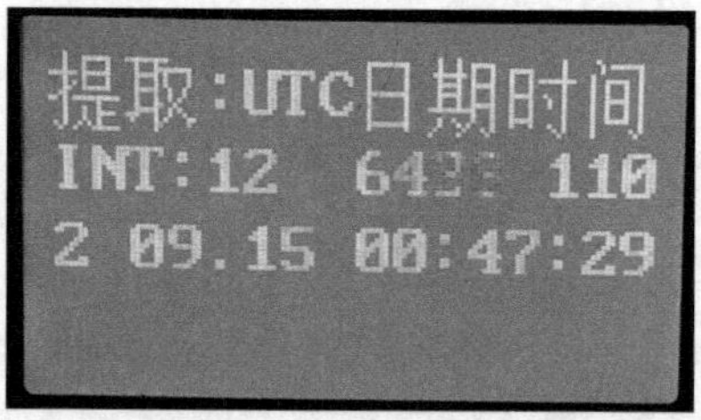

图 8-8 提取 UTC 日期时间信息的显示界面

图 8-8 中,第 3 行为提取出的 UTC 日期时间,09.15 是 UTC 日期,00:47:29 是 UTC 时间。

北京时间与 UTC 时间相差 8 小时,后续程序会进行转换处理。

8.1.5 时区转换

1. 程序功能

UTC 时间指的是格林尼治时间,现使用的是北京时间,因此需要在 UTC 时间基础上加 8 小时。本程序将 UTC 日期时间转换到北京时间。

2. 程序设计

简单来看,只要将 UTC 时间加上 8 小时,就可以得到北京时间。这在 UTC 时间 16 时 00 分 00 秒之前是可以的,因为转换后的结果小于 24 时,没有涉及日期的转换。

时区转换的主要工作难度在于：在 UTC 时间 16 时 00 分 00 秒及之后的转换，不但要给小时加上 8，还要将日期往后推一天，涉及的因素包括：月份大小、是否闰年。

月份大小规则：

① 有 31 天的月份：1 月、3 月、5 月、7 月、8 月、10 月、12 月；

② 是否闰年决定 2 月的天数，闰年 29 天，不闰年 28 天；

③ 有 30 天的月份：4 月、6 月、9 月、11 月。

(1) 流程图

设计日期加一天的程序流程如图 8-9 所示。

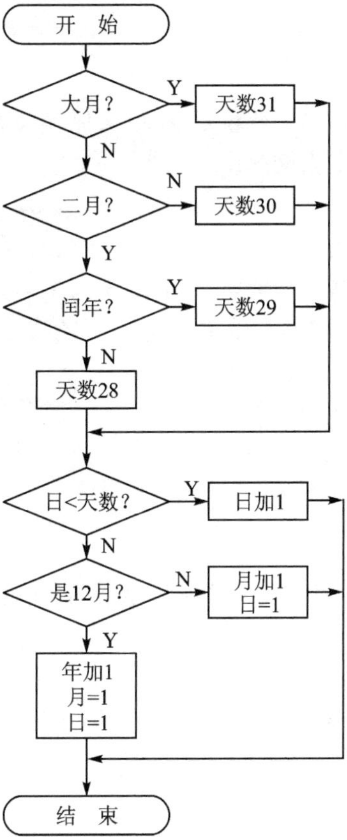

图 8-9 日期加一天的程序流程图

(2) 程 序

程序先判断当前月份的天数，然后结合当前日期进行加一天的操作。

在“BDClock_Isr.c”文件中，函数 void IncreaseDate(_DateTime * timp)的功能是将结构体指针 timp 指向的日期加一天，程序段如下：

```
void IncreaseDate(_DateTime *timp)
{
    u8 days;
    if( (timp->month == 1)||(timp->month == 3)||
        (timp->month == 5)||(timp->month == 7)||
        (timp->month == 8)||(timp->month == 10)||
        (timp->month == 12)    )              //一三五七八十腊 三十一天永不差
    {
        days = 31;
    }
    else if(timp->month == 2)                 //二月要看是否闰年
    ......
```

程序先判断当前月份的天数,变量 days 用来保存天数。然后根据当前日期与天数的关系,决定是年月日的变化情况。

3. 程序验证

运行界面如图 8-10 所示。

图 8-10 中,第 3 行的第一个数字 2 与第 4 行的数字 0,共同表示 2020 年;第 3 行显示的 UTC 日期为 9 月 15 日,时间为 2 点 0 分 58 秒;第 4 行为转换后的日期时间,即北京时间。

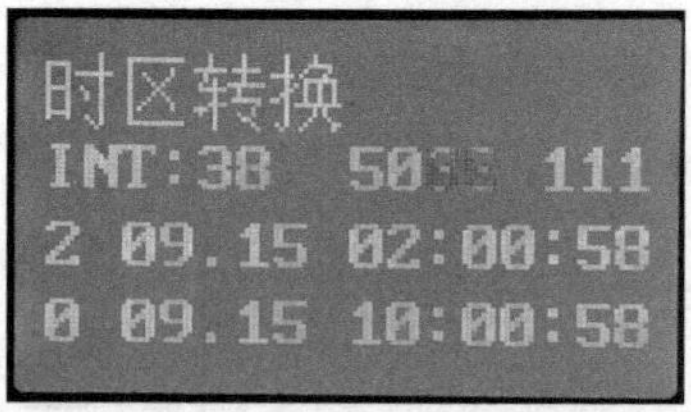

图 8-10 时区转换显示界面

8.1.6 时钟界面

1. 程序功能

整合前面功能,设计北斗时钟的时钟显示界面,整理程序结构,便于后续程序调试。

2. 程序设计

屏幕第 1 行显示时区转换后的日期、星期。第 2 行显示北京时间,同时显示主程序每秒循环次数。

3. 程序验证

时钟界面如图 8-11 所示。

图 8-11 中,第 1 行显示日期、星期;第 2 行显示时间,“时:分:秒”格式,右边 113 是主程序大循环每秒运行次数。

图 8-11 时钟界面

8.1.7 闹钟功能

1. 程序功能

本程序设计一组闹钟,在设置提醒时刻,蜂鸣器发出间歇的“滴…滴…滴…”响声作为提醒，时间持续一分钟。主要设计的是闹钟比对功能和蜂鸣器控制功能。

2. 程序设计

(1) 相关变量

在“Alarm.c”文件中定义了关于闹钟的四个变量。程序段如下：

```
bit  AlarmPwr = 0 ;                //闹钟开关(闹钟响铃标记)

u8 AlarmHour = 11 ;                //闹钟小时
u8 AlarmMin = 44 ;                 //闹钟分
u8 AlarmFlag = (1<<1 | 1<<2 | 1<<6 | 1<<7);          //闹钟标记
```

程序段第1行，闹钟响铃标记，用于响铃控制；第3行，闹钟小时；第4行，闹钟分钟；第5行，闹钟标记(闹钟循环日期，设置星期几发出响声)，利用一字节当中的B1～B7位，对应表示星期一至星期日是否启用闹钟。如表8-2所列。

表8-2　闹钟标记变量的位定义

B7	B6	B5	B4	B3	B2	B1	B0
星期日	星期六	星期五	星期四	星期三	星期二	星期一	保留

在程序操作时，可以用位操作进行置位和清零。例如要设置星期三响铃，就需要将B3位置位，语句为“AlarmFlag |= (1<<3)”；需要关闭星期三响铃，就需要将B3位清零，语句为“AlarmFlag &= ～(1<<3)”。上述程序段中变量AlarmFlag设置闹钟在星期一、星期二、星期六和星期日响铃。

(2) 流程图

设计闹钟比对流程如图8-12所示。

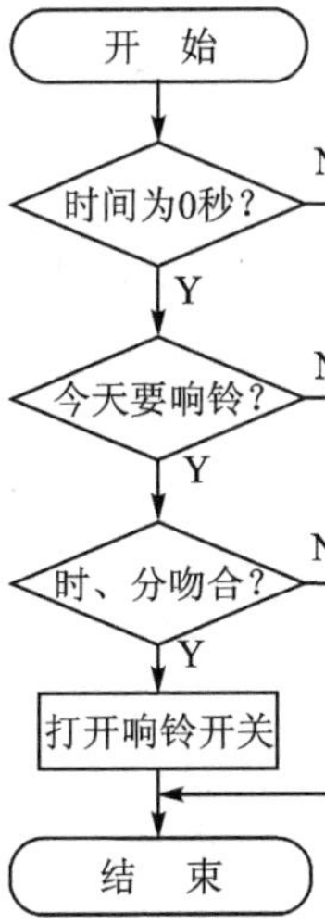

图8-12　闹钟比对流程图

(3) 程　序

在"main.c"文件的大循环中,编写了闹钟相关程序段,其中比对闹钟功能程序如下:

```
/* ==秒数值为0时比对闹钟 ======================== */
if(0 == SysDateTime.sec)
{
    if(AlarmFlag & (1<<SysDateTime.day))            //今天要响吗?
    {
        if(    (AlarmHour == SysDateTime.hour)\
            && (AlarmMin == SysDateTime.min)     )
        {
            AlarmPwr = 1;                           //打开闹钟响铃开关
        }
    }
}
```

闹钟响铃以秒为周期,每秒先"滴""滴""滴"响三短声,然后停顿约半秒。主程序大循环每秒运行100次,在第5,25,45次时刻打开蜂鸣器,在第15,35,55次时刻关闭蜂鸣器。一秒时间内控制蜂鸣器时刻点分配如图8-13所示。

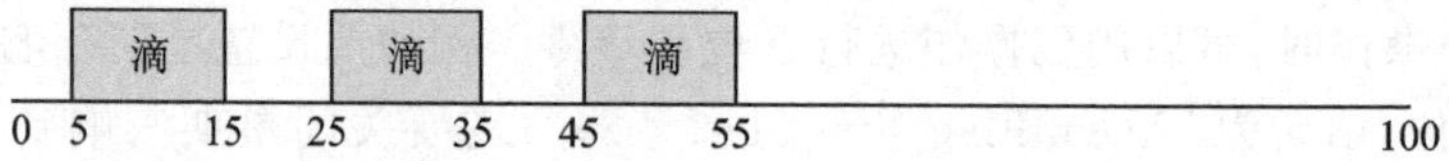

图8-13　控制蜂鸣器时刻点分配示意图

闹钟响铃一分钟,在59 s时关闭闹铃开关。

闹钟响铃控制程序如下:

```
// ==闹钟响铃控制 ================================
else if(AlarmPwr)
{
    switch(mainCntPes)                  //控制扬声器发声
    {
        case 5:
        case 25:
        case 45:
            BEEP_ON();
            break;


        case 15:
        case 35:
        case 55:
```

```
            BEEP_OFF();
            break;
        }
        if(59 == SysDateTime.sec)            //59 秒时关闭闹钟
        {
            AlarmPwr = 0;                    //闹钟响铃开关
            BEEP_OFF();                      //BEEP_ON() BEEP_OFF()
        }
    }
```

3. 程序验证

编者根据当前时间，在程序中将闹钟响铃时间初始化为 11:44，运行界面如图 8－14 所示。

图 8－14　一组闹钟显示界面

图 8－14 中，第 1 行和第 2 行为日期时间显示；第 3 行，08 为闹钟序号（表示第几个闹钟）、11:44 为闹钟时间、12xxx67 为闹钟循环日期（星期一、二、六和星期日闹钟响，星期三至星期五不响）。

经验证，时间到了 11:44 闹钟能响铃一分钟。

8.1.8　闹钟调节界面

1. 程序功能

增加闹钟调节界面，在调节闹钟参数时闪烁显示对应的调节项，为后续调节功能做准备。

2. 程序设计

(1) 调节功能程序框架

在“Alarm.c”文件中定义了 AlarmAdjCnt 变量，用该变量的不同数值表示调节不同项目，具体规定如下：

```
AlarmAdjCnt:闹钟调节选项
0  不调节
1  调闹钟序号
2  调闹钟时
3  调闹钟分
4  星期一是否启用
5  星期二是否启用
6  星期三是否启用
7  星期四是否启用
8  星期五是否启用
9  星期六是否启用
10 星期日是否启用
```

调节功能和界面采用switch语句来控制,程序框架如下:

```
1   switch(AlarmAdjCnt)
2   {
3       case 0://0  不调节
4           break;
5       case 1://1  调闹钟序号
6           break;
7       case 2://2  调闹钟时
8           break;
9       case 3://3  调闹钟分
10          break;
11      case 4://4  星期一是否启用
12      case 5://5  星期二是否启用
13      case 6://6  星期三是否启用
14      case 7://7  星期四是否启用
15      case 8://8  星期五是否启用
16      case 9://9  星期六是否启用
17      case 10://10 星期日是否启用
18
19          break;
20      default:
21          break;
22  }
```

其中case 4到case 10采用共同的处理语句,所以从第11行开始,直到第19行才有一个break语句。处理语句可以加在第18行位置。

(2) 调节过程显示设置

调节过程中,屏幕闪烁显示调节项。调节的显示程序将一秒时间分为两部分,前半部分时间称为正显时隙,这个时间段里正常显示原始数值;后半部分称为消隐时隙,在需要闪烁的位置显示空格,即消除原数值显示。在屏幕同一位置交替显示数值和空格,就形成了闪烁显示效果。

一秒时间内闪烁显示时序分配示意图如图8-15所示。

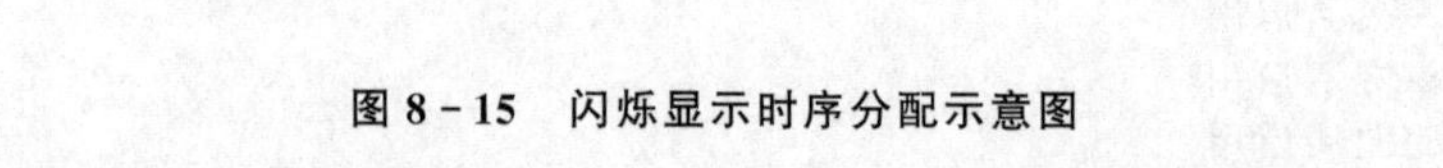

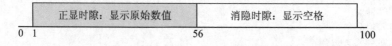

图8-15 闪烁显示时序分配示意图

闹钟调节界面显示程序在"main. c"文件中,正显时隙程序段如下:

```
if(1 == mainCntPes)                     //正显时隙
{
    LCD12864_COM_Write(LCM_LINE3 + 0);

    LCD12864_Data_Write('0');
    LCD12864_Data_Write('8');           //调闹钟序号
```

消隐时隙程序如下：

```
if(56 == mainCntPes)     //消隐时隙
{
    switch(AlarmAdjCnt)
    {
        case 0: //0 不调节
            break;
        case 1: //1 调闹钟序号
            LCD12864_COM_Write(LCM_LINE3 + 0);
            LCD12864_Data_Write(' ');
            LCD12864_Data_Write(' ');
            break;
```

程序调试过程中，需要仔细检查核对屏幕对应位置。如果数值和空格的显示不在同一位置，就得不到闪烁显示效果。甚至会影响屏幕其他部分的显示。

(3) 功能切换设置

用“确认”按钮调整 AlarmAdjCnt 变量的值，以表示调节不同的项目，程序段如下：

```
//= =用“确认”按钮切换调节选项(目前仅闪烁)
if(KEY_OK == keyVal)
{
    if(AlarmAdjCnt<10)AlarmAdjCnt ++ ;
    else AlarmAdjCnt = 0;
}
```

用“确认”按钮切换不同调节项后，要删除(或屏蔽)给 AlarmAdjCnt 变量赋值的临时语句，同时也要屏蔽掉按钮打开蜂鸣器开关的功能。

3. 程序验证

程序运行后，按一次“确认”按钮，表示调节闹钟序号，也就是切换第几个闹钟。闪烁显示效果如图 8-16 所示，图(a)中第 3 行前两个字符显示 08，图(b)第 3 行在 08 位置显示空格，交替显示形成闪烁显示效果。

多次按“确认”按钮，将变量 AlarmAdjCnt 赋不同数值，观察闪烁显示效果。

经验证，程序实现了设计的闪烁显示功能。后续的闹钟调节功能只需根据变量

(a) 正显时隙，第3行全显示　　(b) 消隐时隙，第3行前两位显示空格

图 8-16　闪烁显示效果

AlarmAdjCnt 的值，利用“上”“下”按钮调节相应变量即可。

8.1.9　闹钟调节功能

1. 程序功能

通过“上”“下”按钮调节闹钟时、分，以及循环日期。

2. 程序设计

在闹钟调节显示的程序框架下，直接增加调节功能即可。

(1) 流程图

调节闹钟小时功能流程如图 8-17 所示。

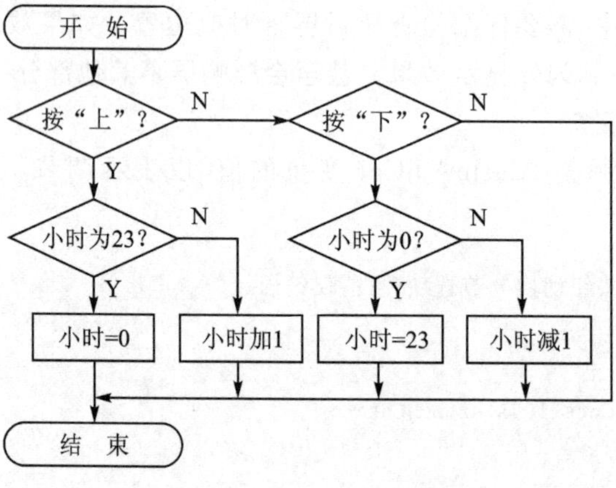

图 8-17　调闹钟小时流程图

读者朋友可以试着自行设计其他调节项的流程图。

(2) 程　序

调节闹钟小时功能程序段如下：

```
switch(AlarmAdjCnt)
{//闹钟调节【开始】
    case 0://0 不调节
        break;
    case 1://1 调闹钟序号
```

```
        break;
    case 2://2  调闹钟时

        if(KEY_UP == keyVal)//上
        {
            if(AlarmHour! = 23)AlarmHour++;
            else AlarmHour = 0;
        }
        if(KEY_DOWN == keyVal)//下
        {
            if(AlarmHour! = 0)AlarmHour--;
            else AlarmHour = 23;
        }

        break;
```

case 2 程序段的两个 if 语句，是闹钟小时调节功能。按“上”按钮，闹钟小时加 1；按“下”，闹钟小时减 1。

3. 程序验证

程序运行后，用“确认”按钮切换不同调节项目，用“上”“下”按钮调节对应值。将闹钟时间调为 12:58，响铃日期为星期一、星期二、星期四、星期六和星期日。调节后如图 8-18 所示。

图 8-18　测试调节闹钟参数

经验证，调节功能正常，下一步将增加多个闹钟。

8.1.10　多个闹钟

1. 程序功能

将闹钟扩展为 10 个，并且每个闹钟参数都可以调节。

2. 程序设计

在“Alarm.c”文件中定义了闹钟缓存二维数组，保存 10 个闹钟。每个闹钟 3 字节，分别为闹钟小时、闹钟分、循环日期。程序段如下：

```
u8 AlarmBuff[10][3] = {
     8,30,0xFF,  //0
     8,50,0xFF,  //1
     9,20,0xFF,  //2
    10,30,0xFF,  //3
    11,50,0xFF,  //4
    12,25,0xFF,  //5
    22,58,0xFF,  //6
    23,10,0xFF,  //7
    23,43,0xFF,  //8
    23,45,0xFF,  //9
};
```

定义闹钟索引变量,用于选择第几个闹钟进行比较,如下:

```
u8 AlarmAdjIndex = 0; //选择第几个闹钟
```

闹钟比对功能是在一个闹钟功能上扩展而来的,每次比对都将所有闹钟比对一遍,只要有一个闹钟时间吻合就打开蜂鸣器提醒。程序段如下:

```
/* == 比对闹钟(秒数值为0时) ========================== */
if(0 == SysDateTime.sec)
{
    if(0 == AlarmAdjCnt)      //为0,没在调节闹钟,则检测闹钟
    for(i = 0;i<10;i ++ )
    {
        AlarmHour = AlarmBuff[i][0];
        AlarmMin  = AlarmBuff[i][1];
        AlarmFlag = AlarmBuff[i][2];
        if(AlarmFlag & (1<<SysDateTime.day))
        {
            if(     (AlarmHour = = SysDateTime.hour)\
                && (AlarmMin = = SysDateTime.min)       )
            {
                AlarmPwr = 1;           //打开闹钟响铃开关
                //BEEP_ON();            //BEEP_ON() BEEP_OFF()
                break;
            }
        }
    }
}
```

除了找到当前需要响铃的闹钟,还考虑在屏幕上显示下一个即将响铃的闹钟,这样既方便程序调试,也便于使用。一般称这一功能为“寻找下一个闹钟”。

寻找下一个闹钟时，先将闹钟个数进行排序，然后按顺序与当前系统时间比较，当天第一个大于当前时间的闹钟，即是下一个闹钟。

闹钟排序采用冒泡排序法，程序段如下：

```
1    //==寻找 nextAlarm ===========================*/
2    //先将所有闹钟按时间大小顺序排序
3    for(i=0;i<9;i++)
4    {
5        for(j=i+1;j<10;j++)
6        {
7            if( (AlarmBuff[i][0]>AlarmBuff[j][0]) || \
8                (AlarmBuff[i][0]==AlarmBuff[j][0])&&(AlarmBuff[i][1]>AlarmBuff[j][1]))
9            {//交换
10                tmp = AlarmBuff[i][0];
11                AlarmBuff[i][0] = AlarmBuff[j][0];
12                AlarmBuff[j][0] = tmp;
13
14                tmp = AlarmBuff[i][1];
15                AlarmBuff[i][1] = AlarmBuff[j][1];
16                AlarmBuff[j][1] = tmp;
17
18                tmp = AlarmBuff[i][2];
19                AlarmBuff[i][2] = AlarmBuff[j][2];
20                AlarmBuff[j][2] = tmp;
21            }
22        }
23    }
```

程序段第 3 行，找最小值放在指定 i 序号位置，i 从 0 开始循环，也就是首先找到闹钟最小值放在闹钟数的第 0 行中；第 5 行，设定 j 为 i 后面的数值，第 i 个闹钟逐个与后面的闹钟进行大小比较；第 7、8 行是比较条件，判断第 i 个时间是否大于第 j 个时间。如果 if 条件成立，则 if 的内嵌语句将两个闹钟数据交换位置保存。第 9～21 行即是 if 语句的内嵌语句，功能是实现两个闹钟交换。

排序之后，按顺序与当前系统时间比较，程序段如下：

```
//按顺序与当前时间比较，第一个大于当前时间，且是今天的，即是 nextAlarm
for(i=0;i<10;i++)
{
    if( ((AlarmBuff[i][0]>SysDateTime.hour) || \
        (AlarmBuff[i][0]==SysDateTime.hour)&&(AlarmBuff[i][1]>SysDateTime.min) )&&\
        (AlarmBuff[i][2] & (1<<SysDateTime.day)) )
    {
```

```
            nextAlarmHour  =  AlarmBuff[i][0] ;
            nextAlarmMin  =  AlarmBuff[i][1] ;
            break;
        }
    }
    if(i> = 10)//说明没找到
    {
        nextAlarmHour = 99;
    }
```

当天第一个大于当前时间的闹钟,即是下一个闹钟。

如果找到最后,也没有找到符合条件的下一个闹钟,则将下一个闹钟的小时(next Alarm Hour)设置为 99,表明当天已经没有闹钟了。程序如下:

```
    if(0 == AlarmAdjCnt)//为 0,表示不调闹钟,显示即将响铃时间
    {
        LCD12864_write_word("Next ");

        if(99 == nextAlarmHour)LCD12864_write_word("none ");
        else
        {
            LCD12864_Data_Write('0' + nextAlarmHour/10); //时
            LCD12864_Data_Write('0' + nextAlarmHour % 10);
            LCD12864_Data_Write(':');
            LCD12864_Data_Write('0' + nextAlarmMin/10);  //分
            LCD12864_Data_Write('0' + nextAlarmMin % 10);
        }
        LCD12864_write_word("      ");
    }
```

确定按钮用来选择调节项,按一次切换一次。从 0 切换到 1 时,是开始调节,将闹钟数组指定数据导入调节变量;从 9 切换到 0 时,是完成调节,将调节变量保存到闹钟指定个数。程序如下:

```
    // == 用"确认"按钮切换调节选项
    if(KEY_OK == keyVal)
    {
        if(AlarmAdjCnt == 0)
        {
            AlarmAdjCnt = 1;
            //AlarmAdjIndex = 0;//切换时不赋值,保留上次值
            AlarmHour  =  AlarmBuff[AlarmAdjIndex][0];
            AlarmMin   =  AlarmBuff[AlarmAdjIndex][1];
```

```
        AlarmFlag = AlarmBuff[AlarmAdjIndex][2];
    }
    else if(AlarmAdjCnt<10)AlarmAdjCnt ++ ;
    else
    {
        AlarmAdjCnt = 0;
        //将调节好的参数保存
        AlarmBuff[AlarmAdjIndex][0] = AlarmHour;
        AlarmBuff[AlarmAdjIndex][1] = AlarmMin;
        AlarmBuff[AlarmAdjIndex][2] = AlarmFlag;

    }
}
```

另外，增加了操作超时功能：在调节过程中，如果超过 20 秒无按键操作，则自动返回主界面。

操作超时功能的相关程序段请在“main.c”文件中搜索“OpTimeOutCnt”变量的定义及相关操作部分。

3. 程序验证

程序运行界面如图 8-19 所示。

图 8-19 中的第 3 行，显示下一个闹铃时间。

正常工作过程中，按“确定”按钮，进入闹钟调节界面，第一项“闹钟序号”闪烁显示，按“上”“下”按钮可以选择第几组闹钟。调节显示界面如图 8-20 所示。

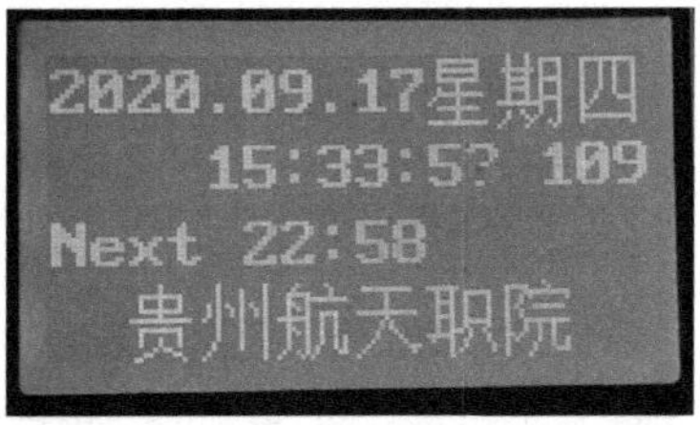

图 8-19 多组闹钟程序运行界面

图 8-20 调节显示界面

选择好序号后，按“确定”按钮，进入小时调节，小时闪烁显示，此时“上”“下”按钮可以调节小时。小时调好后，按“确定”按钮进入分钟调节。以此类推，最后一项是调节星期日是否循环，再按“确定”按钮即保存调节参数并返回正常显示。如果调节过程中按“取消”按钮，则不作任何更改，直接转到闹钟序号选择。再按一次“取消”按钮，则返回正常显示。

经验证，每一组闹钟均可调节，到了设定时间可以正常响铃。

8.1.11 EEPROM 保存闹钟

1. 程序功能

本程序设计将闹钟数组保存到单片机的 EEPROM 中,实现掉电保存功能。

2. 程序设计

关于 EEPROM 的相关操作可以从 STC-ISP 软件的范例程序中获取,共有 4 个函数:

```
void IapIdle( );
BYTEIapReadByte(WORD addr);
void IapProgramByte(WORD addr, BYTE dat);
void IapEraseSector(WORD addr);
```

供编程直接调用的是后面 3 个函数,IapReadByte( )函数从 EEPROM 读取一字节数据;IapProgramByte( )函数向 EEPROM 指定地址写一字节数据;IapEraseSector( )函数擦除地址所在的整个扇区。

向 EEPROM 中保存数据时,数据位只能 1 变 0,不能 0 变 1。所以,当需要改变 EEPROM 中的数据时,需要"读取→改变→擦除→写入"操作过程。而 EEPROM 中的数据不能单字节擦除,只能按照扇区擦除。

数据读取和保存由两个函数完成,数据传递方向如图 8-21 所示。

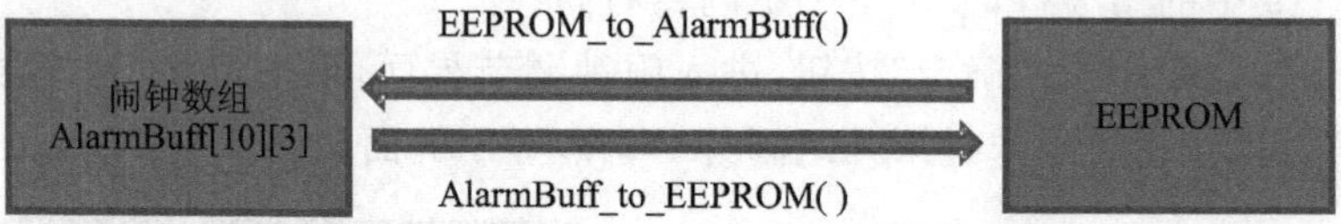

图 8-21 EEPROM 与闹钟数组之间的数据传递函数

函数 AlarmBuff_to_EEPROM( )将闹钟缓存中的数据保存到 EEPROM 中,程序如下:

```
void AlarmBuff_to_EEPROM(void)
{
    u8 i;
    IapEraseSector(IAP_ADDRESS);   //Erase current sector
    for(i = 0;i<10;i ++ )
    {
        IapProgramByte(IAP_ADDRESS + i * 3 + 0, AlarmBuff[i][0]);
        IapProgramByte(IAP_ADDRESS + i * 3 + 1, AlarmBuff[i][1]);
        IapProgramByte(IAP_ADDRESS + i * 3 + 2, AlarmBuff[i][2]);
    }
}
```

函数 EEPROM_to_AlarmBuff( )负责将 EEPROM 中的数据读取到闹钟缓存

中，程序如下：

```
void EEPROM_to_AlarmBuff(void)
{
    u8 i;

    for(i = 0;i<10;i++)
    {
        AlarmBuff[i][0] = IapReadByte(IAP_ADDRESS + i * 3 + 0) ;
        AlarmBuff[i][1] = IapReadByte(IAP_ADDRESS + i * 3 + 1) ;
        AlarmBuff[i][2] = IapReadByte(IAP_ADDRESS + i * 3 + 2) ;
     }
 }
```

最初开始调试本程序时，EEPROM 中并没有存储闹钟数据。此时需要先将闹钟数据保存到 EEPROM 中，第一次调试时需要运行“AlarmBuff to EEPROM()；”，程序段如下：

```
//  AlarmBuff_to_EEPROM();          //最开始调试时需要运行本行
    EEPROM_to_AlarmBuff();
```

3. 程序验证

程序运行后，任意调节闹钟参数，调节完成后，整机断电。停留约 1 min 后再通电，检查所设置的闹钟参数是否变化。

经验证，设置的闹钟参数可以掉电保存。

8.2　程序优化整合

1. 程序功能

本程序不做功能更改，在不变动前一版本功能情况下，清理程序结构和格式。

2. 程序设计

主要进行了以下工作：

① 清理注释掉的不用的程序段；

② 将“main. c”文件中的程序段封装为对应的功能函数；

③ 检查并完善程序注释；

④ 开机等待卫星定位模块正常后再进入主程序。

3. 程序验证

程序文件清单如表 8-3 所列。

表 8-3　程序文件清单

序　号	文件名	说　明
1	main. c	主程序
2	config. h	配置文件
3	delay. c	延时
4	lcd12864. c	液晶屏
5	BDClock_Key. c	按钮
6	beep. c	蜂鸣器
7	STC12C5AMCU. c	外中断、串口
8	BDClock_Isr. c	卫星定位信号处理
9	Alarm. c	闹钟
10	EEPROM. c	EEPROM

程序检查项目及结果如表 8-4 所列。

表 8-4　程序检查项目及结果

序　号	项　目	标　准	结　果
1	程序下载	能下载程序	正常
2	卫星定位模块	PPS 灯 1 Hz 闪烁,串口输出最小定位信息	正常
3	时钟显示	正确显示当前日期、时间	正常
4	主循环速度	每秒 100 次左右	正常
5	下一组闹钟提示	界面显示即将闹钟时间	正常
6	闹钟响铃	到了设定时间有提示	正常
7	闹钟调节	能正常调节闹钟参数	正常
8	闹钟保存	闹钟参数断电不丢失	正常

【巩固训练】

1. 训练目的：熟悉单片机产品程序集成与调试的流程。

2. 训练内容：

① 对北斗时钟进行程序集成与调试。

② 对北斗时钟程序进行优化整合。

程序集成是单片机产品开发的重要环节,通过北斗时钟的程序集成与调试,熟悉程序集成与调试的基本流程和步骤,明白程序不是一蹴而就的,但程序的编写也不是任意发挥的,而是遵循一定的过程,按照一定的思路逐步实现的。

3. 训练检查:表 8-5 所列为单片机产品程序集成与调试及优化整合检查内容和记录。

表 8-5　检查内容和记录

检查项目	检查内容	检查记录
程序集成与调试	(1) 按钮消抖集成测试过程是否正常	
	(2) 蜂鸣器驱动集成测试过程是否正常	
	(3) 提取串口数据集成测试过程是否正常	
	(4) 提取 UTC 日期时间集成测试过程是否正常	
	(5) 时区转换集成测试过程是否正常	
	(6) 时钟界面集成测试过程是否正常	
	(7) 闹钟功能集成测试过程是否正常	
	(8)闹钟调节界面集成测试过程是否正常	
	(9) 闹钟调节功能集成测试过程是否正常	
	(10) 多个闹钟集成测试过程是否正常	
	(11) EEPROM 保存闹钟集成测试过程是否正常	
程序优化整合	(1) 程序段封装为函数后功能是否正常	
	(2) 程序注释是否进行了完善	
	(3) 程序优化整理后所有功能是否正常	
其他事项	(1) 整机装配与调试过程是否时刻具备安全意识	
	(2) 外壳的设计是否符合需要	
	(3) 是否具备独立思考解决问题的能力	

附　录

附录一　立创 EDA 默认共用快捷键（在编辑器内所有的文件类型有效）

序　号	快捷键	功　能
1	Space(空格键)	旋转所选图形
2	鼠标右键	长按右键拖动画布；操作过程中按一下右键释放操作
3	Left(←)	向左滚动或左移所选图形
4	Right(→)	向右滚动或右移所选图形
5	Up(↑)	向上滚动或上移所选图形
6	Down(↓)	向下滚动或下移所选图形
7	TAB	在放置元素时修改它的属性；选中一个元素按下时打开偏移量对话框
8	Esc	取消绘制
9	Home	重新指定原点
10	Delete	删除所选
11	F1	打开帮助文档
12	F11	浏览器下全屏
13	A	放大
14	Z	缩小
15	D	拖动
16	K	适合窗口
17	R	旋转所选图形
18	X	水平翻转(封装不支持)
19	Y	垂直翻转(封装不支持)
20	Alt+F5	和 F11 一致，浏览器下全屏
21	Alt+W	关闭当前页
22	Shit+Alt+W	关闭全部页

附录一续表

序　号	快捷键	功　能
23	Ctrl+X	剪切
24	Ctrl+C	复制
25	Ctrl+V	粘贴
26	Ctrl+A	全选
27	Ctrl+Z	撤销
28	Ctrl+Y	重做
29	Ctrl+S	保存
30	Ctrl+F	查找元素
31	Ctrl+D	设计管理器
32	Ctrl+Home	打开原点坐标设置对话框
33	Shift+1	往左边切换文档标签
34	Shift+2	往右边切换文档标签
35	Shift+X	交叉选择
36	Shift+F	浏览和查找元件库
37	Shift+拖动元件	光标自动吸附在元件的原点
38	Shift+Alt+H	水平居中对齐
39	Shift+Alt+E	垂直居中对齐
40	Ctrl+Shift+L	左对齐
41	Ctrl+Shift+R	右对齐
42	Ctrl+Shift+O	顶对齐
43	Ctrl+Shift+B	底对齐
44	Ctrl+Shift+G	对齐网格
45	Ctrl+Shift+H	水平等距分布
46	Ctrl+Shift+E	垂直等距分布
47	Ctrl+Shift+F	查找相似对象
48	Ctrl+Shift+Alt+F12	打开 Log 对话框

附录二　原理图快捷键
(原理图和符号库文件有效)

序　号	快捷键	功　能
1	W	绘制导线
2	B	绘制总线
3	U	总线分支
4	N	网络标签
5	P	放置管脚
6	L	绘制折线
7	O	绘制多边形
8	Q	绘制贝塞尔曲线
9	C	绘制圆弧
10	S	绘制矩形
11	E	绘制椭圆
12	F	自由绘制
13	T	放置文本
14	I	修改选中器件
15	Ctrl+Q	标识符 VCC
16	Ctrl+G	标识符 GND
17	Ctrl+R	仿真当前文档
18	Ctrl+J	打开仿真设置对话框
19	Ctrl+Shift+X	批量选中元件,布局传递到 PCB
20	Shift+T	打开符号向导
21	Alt+F	打开封装管理器

附录三　PCB快捷键（PCB和封装库文件有效）

序　号	快捷键	功　能
1	W	绘制走线
2	U	绘制圆弧
3	C	绘制圆形
4	N	放置尺寸
5	S	放置文本
6	O	放置连接线
7	E	绘制铺铜
8	T	切换至顶层；选中封装时，切换封装层属性为顶层
9	B	切换至底层；选中封装时，切换封装层属性为底层
10	1	切换至内层 1
11	2	切换至内层 2
12	3	切换至内层 3
13	4	切换至内层 4
14	P	放置焊盘
15	Q	切换画布单位
16	V	放置过孔
17	M	量测距离
18	H	持续高亮选中的网络，再按一次取消高亮
19	L	改变布线角度
20	－	布线时，减少线宽；小键盘时，循环切换 PCB 层
21	＋	布线时，增加线宽；小键盘时，循环切换 PCB 层
22	*（星号）	循环切换 PCB 层
23	Delete	删除选中的元素；布线过程中撤销到上一次布线
24	Alt -	减少栅格尺寸
25	Alt＋＋	增加栅格尺寸
26	Ctrl＋R	选中元素后按下，指定参考点，开始连续粘贴元素
27	Ctrl＋L	打开层管理器

附录三续表

序　号	快捷键	功　能
28	Ctrl+Q	显示或隐藏网络文字
29	Shift+M	删除所有铺铜
30	Shift+B	重建所有铺铜
31	Shift+D	根据参考点移动元素
32	Shift+G	显示当前导线的走线长度,布线时有效
33	Shift+W	显示常用线宽,布线时有效
34	Shift+R	循环切换布线冲突模式
35	Shift+S	只显示当前层
36	Shift+双击	删除所选导线线段
37	Ctrl+Shift+C	根据参考点复制元素
38	Ctrl+Shift+V	粘贴元件时保持编号不变,并关闭飞线层
39	Ctrl+Shift+Space	切换布线拐角,与快捷键 L 一致
40	Ctrl+Alt+L	开启全部图层
41	Ctrl+Shift+Alt+D	打开封装自定义数据对话框

参考文献

[1] 卢孟常.电工电子技能实训项目教程[M].北京:北京大学出版社,2012.

[2] 尹全杰.电子产品设计与制作[M].北京:北京航空航天大学出版社,2015.